新编21世纪高等职业教育精品教材 · 公共基础课系列

高等数学

（第二版）

主　编　王小妮　陆东先　翟雪燕
副主编　卢　静　孙庆波　任梦真　靳丹丹

Advanced Mathematics

中国人民大学出版社
· 北京 ·

前　言

党的二十大报告明确指出："育人的根本在于立德。"落实立德树人的根本任务，培养高素质技术技能人才、大国工匠，是国家人才强国战略的重要组成部分。本书结合高职教育的特点，适当降低理论难度，注重培养学生用数学思想和数学方法解决实际问题的能力。在编写的过程中，本书力求突出如下特点：

1. 有机融入课程思政元素，落实立德树人根本任务

本书坚持以习近平新时代中国特色社会主义思想引领高职数学教材建设，提升教材的思想性、科学性、时代性；融入我国数学家和传统数学文化的介绍，增强学生的民族自豪感，激发学生学好数学的热情；用生产生活中的实际案例引出相关数学知识及其应用，培养学生勇于探索的科学精神和精益求精的工匠精神，增强学生的爱国主义情怀。

2. 积极开发具有示教辅学功能的教学资源

本书创新教材呈现形式，以纸质教材为基础、以内容为核心、以资源库和平台为支撑，除配有传统的电子教案、示教视频、情境案例等示教辅学资源外，还配有在线开放课程、试题库等资源，并通过二维码、资源库平台等方式，使内容呈现形式更加形象化、立体化、动态化，形成线上线下深度融合、随时随地可学习的新形态立体化教材。

3. 以学生为中心，注重适用性，突出职教特色

本书突出实用性、实践性和职业性，以促进学生发展数学学科核心素养为导向。教材内容主要按照"案例导入（提出问题）—案例分析—数学理论知识—案例解决"体例编写，注重与专业相结合，主要采用案例教学法，使数学教学具备专业背景。本书语言朴实、流畅，在注重实际应用的同时又兼顾了学生可持续发展的需要，辅以习题对重难点知识进行补充，引导学生深刻理解其中的数学思想和数学方法；通过 Matlab 软件培养学生利用数学软件求解数学模型的实际应用能力，为学生学习数学建模打下基础。

本书共分为 9 章，主要包括：函数、极限与连续，导数与微分，微分中值定理与导数的应用，不定积分，定积分，常微分方程，向量代数与空间解析几何，二元函数微积分，无穷级数。其中，第 1 章至第 5 章为高职高专学生必修内容，第 6 章至第 9 章为专升本学生必修内容。

参与本书编写的有：王小妮（第 1 章、Matlab 内容）、陆东先（第 2 章、第 3 章）、翟雪燕（第 4 章、第 6 章）、卢静（第 8 章）、孙庆波（第 5 章）、任梦真（第 7 章）、靳丹丹

（第 9 章），王小妮、陆东先、翟雪燕负责全书框架结构安排、统稿、定稿等工作。

虽然参与本书编写的教师在数学教学方面都有着多年的教学经验，但是由于时间仓促、编者水平有限，书中难免有不妥之处，敬请广大读者批评指正。编者的 E-mail 为：1045645237@qq. com。

编者

2024 年 6 月

目录

第 1 章　函数、极限与连续

本章主要介绍函数、极限与连续的基本概念，以及它们的一些主要性质。函数与极限是数学中两个重要且基本的概念。函数是微积分研究的主要对象，极限则是高等数学有力的推理工具。本章将在复习和加深理解与函数有关知识的基础上，讨论函数的极限和函数连续等问题。

- 函数、极限与连续
  - 函数
    - 函数的定义
    - 函数的性质——单调性、奇偶性、周期性、有界性
    - 初等函数
      - 基本初等函数
      - 复合函数
  - 极限
    - 数列极限
      - 数列极限的定义
      - 数列极限的运算法则
    - 函数极限
      - 函数极限的概念
        - 自变量趋于某一点和无穷时的极限
        - 左、右极限
      - 函数极限的运算法则
    - 无穷小与无穷大
      - 无穷小
      - 无穷大
      - 无穷小与无穷大的关系
      - 无穷小的比较
    - 两个重要极限
  - 连续
    - 函数连续的概念
      - 定义
      - 几何意义
    - 连续函数的性质
  - Matlab操作基础

1.1 函数的概念与性质

案例导入

某运输公司规定货物的运价为：在 l 千米以内，每千米 k 元；超过 l 千米时，超过的部分每千米 $\frac{5}{6}k$ 元。求运价 m 与里程 s 之间的函数关系。

案例分析

要找出运价与里程之间的关系，就要明确运价实行分段计费，超过基础里程，运价出现变化，这是一个典型的分段函数。目前出租车是分段计费，个人所得税也是分段计费，还有很多分段计费和我们的生活息息相关。

一、函数的定义

设 D 是一个给定的非空数集，如果对于每一个数 $x\in D$，按照某一个对应法则 f，总有唯一确定的数 y 与之对应，则称 f 为 D 上 x 到 y 的一个函数，简称为 y 是 x 的**函数**，记作：$y=f(x)$，$x\in D$。其中，x 为**自变量**，y 为**因变量**，D 为函数的**定义域**。

定义域 D 就是自变量 x 的取值范围，也就是使函数 $y=f(x)$ 有意义的数集。当 $x_0\in D$时，与 x_0 对应的 y 的数值称为函数在点 x_0 处的函数值，记作 $f(x_0)$。当 x 取遍 D 中的一切数时，对应的函数值的全体构成的集合 $Z=\{y \mid y=f(x),\ x\in D\}$ 称为函数的值域。

例 1 求函数 $y=\frac{1}{x+3}$ 的定义域。

解 函数的定义域就是使函数有意义的 x 的取值范围。要使 $y=\frac{1}{x+3}$ 有意义，就有 $x+3\neq 0$，即 $x\neq -3$。因此，函数的定义域为 $x\in(-\infty,\ -3)\cup(-3,\ +\infty)$。

二、函数的表示方法

表示函数的方法主要有三种：**列表法**、**图像法**和**解析法**。

三、分段函数

分段函数是指在定义域内的不同范围内用不同的解析式来表示的函数。例如：

$$f(x)=\mathrm{sgn}x=\begin{cases}1, & x>0\\ 0, & x=0\\ -1, & x<0\end{cases}$$

就是一个分段函数。它有一个属于自己的名称，称为**符号函数**，它的定义域为 $(-\infty, +\infty)$，如图1-1所示。

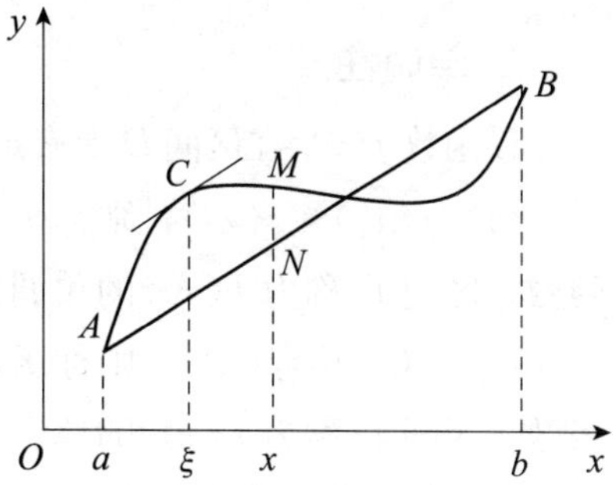

图1-1

注：

(1) 分段函数是一个函数，而不是多个函数。

(2) 分段函数的定义域是不同范围的 x 取值范围的并集。

例2 已知 $f(x)=\begin{cases}x^2+1, & 0\leqslant x<1\\ 2-x, & 1\leqslant x<2\\ x, & x\geqslant 2\end{cases}$，求：

(1) $f(x)$ 的定义域；(2) $f(0)$，$f(1)$，$f(2)$，$f(3)$。

解 (1) 函数的定义域指的就是自变量 x 的取值范围，因此在分段函数 $f(x)$ 中，它的定义域就是这几段 x 的取值的并集，即定义域为 $x\in[0, +\infty)$。

(2) $f(0)=0^2+1=1$；$f(1)=2-1=1$；$f(2)=2$；$f(3)=3$。

四、反函数

对于这样的一个函数 $y=f(x)$，$x\in D$，$y\in Z$，若对于每一个 $y\in Z$，D 中只有一个 x 值与之相对应，这就确定了一个以 Z 为定义域的函数，这个函数就称为 $y=f(x)$ 的**反函数**，记作 $x=f^{-1}(y)$，$y\in Z$。

按照习惯记法，x 作自变量，y 作因变量，因此 $y=f(x)$ 的反函数 $x=f^{-1}(y)$ 可以记作 $y=f^{-1}(x)$，$x\in Z$。

注：

由反函数的定义可知，反函数的定义域为原函数的值域，反函数的值域为原函数的定义域。若函数 $y=f(x)$ 具有反函数，这就意味着它的定义域 D 与值域 Z 之间按照对应法则 f 建立了一一对应的关系。

例3 求函数 $y=\log_2 x+2$ 的反函数 $y=f^{-1}(x)$。

解 由解析式解出 x，即 $\log_2 x=y-2$，得 $x=2^{y-2}$。将此式中的 x，y 互换，得到反函数 $y=2^{x-2}$。

五、函数的性质

1. 单调性

设函数 $f(x)$ 在区间 D 上有定义，若对于 D 中的任意两点 x_1，x_2，当 $x_1<x_2$ 时，恒有：

（1）$f(x_1)\leqslant f(x_2)$，则称函数 $f(x)$ 在 D 上**单调递增**，称 $f(x)$ 为 D 上的**单调递增函数**。区间 D 称为 $f(x)$ 的**单调递增区间**。

（2）$f(x_1)\geqslant f(x_2)$，则称函数 $f(x)$ 在 D 上**单调递减**，称 $f(x)$ 为 D 上的**单调递减函数**。区间 D 称为 $f(x)$ 的**单调递减区间**。

特别地，如果不等式 $f(x_1)<f(x_2)$ 成立，则称 $f(x)$ 为 D 上的**严格递增函数**；如果不等式 $f(x_1)>f(x_2)$ 成立，则称 $f(x)$ 为 D 上的**严格递减函数**。

例 4 判断函数 $f(x)=\ln x$ 的单调性。

解 函数的定义域是 $(0, +\infty)$，在其定义域内任取两点 x_1，x_2，且 $x_1<x_2$。因为 $f(x_2)-f(x_1)=\ln x_2-\ln x_1=\ln\dfrac{x_2}{x_1}$，又因为 $x_2>x_1$，则 $\dfrac{x_2}{x_1}>1$，所以 $\ln\dfrac{x_2}{x_1}>0$，即 $f(x_2)-f(x_1)>0$，即函数 $f(x)=\ln x$ 在 $(0, +\infty)$ 内是单调递增的。

2. 奇偶性

设函数 $y=f(x)$ 的定义域 D 关于原点对称，如果对于任意 $x\in D$，有

（1）$f(-x)=f(x)$，则称 $f(x)$ 为**偶函数**。

（2）$f(-x)=-f(x)$，则称 $f(x)$ 为**奇函数**。

由定义我们可以看出，偶函数的图像关于 y 轴对称，而奇函数的图像关于原点对称。如果函数的定义域不关于原点对称，那么这个函数就是非奇非偶函数。

例 5 判断函数 $f(x)=\dfrac{e^x-e^{-x}}{2}$ 的奇偶性。

解 因为 $f(x)$ 的定义域为 $(-\infty, +\infty)$，关于原点对称，对于任意 $x\in(-\infty, +\infty)$，都有

$$f(-x)=\frac{e^{-x}-e^x}{2}=-\frac{e^x-e^{-x}}{2}=-f(x)$$

所以 $f(x)=\dfrac{e^x-e^{-x}}{2}$ 为奇函数。

3. 周期性

设函数 $f(x)$ 的定义域为 D，如果存在一个不为零的数 T，对于 D 内的任意 x，都有 $f(x+T)=f(x)$ 成立，则称 $f(x)$ 为**周期函数**，且 T 为它的一个**周期**。

若 T 是函数的一个周期，则 nT（n 为非零整数）也是它的周期。通常我们称周期中的最小正周期为周期函数的周期，显然函数 $y=\sin x$ 和 $y=\cos x$ 的周期都是 2π。

4. 有界性

设函数在区间 D 上有定义，若存在正数 M，使得对任意 $x\in D$，都有 $|f(x)|\leqslant M$（可以没有等号），则称 $f(x)$ 是 D 上的**有界函数**，否则称 $f(x)$ 是 D 上的**无界函数**。

从定义中我们可以看出，有界函数的图像必定介于两条平行于 x 轴的直线 $y=M$ 与 $y=-M$ 之间。

案例解决

根据题意可列出函数关系如下：

$$m=\begin{cases}ks, & 0<s\leqslant l\\ kl+\dfrac{5}{6}k(s-l), & s>l\end{cases}$$

可以看出运价 m 与里程 s 的函数关系是用分段函数表示的。

习题 1.1

1. 求下列函数的定义域。

(1) $y=\sqrt{4-|x-3|}$　　(2) $y=\ln(3x-1)$

(3) $y=e^{\sqrt{x-1}}$　　(4) $y=\sqrt{x^2-x-2}$

2. 已知 $f(x)=\dfrac{2^x-1}{2^x+1}$，求 $f(1)$，$f(-1)$，$f(x-1)$。

3. 求下列函数的反函数。

(1) $y=1-3^x$　　(2) $y=\sqrt[3]{2x-1}$

(3) $f\left(\dfrac{1}{x}\right)=\dfrac{x+1}{x}$

4. 下列函数在区间 $(-\infty,+\infty)$ 上单调递减的是（　　）。

A. $\sin x$　　B. 2^x　　C. x^2　　D. $3-x$

5. 函数 $y=\dfrac{e^x-1}{e^x+1}$ 是（　　）。

A. 奇函数　　B. 偶函数

C. 非奇非偶函数　　D. 无法确定

6. 判断下列函数是否为周期函数。如果是，请指出其周期。

(1) $y=\sin 2x$　　(2) $y=\cos\dfrac{x}{2}$

7. 某出租车公司规定收费标准如下：不足 3 千米，核定租费 5 元，超过 3 千米的部分，每千米加收 1.4 元。求租费 y 和千米数 x 的函数关系式。

8. 一个停车场第 1 小时收费 5 元，以后每小时收费 3 元，每天最多收费 15 元，不到 1 小时都按 1 小时来计算。试求停车费用与时间的函数关系，并说明其实际意义。

1.2　初等函数

案例导入

A公司遇到机器更新换代，决定将旧机器处理给B公司，需要做一套折旧方案。机器原价为50万元，已使用10年，若每年折旧率为10%（即每年减少其价值的10%），B公司准备出8万元购买。对于A公司来说，你觉得价格合理吗？说明理由。

案例分析

这是机器折旧问题，可以有两种解决方案，第一种是直接计算机器10年后的剩余价值，第二种是间接计算机器使用多少年后剩余价值是8万元，这就用到了初等函数中指数函数和对数函数的基本知识。

一、基本初等函数

我们把以下六类函数称为**基本初等函数**。

1. 常数函数

$y=C$（C为常数），$x\in(-\infty,+\infty)$

常数函数如图1-2所示。

2. 幂函数

$y=x^{\alpha}$（α为实数）

幂函数的定义域、值域及图像因α而异，如图1-3所示。

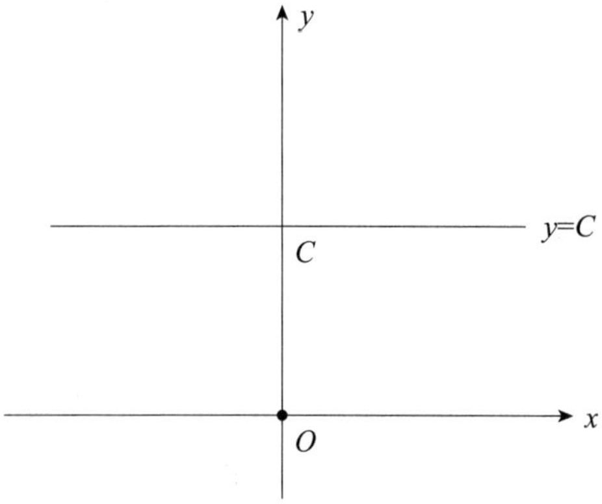

图1-2

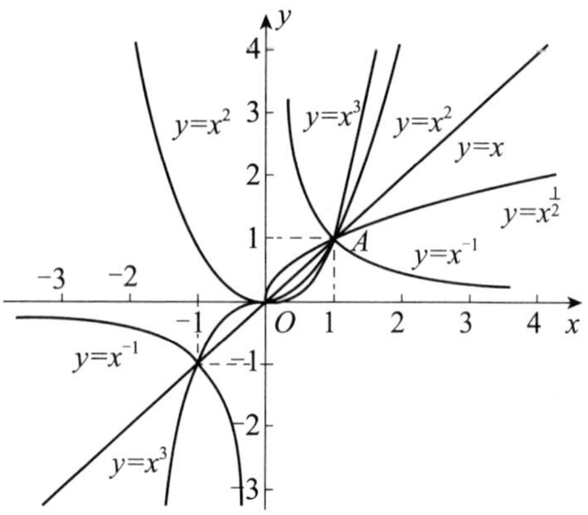

图1-3

3. 指数函数

$$y=a^x(a>0,\ a\neq 1),\ x\in(-\infty,\ +\infty),\ y\in(0,\ +\infty)$$

当 $a>1$ 时，图像为过点（0，1）的单调递增曲线，如图 1－4 所示。

当 $0<a<1$ 时，图像为过点（0，1）的单调递减曲线，如图 1－5 所示。

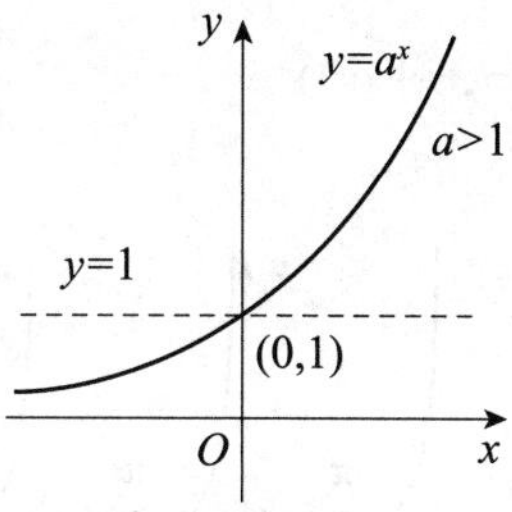

图 1－4

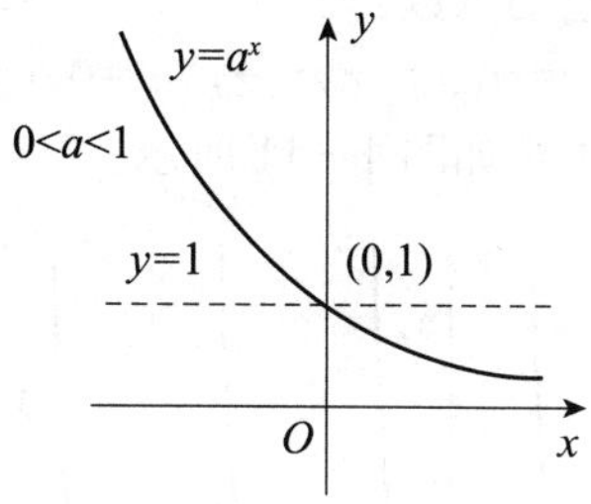

图 1－5

4. 对数函数

$$y=\log_a x(a>0,\ a\neq 1),\ x\in(0,\ +\infty),\ y\in(-\infty,\ +\infty)$$

类似于指数函数，当 $a>1$ 时，函数的图像为过点（1，0）的单调递增曲线，如图 1－6 所示。当 $0<a<1$ 时，函数的图像为过点（1，0）的单调递减曲线，如图 1－7 所示。

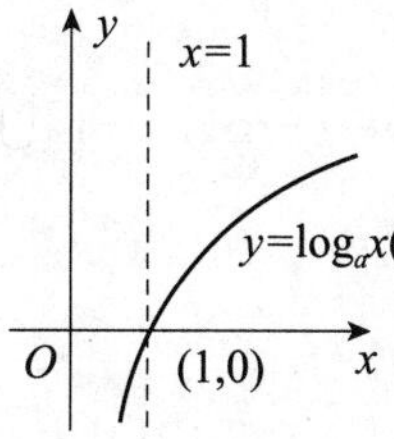

图 1－6

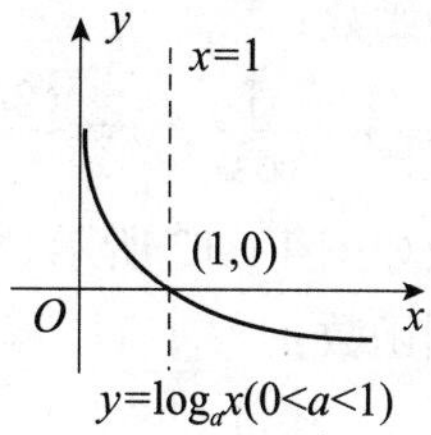

图 1－7

根据反函数的定义，我们可以很容易地判断出对数函数与指数函数互为反函数。

5. 三角函数

（1）正弦函数：

$$y=\sin x,\ x\in(-\infty,\ +\infty),\ y\in[-1,\ 1]$$

正弦函数如图 1－8 所示。

（2）余弦函数：

$$y=\cos x,\ x\in(-\infty,\ +\infty),\ y\in[-1,\ 1]$$

余弦函数如图 1－9 所示。

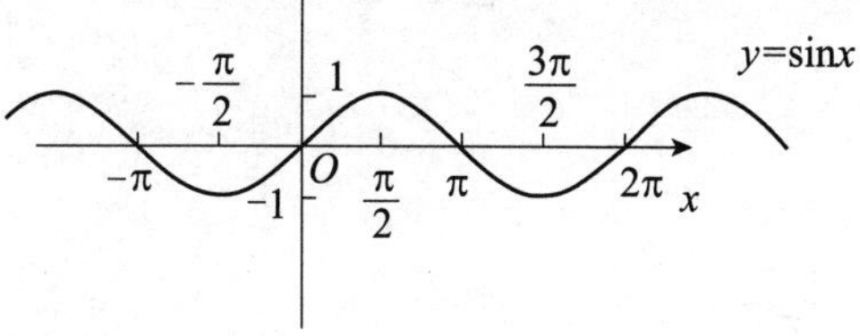

图 1－8

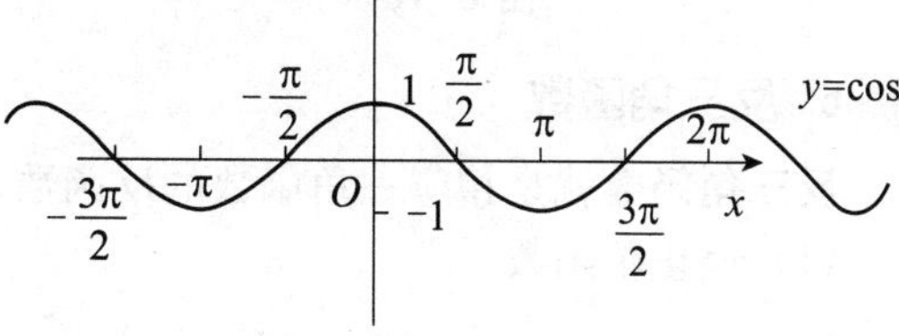

图 1－9

（3）正切函数：

$$y=\tan x,\ x\neq n\pi+\frac{\pi}{2},\ n=0,\ \pm1,\ \pm2\cdots,\ y\in(-\infty,\ +\infty)$$

正切函数如图 1 - 10 所示。

（4）余切函数：

$$y=\cot x,\ x\neq n\pi,\ n=0,\ \pm1,\ \pm2\cdots,\ y\in(-\infty,\ +\infty)$$

余切函数如图 1 - 11 所示。

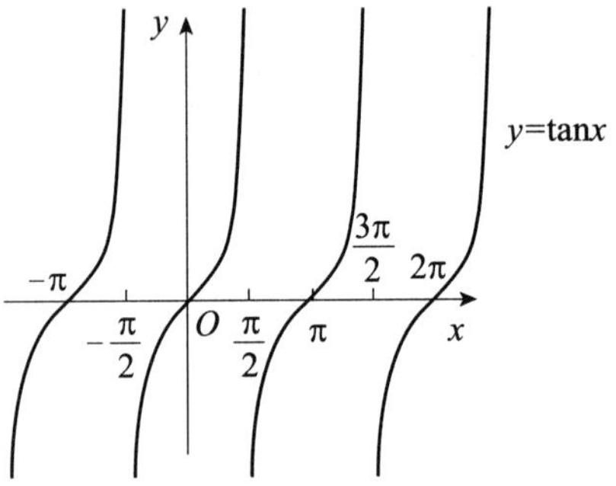

图 1 - 10

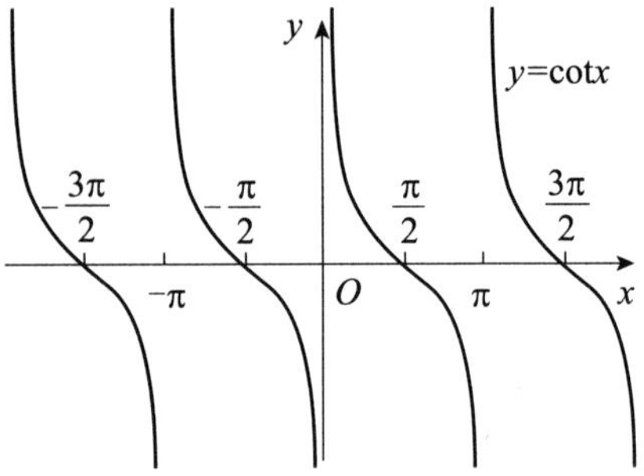

图 1 - 11

（5）正割函数：

$$y=\sec x=\frac{1}{\cos x},\ x\neq\frac{(2n+1)\pi}{2},\ n=0,\ \pm1,\ \pm2\cdots,\ y\in(-\infty,\ -1]\cup[1,\ +\infty)$$

正割函数如图 1 - 12 所示。

（6）余割函数：

$$y=\csc x=\frac{1}{\sin x},\ x\neq n\pi,\ n=0,\ \pm1,\ \pm2\cdots,\ y\in(-\infty,\ -1]\cup[1,\ +\infty)$$

余割函数如图 1 - 13 所示。

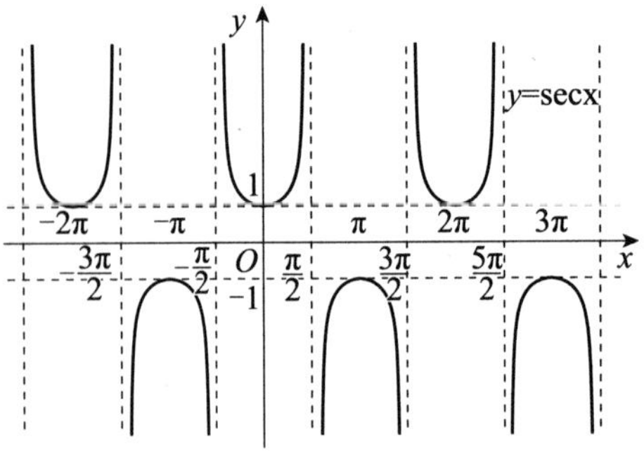

图 1 - 12

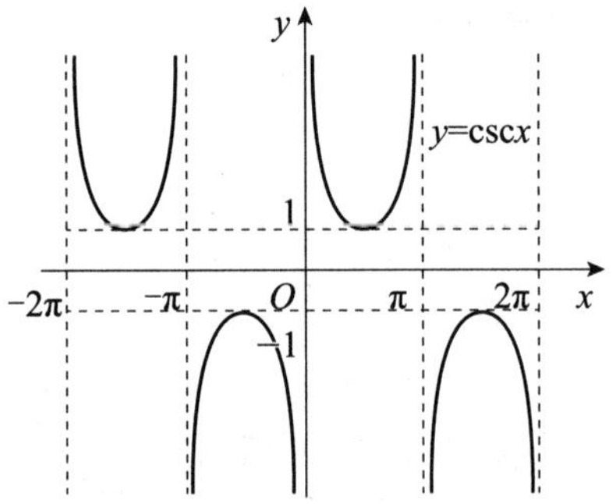

图 1 - 13

6. 反三角函数

反三角函数就是相应三角函数的反函数。

（1）反正弦函数：

$$y=\arcsin x,\ x\in[-1,\ 1],\ y\in\left[-\frac{\pi}{2},\ \frac{\pi}{2}\right]$$

反正弦函数如图 1-14 所示。

(2) 反余弦函数：

$$y=\arccos x,\ x\in[-1,\ 1],\ y\in[0,\ \pi]$$

反余弦函数如图 1-15 所示。

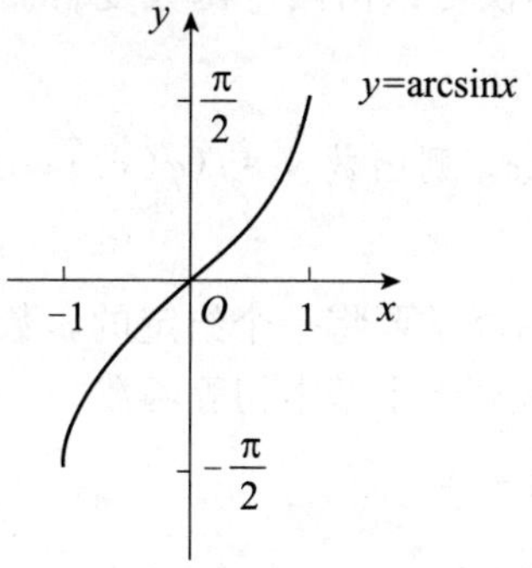

图 1-14

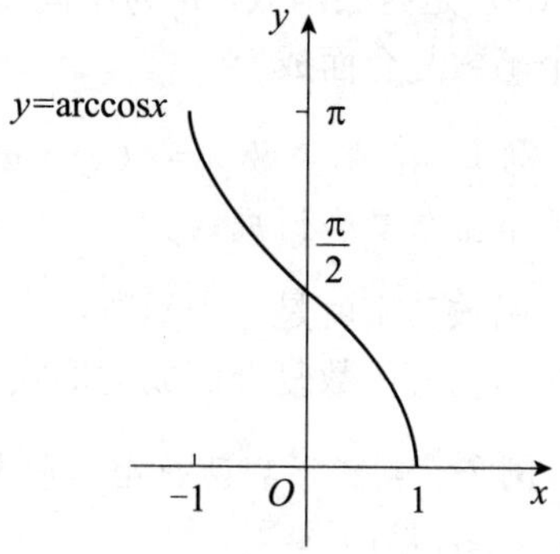

图 1-15

(3) 反正切函数：

$$y=\arctan x,\ x\in(-\infty,\ +\infty),\ y\in\left(-\frac{\pi}{2},\ \frac{\pi}{2}\right)$$

反正切函数如图 1-16 所示。

(4) 反余切函数：

$$y=\operatorname{arccot} x,\ x\in(-\infty,\ +\infty),\ y\in(0,\ \pi)$$

反余切函数如图 1-17 所示。

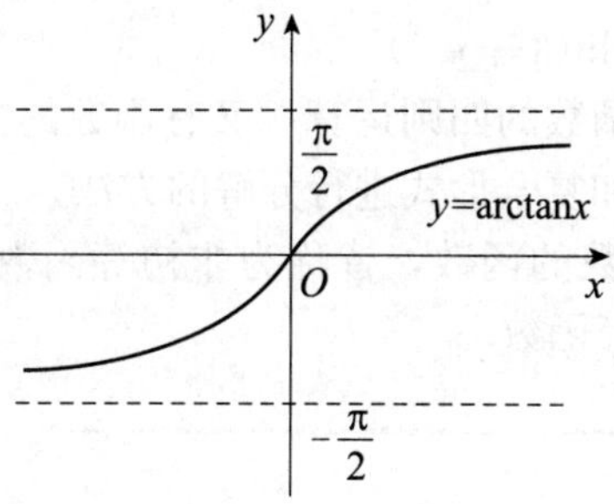

图 1-16

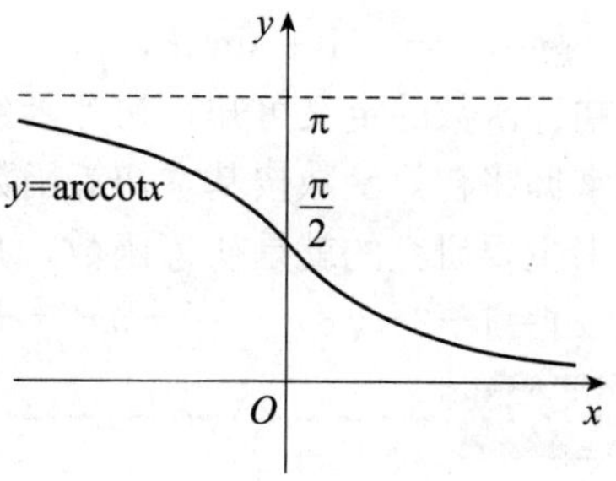

图 1-17

注：

从反函数的定义中我们知道，所有具有反函数的函数都是一一对应的，而正弦函数在它的定义域 $(-\infty,\ +\infty)$ 并不是一一对应的函数，所以在它的整个定义域内，正弦函数不存在反函数。若限制自变量 x 在 $\left[-\frac{\pi}{2},\ \frac{\pi}{2}\right]$ 上取值，则它是一一对应的，因此会存在反函数。反正弦函数 $y=\arcsin x$ 是函数 $y=\sin x$ 在 $\left[-\frac{\pi}{2},\ \frac{\pi}{2}\right]$ 上的反函数。其他几个反三角函数也是如此。

二、复合函数

已知两个函数 $y=f(u)$ $(u\in D_1,\ y\in Z_1)$，$u=\varphi(x)$ $(x\in D_2,\ u\in Z_2)$，则函数 $y=f(\varphi(x))$是由函数 $y=f(u)$ 和 $u=\varphi(x)$ 经过复合而成的**复合函数**。通常称 $f(u)$ 是外层函数，$\varphi(x)$ 是内层函数，u 为中间变量。复合函数不仅可以由两个函数复合而成，也可以由多个函数复合而成。

例 1 已知函数 $y=f(u)=e^u$，$u=\varphi(x)=\cos x$，则函数 $y=f(\varphi(x))=e^{\cos x}$就是由已知的两个函数复合而成的。

复合函数其实就是一个函数，为了研究需要，今后经常要将一个给定的函数看成是由若干个基本初等函数复合而成的形式，从而将它分解成若干个基本初等函数。

例 2 判断下列函数由哪些基本初等函数复合而成。

（1）$y=\cos^2 x$　　　　（2）$y=\sqrt{\operatorname{arccot} x}$

解 （1）$y=\cos^2 x$ 是由以下两个函数复合而成的，外层函数为 $y=u^2$，内层函数为 $u=\cos x$，其中 u 为中间变量。

（2）$y=\sqrt{\operatorname{arccot} x}$是由以下两个函数复合而成的，外层函数为 $y=\sqrt{u}$，内层函数为 $u=\operatorname{arccot} x$，其中 u 为中间变量。

三、初等函数的概念

初等函数是指由基本初等函数通过有限次的四则运算和复合所构成的函数。

例如，以下都是初等函数：

$$f(x)=\sqrt{1+\sin^2 x},\ \varphi(x)=x^2\cdot 2^{\tan x}+\ln(1+e^{x^2})$$

由初等函数的定义可知，初等函数的构成既有函数的四则运算，又有函数的复合。我们必须掌握将初等函数按基本初等函数的四则运算和复合形式进行分解的方法。

本书主要研究的就是初等函数，凡不是初等函数的函数，皆称为非初等函数。例如，函数 $f(x)=1+2x+3x^2+\cdots+nx^{n-1}+\cdots$就是非初等函数。

案例解决

设 x 年后的剩余价值为 y 万元，则 $y=50(1-10\%)^x$ 。两种计算方法如下：

方法 1 直接计算机器 10 年后的剩余价值。

10 年后的剩余价值，即 $x=10$，$y=50(1-10\%)^{10}\approx17.4$（万元）。因此，B 公司只出 8 万元购买价值 17.4 万元的机器，对于 A 公司来说，显然不合理。

方法 2 间接计算机器使用多少年后剩余价值是 8 万元。

若 $y=8$，则 $50(1-10\%)^x=8$，即 $0.9^x=0.16$，则

$$x=\log_{0.9}0.16\approx17.4\text{（年）}$$

因此，大约使用 17.4 年后，机器的价值才变为 8 万元，但现在机器只使用了 10 年，对于 A 公司来说，B 公司只出 8 万元，显然不合理。

习题 1.2

1. 已知 $f(x)=x^2+4$，$g(x)=2^x$，求 $f(x^2)$，$f(f(x))$，$f(g(x))$。
2. 下列函数由哪些基本初等函数复合而成？

(1) $y=\sin x^3$　　(2) $y=\sqrt{\arctan\sqrt{x}}$

(3) $y=e^{\sin 2x}$

1.3 数列的极限

案例导入

《庄子·天下篇》中有一句话“一尺之棰，日取其半，万世不竭”。

案例分析

第一天剩下的杖 $X_1=\frac{1}{2}$，第二天剩下的杖 $X_2=\frac{1}{2^2}$，…，第 n 天剩下的杖 $X_n=\frac{1}{2^n}$。想要解决截杖问题，需要知道当天数达到多少时，剩下的杖为 0。截杖问题显示出了古人的初步极限思想。

一、数列的概念

按照一定次序排好的一列数

$$a_1, a_2, a_3, a_4, \cdots, a_n, \cdots$$

称为**数列**，记作 $\{a_n\}$。数列中的一个数叫做数列的**项**，第 n 项 a_n 称为数列的**通项**。

例如，数列：1，3，5，…，$2n-1$，…的通项公式是 $a_n=2n-1$。

二、数列极限的定义

观察数列：1，$\frac{1}{2}$，$\frac{1}{3}$，…，$\frac{1}{n}$，…

为便于观察，在平面直角坐标系中作出数列的图形。从图 1-18 可以看出，当 n 增大时，对应的点离横轴越来越近。这说明，当 n 无限增大时，$a_n=\frac{1}{n}$ 的值无限地趋近于零。

我们发现上面这个例子有一个变化趋势：当 n 无限增大时，a_n 无限地趋近于某个常数。

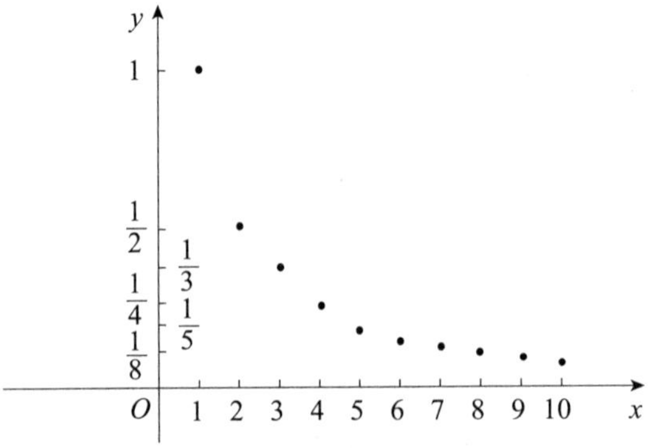

图 1-18

定义 如果当无穷数列 $\{a_n\}$ 的项数 n 无限增大时，a_n 无限地趋近于一个确定的常数 A，那么 A 就叫做数列 $\{a_n\}$ 的极限。记作

$$\lim_{n\to\infty} a_n = A \text{ 或 } a_n \to A(\text{当 } n\to\infty \text{ 时})$$

根据定义，上面数列的极限记作 $\lim\limits_{n\to\infty}\frac{1}{n}=0$ 或 $\frac{1}{n}\to 0$（当 $n\to\infty$ 时）。

例 1 判断下面数列是否有极限，如果有，写出它的极限。

(1) 5，5，5，…，5，…

(2) 1，4，9，…，n^2，…

(3) $\frac{1}{2}$，$\frac{1}{4}$，$\frac{1}{8}$，…，$\frac{1}{2^n}$，…

解 (1) 这个数列是常数列，通项是 $a_n=5$，数列的极限是 5，即 $\lim\limits_{n\to\infty}5=5$。

(2) 数列通项是 $a_n=n^2$，当 n 无限增大时，$a_n=n^2$ 也无限增大，它不能趋近于一个确定的常数。因此，这个数列没有极限。

(3) 这个数列是公比 $q=\frac{1}{2}$ 的等比数列，通项是 $a_n=\frac{1}{2^n}$。可以看出，当 n 无限增大时，$a_n=\frac{1}{2^n}$ 无限趋近于零，即 $\lim\limits_{n\to\infty}\frac{1}{2^n}=0$。

由此例得到以下结论：$\lim\limits_{n\to\infty}C=C$（$C$ 为常数），$\lim\limits_{n\to\infty}q^n=0$（$|q|<1$）。

注：

不是任何无穷数列都有极限。

极限不存在的原因可能是数列通项 a_n 无限增大（当 $n\to\infty$ 时），不能无限地趋近于一个确定的常数。例如，数列 $a_n=(-1)^{n+1}$，当 $n\to\infty$ 时，数列在 -1 和 1 两个数上来回跳动，不能无限地趋近于一个确定的常数，因此这个数列没有极限。

三、数列极限的运算法则

前面我们介绍了数列极限的定义，本部分讨论数列极限的求法，主要是介绍极限的运算法法则，利用这些法则可以求某些复杂数列极限。

法则 如果$\lim\limits_{n\to\infty}a_n=A$，$\lim\limits_{n\to\infty}b_n=B$，则有

（1）$\lim\limits_{n\to\infty}(a_n\pm b_n)=\lim\limits_{n\to\infty}a_n\pm\lim\limits_{n\to\infty}b_n=A\pm B$；

（2）$\lim\limits_{n\to\infty}(a_n\cdot b_n)=\lim\limits_{n\to\infty}a_n\cdot\lim\limits_{n\to\infty}b_n=A\cdot B$；

（3）$\lim\limits_{n\to\infty}C\cdot a_n=C\cdot\lim\limits_{n\to\infty}a_n=C\cdot A$（$C$为常数）；

（4）$\lim\limits_{n\to\infty}\dfrac{a_n}{b_n}=\dfrac{\lim\limits_{n\to\infty}a_n}{\lim\limits_{n\to\infty}b_n}=\dfrac{A}{B}$（$B\neq0$）。

其中，法则（1）和（2）可以推广到有限个有极限的数列的情形。

例2 已知$\lim\limits_{n\to\infty}a_n=2$，$\lim\limits_{n\to\infty}b_n=-3$，求：

（1）$\lim\limits_{n\to\infty}(2a_n+4b_n)$ （2）$\lim\limits_{n\to\infty}\dfrac{2a_n\cdot b_n}{a_n+3b_n-5}$

解 （1）
$$\begin{aligned}\lim_{n\to\infty}(2a_n+4b_n)&=\lim_{n\to\infty}2a_n+\lim_{n\to\infty}4b_n\\&=2\lim_{n\to\infty}a_n+4\lim_{n\to\infty}b_n\\&=2\times2+4\times(-3)\\&=-8\end{aligned}$$

（2）
$$\begin{aligned}\lim_{n\to\infty}\frac{2a_n\cdot b_n}{a_n+3b_n-5}&=\frac{\lim\limits_{n\to\infty}(2a_n\cdot b_n)}{\lim\limits_{n\to\infty}(a_n+3b_n-5)}\\&=\frac{2\cdot\lim\limits_{n\to\infty}a_n\cdot\lim\limits_{n\to\infty}b_n}{\lim\limits_{n\to\infty}a_n+3\lim\limits_{n\to\infty}b_n-\lim\limits_{n\to\infty}5}\\&=\frac{2\times2\times(-3)}{2+3\times(-3)-5}\\&=1\end{aligned}$$

例3 求下列极限：

（1）$\lim\limits_{n\to\infty}\left(\dfrac{3}{n^3}-\dfrac{2}{n^2}+3\right)$ （2）$\lim\limits_{n\to\infty}\dfrac{3n^2-4}{2n^2+n}$

解 （1）
$$\begin{aligned}\lim_{n\to\infty}\left(\frac{3}{n^3}-\frac{2}{n^2}+3\right)&=\lim_{n\to\infty}\frac{3}{n^3}-\lim_{n\to\infty}\frac{2}{n^2}+\lim_{n\to\infty}3\\&=3\end{aligned}$$

（2）当n无限增大时，分式的分子、分母都无限增大，所以极限都不存在，我们不能直接用商的运算法则。如果我们将分式的分子、分母都除以n^2，则分子、分母都有极限，这时可以用商的运算法则计算，即得

$$\lim_{n\to\infty}\frac{3n^2-4}{2n^2+n}=\lim_{n\to\infty}\frac{3-\dfrac{4}{n^2}}{2+\dfrac{1}{n}}$$

$$=\frac{\lim\limits_{n\to\infty}\left(3-\frac{4}{n^2}\right)}{\lim\limits_{n\to\infty}\left(2+\frac{1}{n}\right)}$$

$$=\frac{\lim\limits_{n\to\infty}3-\lim\limits_{n\to\infty}\frac{4}{n^2}}{\lim\limits_{n\to\infty}2+\lim\limits_{n\to\infty}\frac{1}{n}}=\frac{3}{2}$$

案例解决

因为$\lim\limits_{n\to\infty}\frac{1}{2^n}=0$，所以可以得出每天取剩下的一半是永远取不尽的。

习题 1.3

1. 判断下面数列当 $n\to\infty$ 时是否有极限，如果有，则写出它们的极限。

（1）$a_n=\frac{n}{n+1}$　　（2）$a_n=\frac{n-2}{n+3}$

（3）$a_n=n+1$　　（4）$a_n=\frac{3}{4n-1}+1$

2. 求下列极限。

（1）$\lim\limits_{n\to\infty}\frac{3n^3+2}{2n^3+n}$　　（2）$\lim\limits_{n\to\infty}\frac{n+1}{3n^2+n}$

（3）$\lim\limits_{n\to\infty}\frac{5^n+3^{n+2}}{5^{n+1}+3^n}$　　（4）$\lim\limits_{n\to\infty}\frac{4}{\sqrt{n^2+3n}-\sqrt{n^2+1}}$

（5）$\lim\limits_{n\to\infty}\left(\frac{1}{2n}+1\right)^2$　　（6）$\lim\limits_{n\to\infty}\frac{6n-5}{2n^2+n+4}$

（7）$\lim\limits_{n\to\infty}\left(\frac{n^2-3}{n+2}-n\right)$　　（8）$\lim\limits_{n\to\infty}\frac{1-2+3-4+\cdots+(2n-1)-2n}{n-1}$

3. 城市垃圾的处理问题：某市 2023 年年末的统计资料显示，到 2023 年年末，该市已堆积垃圾达 100 万吨。根据预测，从 2023 年起该市还将以每年 5 万吨的速度产生新的垃圾。如果从 2024 年起该市每年处理上一年堆积垃圾的 20%，那么长此以往，该市的垃圾能否全部处理完成？

1.4　函数的极限

案例导入

人类要发射卫星需要使用运载火箭的速度公式为 $v=f(h)=\sqrt{\frac{2gRh}{h+R}}$，其中 g 是重力加速度，R 是地球半径。求火箭脱离地球引力所需要的最小速度。

案例分析

要计算火箭脱离地球需要的最小速度，需要考虑当火箭所要达到的最大高度趋于无穷时，火箭的初始速度的极限值。

我们知道，数列 $\{a_n\}$ 可以看作自变量为 n 的函数 $f(n)$，因此，数列是函数的一种特殊情形。上一节中我们学习了数列的极限，下面我们讨论一般函数的极限。

一、当 $x\to\infty$ 时 $f(x)$ 的极限

定义 1 如果当 $x\to\infty$ 时，函数 $f(x)$ 无限趋近于常数 A，那么 A 就叫做函数 $f(x)$ 当 $x\to\infty$ 时的极限，记作

$$\lim_{x\to\infty}f(x)=A,\text{或当 } x\to\infty \text{ 时 } f(x)\to A$$

注：

$x\to\infty$ 包括 $x\to+\infty$、$x\to-\infty$ 两种情况。但有的时候 x 的变化趋势只能取这两种变化中的一种情况。

下面给出当 $x\to+\infty$ 或 $x\to-\infty$ 时函数 $f(x)$ 的极限的定义。

定义 2 如果当 $x\to+\infty$（或 $x\to-\infty$）时，$f(x)$ 的值无限趋近于一个确定的常数 A，那么 A 就叫做函数 $f(x)$ 当 $x\to+\infty$（或 $x\to-\infty$）时的极限，记作：$\lim\limits_{x\to+\infty}f(x)=A$，或当 $x\to+\infty$ 时 $f(x)\to A$（$\lim\limits_{x\to-\infty}f(x)=A$，或当 $x\to-\infty$ 时 $f(x)\to A$）。

例 1 如图 1-19 所示，利用图像考察当 $x\to\infty$ 时，函数 $f(x)=\dfrac{2}{x}$ 的变化趋势。

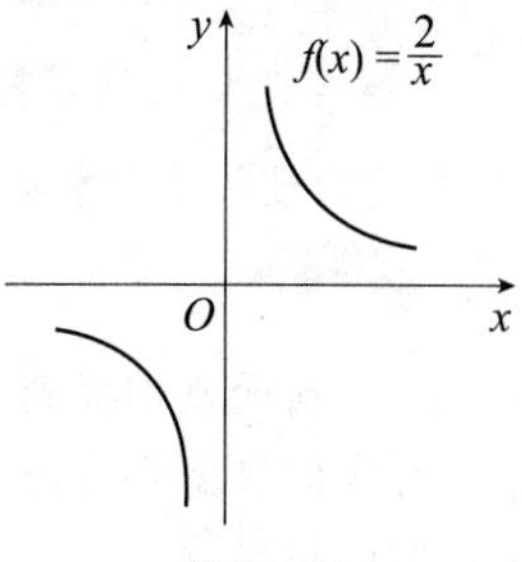

图 1-19

解 从图 1-19 可以看出：当 x 的绝对值无限增大时，函数 $f(x)$ 的值无限趋近于常数零。

显然，$\lim\limits_{x\to+\infty}\dfrac{2}{x}=0$，$\lim\limits_{x\to-\infty}\dfrac{2}{x}=0$。所以 $\lim\limits_{x\to\infty}\dfrac{2}{x}=0$。

注：

在考虑 $x\to\infty$ 时 $f(x)$ 的极限时，既要考虑 $x\to-\infty$ 时 $f(x)$ 的极限，又要考虑 $x\to+\infty$ 时 $f(x)$ 的极限。由极限的唯一性容易得到如下结论：

$$\lim_{x\to\infty}f(x)=A\Leftrightarrow\lim_{x\to-\infty}f(x)=\lim_{x\to+\infty}f(x)=A$$

二、当 $x \to x_0$ 时 $f(x)$ 的极限

定义 3 设函数 $y=f(x)$ 在 x_0 的某空心邻域内有定义，如果当 x 无限趋近于 x_0 时，函数 $f(x)$ 无限趋近于常数 A，那么 A 就叫做函数 $f(x)$ 当 $x \to x_0$ 时的极限，记作 $\lim\limits_{x \to x_0} f(x)=A$，或当 $x \to x_0$ 时 $f(x) \to A$。

函数的极限

注：

在上面的定义中，$y=f(x)$ 不需要在 x_0 处有定义，x 只是无限趋近于 x_0，不一定要达到。

例 2 根据图 1-20，求 $\lim\limits_{x \to 2}(2x+1)$ 的值。

解 如图 1-20 所示，当 x 从 2 的左侧无限趋近于 2 时，即 x 取

$$1.9,\ 1.99,\ 1.999,\ \cdots \to 2$$

时，对应的函数 $f(x)$ 的值从

$$4.8,\ 4.98,\ 4.998,\ \cdots \to 5$$

当 x 从 2 的右侧无限趋近于 2 时，即 x 取

$$2.1,\ 2.01.2.001,\ \cdots \to 2$$

时，对应的函数 $f(x)$ 的值从

$$5.2,\ 5.02,\ 5.002,\ \cdots \to 5$$

由此可见，当 $x \to 2$ 时，$f(x)=2x+1$ 的值无限趋近于 5，即 $\lim\limits_{x \to 2}(2x+1)=5$。

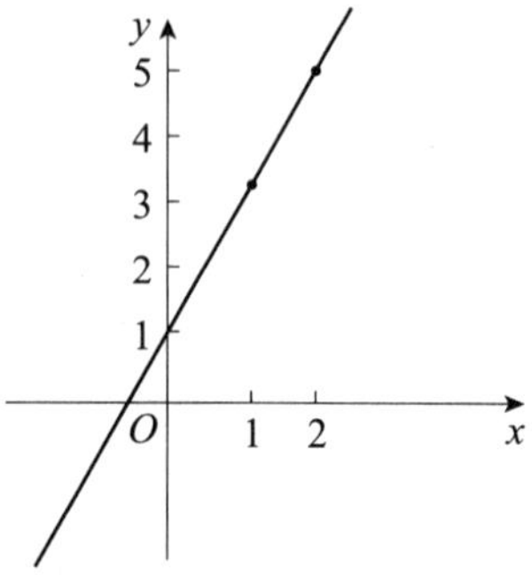

图 1-20

例 3 考察极限 $\lim\limits_{x \to x_0} C$（$C$ 为常数）。

解 把 C 看作常数函数 $f(x)=C$，则当 $x \to x_0$ 时，$f(x)$ 的值恒等于 C。因此有 $\lim\limits_{x \to x_0} C=C$，即常数的极限是它本身。

注：

前面我们提到的 $x \to x_0$，是指 x 以任意方式趋近于 x_0。根据实际问题的需要，有时我们仅需要讨论从 x_0 的左侧趋近于 x_0（$x \to x_0^-$）或从 x_0 的右侧趋近于 x_0（$x \to x_0^+$）时的极限。

下面我们给出单侧极限的定义。

定义 4 如果当 $x \to x_0^-$ 时，函数 $f(x)$ 的值无限趋近于一个确定的常数 A，那么 A 就称为函数 $f(x)$ 在 x_0 处的左极限，记作

$$\lim_{x \to x_0^-} f(x)=A，\text{或 } f(x_0^-)=A，\text{或 } f(x_0) \to A\ (x \to x_0^-)$$

如果当 $x \to x_0^+$ 时，函数 $f(x)$ 的值无限趋近于一个确定的常数 A，那么 A 就称为函数 $f(x)$ 在 x_0 处的右极限，记作

$$\lim_{x \to x_0^+} f(x)=A，或 f(x_0^+)=A，或 f(x_0) \to A\ (x \to x_0^+)$$

注：

在考虑单侧极限时，应注意 x 的范围，如当 $x \to x_0^+$ 时，$x \geqslant x_0$；当 $x \to x_0^-$ 时，$x \leqslant x_0$。

根据 $x \to x_0$ 时函数 $f(x)$ 的极限的定义和左、右极限的定义，容易得到下面结论：

$$\lim_{x \to x_0} f(x)=A \Leftrightarrow \lim_{x \to x_0^+} f(x)=\lim_{x \to x_0^-} f(x)=A$$

例 4 设函数 $f(x)=\dfrac{|x|}{x}$，试求 $\lim\limits_{x \to 0} f(x)$，$\lim\limits_{x \to 0^+} f(x)$ 和 $\lim\limits_{x \to 0^-} f(x)$。

解 易知 $f(x)=\dfrac{|x|}{x}=\begin{cases}1, & x>0\\ -1, & x<0\end{cases}$，如图 1-21 所示。

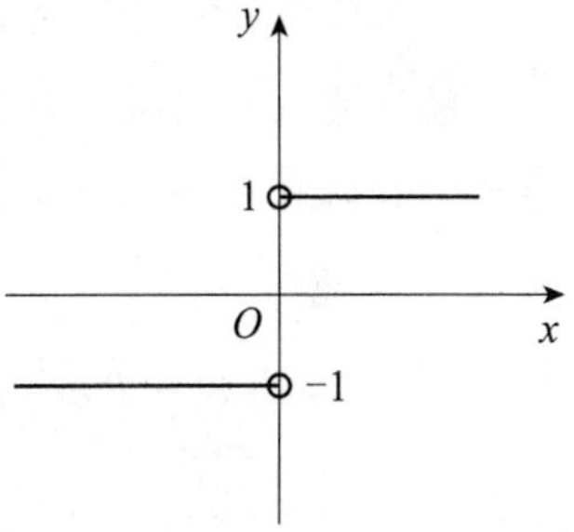

图 1-21

可见，当 $x \to 0$ 时：

右极限为 $\lim\limits_{x \to 0^+} f(x)=\lim\limits_{x \to 0^+} 1=1$；

左极限为 $\lim\limits_{x \to 0^-} f(x)=\lim\limits_{x \to 0^-}(-1)=-1$。

因为当 $x \to 0$ 时，$f(x)$ 的左、右极限存在但不相等，所以 $\lim\limits_{x \to 0} f(x)$ 不存在。

三、函数极限的运算法则

与数列极限类似，对于比较复杂的函数极限，我们也需要用到极限的运算法则来进行计算。下面给出函数极限的运算法则：

法则 设 $\lim\limits_{x \to x_0} f(x)=A$，$\lim\limits_{x \to x_0} g(x)=B$，则有

(1) $\lim\limits_{x \to x_0}[f(x) \pm g(x)]=\lim\limits_{x \to x_0} f(x) \pm \lim\limits_{x \to x_0} g(x)=A \pm B$；

(2) $\lim\limits_{x \to x_0}[f(x) \cdot g(x)]=\lim\limits_{x \to x_0} f(x) \cdot \lim\limits_{x \to x_0} g(x)=A \cdot B$；

(3) $\lim\limits_{x \to x_0}[Cf(x)]=C \cdot \lim\limits_{x \to x_0} f(x)=C \cdot A$（$C$ 为常数）；

(4) $\lim\limits_{x \to x_0} \dfrac{f(x)}{g(x)}=\dfrac{\lim\limits_{x \to x_0} f(x)}{\lim\limits_{x \to x_0} g(x)}=\dfrac{A}{B}$（$B \neq 0$）。

其中，法则（1）和（2）可以推广到有限个有极限的函数的情形。

例 5 求 $\lim\limits_{x \to 3} \dfrac{x-3}{x^2-9}$。

解 当 $x\to 3$ 时，分母的极限为 0，不能用法则（4）。由于 $x\to 3$ 而 $x\neq 3$，即 $x-3\neq 0$，因此分式中可约去极限为 0 的公因子，得

$$\begin{aligned}\lim_{x\to 3}\frac{x-3}{x^2-9}&=\lim_{x\to 3}\frac{x-3}{(x+3)(x-3)}\\&=\lim_{x\to 3}\frac{1}{(x+3)}\\&=\frac{\lim\limits_{x\to 3}1}{\lim\limits_{x\to 3}(x+3)}\\&=\frac{1}{6}\end{aligned}$$

例 6 求 $\lim\limits_{x\to\infty}\dfrac{3x^3-4x^2+2}{x^3+2x+1}$。

解 当 $x\to\infty$ 时，分子、分母均为无穷大，此时，不能直接用极限的运算法则。若将分子、分母同时除以 x^3，则可利用极限运算法则。于是

$$\begin{aligned}\lim_{x\to\infty}\frac{3x^3-4x^2+2}{x^3+2x+1}&=\lim_{x\to\infty}\frac{3-\dfrac{4}{x}+\dfrac{2}{x^3}}{1+\dfrac{2}{x^2}+\dfrac{1}{x^3}}\\&=\frac{\lim\limits_{x\to\infty}3-\lim\limits_{x\to\infty}\dfrac{4}{x}+\lim\limits_{x\to\infty}\dfrac{2}{x^3}}{\lim\limits_{x\to\infty}1+\lim\limits_{x\to\infty}\dfrac{2}{x^2}+\lim\limits_{x\to\infty}\dfrac{1}{x^3}}\\&=3\end{aligned}$$

例 7 求 $\lim\limits_{x\to 2}\left(\dfrac{1}{x-2}-\dfrac{1}{x^3-8}\right)$。

解 $\lim\limits_{x\to 2}\left(\dfrac{1}{x-2}-\dfrac{1}{x^3-8}\right)$

$$=\lim_{x\to 2}\frac{x^2+2x+4-1}{x^3-8}$$

$$=\lim_{x\to 2}\frac{x^2+2x+3}{x^3-8}=\infty$$

案例解决

设火箭所要达到的最大高度为 h，那么发射火箭所需要的初速度为

$$v=f(h)=\sqrt{\frac{2gRh}{h+R}}=\sqrt{\frac{2gR}{1+\dfrac{R}{h}}},\ h\in(0,+\infty)$$

求火箭脱离地球引力所需要的最小速度就是要求当 $h\to\infty$ 时，函数 $v=f(h)$ 的极限值，即

$$\lim_{h\to\infty}v=\lim_{h\to\infty}f(h)=\lim_{h\to\infty}\sqrt{\frac{2gRh}{h+R}}=\lim_{h\to\infty}\sqrt{\frac{2gR}{1+\frac{R}{h}}}=\sqrt{2gR}=11\ 200\ (\mathrm{m/s})$$

其中 $g=9.8\mathrm{m/s}$，$R=6.4\times10^6\mathrm{m}$。这个极限值就是第二宇宙速度。

习题 1.4

1. 观察并写出下列极限值。

(1) $\lim\limits_{x\to\infty}\frac{1}{x^2}$　　(2) $\lim\limits_{x\to\frac{\pi}{4}}\tan x$

(3) $\lim\limits_{x\to\infty}\frac{2}{x}$　　(4) $\lim\limits_{x\to\frac{\pi}{2}}\sin x$

2. 说明下列极限不存在的原因。

(1) $\lim\limits_{x\to\infty}\sin x$　　(2) $\lim\limits_{x\to1}\frac{|x-1|}{x-1}$

(3) $\lim\limits_{x\to\infty}\frac{x^2}{x+1}$　　(4) $\lim\limits_{x\to\infty}3^x$

3. 证明函数 $f(x)=\begin{cases}x^2+1, & x<1\\ 1, & x=1\\ -1, & x>1\end{cases}$ 在 $x\to1$ 时，极限不存在。

4. 求下列极限。

(1) $\lim\limits_{x\to2}\frac{x^2-4}{x-2}$　　(2) $\lim\limits_{x\to+\infty}\left(\frac{1}{3}\right)^x$

(3) $\lim\limits_{x\to2}\frac{x^3-1}{x^2-3x+5}$　　(4) $\lim\limits_{x\to2}(2x+5)$

(5) $\lim\limits_{x\to1}\frac{x-1}{x^2+2x-3}$　　(6) $\lim\limits_{x\to2}(x^2+3x-2)$

(7) $\lim\limits_{x\to\frac{\pi}{4}}(\sin x+\cos x)$　　(8) $\lim\limits_{x\to\frac{1}{2}}\left(\frac{2}{x}+2x\right)$

5. 求下列极限。

(1) $\lim\limits_{x\to\infty}\frac{x^2-1}{2x^2-x-1}$　　(2) $\lim\limits_{x\to\infty}\frac{x^2+x}{x^4-3x^2+1}$

(3) $\lim\limits_{x\to\infty}\frac{2x^3+3x^2+5}{7x^3+4x^2-1}$　　(4) $\lim\limits_{x\to\infty}\frac{x+5}{2x^2+9}$

(5) $\lim\limits_{x\to\infty}\frac{x^2-1}{x^2+2}$　　(6) $\lim\limits_{x\to+\infty}\frac{\mathrm{e}^x-\mathrm{e}^{-x}}{\mathrm{e}^x+\mathrm{e}^{-x}}$

(7) $\lim\limits_{x\to1}\frac{4x-1}{x^2+2x-5}$　　(8) $\lim\limits_{x\to1}\left(\frac{3}{x^3-1}-\frac{1}{x-1}\right)$

1.5 无穷小与无穷大

案例导入

乒乓球落地后，在地面上来回跳动，它往返一次的距离 $h(t)$ 随着时间 t 的增加而趋向于0。单摆在摆动时，由于空气阻力的影响，摆动的角度 α 随着时间 t 的增加而趋向于0。你知道如何用数学语言来描述这种运动状态吗？

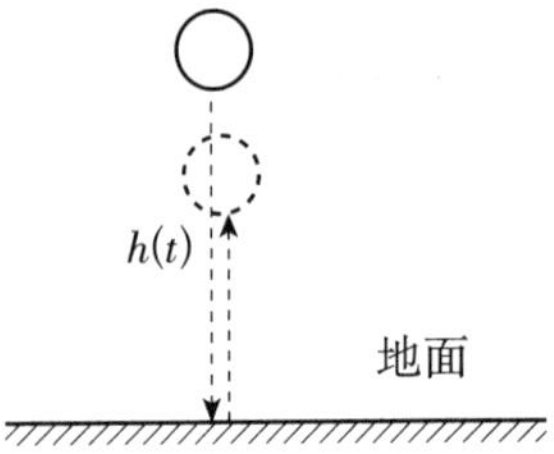

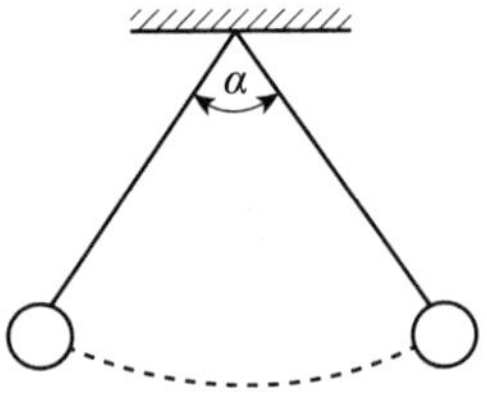

案例分析

在物理学中，这两种运动都是随着时间的增加而趋向于0的状态，在数学上称这种在变化过程中趋向于0的变量叫无穷小量。

在自变量的一定变化趋势下（$x \to x_0$，$x \to \infty$），我们发现有两种特殊的函数：一种是函数的绝对值“无限变小”，一种是函数的绝对值“无限变大”。下面就这两种情况加以研究。

一、无穷小

定义1 如果当 $x \to x_0$（或 $x \to \infty$）时，函数 $f(x)$ 的极限为零，那么称函数 $f(x)$ 当 $x \to x_0$（或 $x \to \infty$）时为无穷小。记作

$$\lim_{\substack{x \to x_0 \\ (x \to \infty)}} f(x) = 0, \text{或当 } x \to x_0 (\text{或 } x \to \infty) \text{ 时}, f(x) \to 0$$

无穷小

例如，$\lim\limits_{x \to 2}(x-2)=0$，所以 $x-2$ 是当 $x \to 2$ 时的无穷小。

又如，$\lim\limits_{x \to \infty}\frac{1}{x}=0$，所以 $\frac{1}{x}$ 是当 $x \to \infty$ 时的无穷小。

注：

(1) 说函数是无穷小，必须指明自变量的变化趋势。例如，$x-2$ 只有当 $x\to 2$ 时是无穷小，当 $x\to 1$ 时就不是无穷小。

(2) 无穷小和绝对值很小的数是截然不同的，无穷小是一种极限为零的变量。例如，10^{-10}，10^{-100} 虽然都是很小的数，但当 $x\to x_0$（或 $x\to\infty$）时极限并不是零。在常数中，只有零可以看成是无穷小。

对于无穷小，有下列运算性质：

性质1 有限个无穷小的代数和为无穷小。

性质2 有界函数与无穷小的乘积为无穷小。

性质3 有限个无穷小的乘积为无穷小。

例1 求 $\lim\limits_{x\to\infty}\left(\frac{1}{x^2}+\frac{2}{x}\right)$。

解 因为 $\lim\limits_{x\to\infty}\frac{1}{x^2}=0$，$\lim\limits_{x\to\infty}\frac{2}{x}=0$，所以由无穷小的性质1可知：$\lim\limits_{x\to\infty}\left(\frac{1}{x^2}+\frac{2}{x}\right)=0$。

例2 求 $\lim\limits_{x\to\infty}\frac{\sin 2x}{x}$。

解 因为 $\lim\limits_{x\to\infty}\frac{1}{x}=0$，$|\sin 2x|\leqslant 1$，所以由无穷小的性质2可知：$\lim\limits_{x\to\infty}\frac{\sin 2x}{x}=0$。

二、无穷大

定义2 如果当 $x\to x_0$（或 $x\to\infty$）时，函数 $f(x)$ 的绝对值无限增大，那么称函数 $f(x)$ 当 $x\to x_0$（或 $x\to\infty$）时为无穷大。记作

$$\lim_{\substack{x\to x_0\\(x\to\infty)}} f(x)=\infty\text{，或当 } x\to x_0\text{（或 } x\to\infty\text{）时，} f(x)\to\infty$$

例如，当 $x\to 1$ 时，$\left|\frac{1}{x-1}\right|$ 无限增大，故 $\frac{1}{x-1}$ 是当 $x\to 1$ 时的无穷大。

如果当 $x\to x_0$（或 $x\to\infty$）时，函数 $f(x)$ 取正值而绝对值无限增大（取负值而绝对值无限增大），则称函数 $f(x)$ 为正（负）无穷大，记作

$$\lim_{\substack{x\to x_0\\(x\to\infty)}} f(x)=+\infty\text{（或 }\lim_{\substack{x\to x_0\\(x\to\infty)}} f(x)=-\infty\text{）}$$

注：

(1) 说函数是无穷大，必须指明自变量的变化趋势。例如函数 $\frac{1}{x}$，$\lim\limits_{x\to 0}\frac{1}{x}=\infty$，所以当 $x\to 0$ 时，$\frac{1}{x}$ 是无穷大；$\lim\limits_{x\to\infty}\frac{1}{x}=0$，所以当 $x\to\infty$ 时，$\frac{1}{x}$ 是无穷小。

(2) 无穷大是指绝对值可以无限增大的变量，绝不能与绝对值很大的常数混为一谈。

(3) 当 $x\to x_0$（或 $x\to\infty$）时，$f(x)\to\infty$，按通常意义说，极限是不存在的。但为了便于叙述，也说“函数的极限为无穷大”。

三、无穷小与无穷大的关系

在自变量的同一变化过程中：

(1) 若 $f(x)$ 为无穷大，则 $\frac{1}{f(x)}$ 为无穷小；

(2) 若 $f(x)$ 为无穷小，且 $f(x)\neq 0$，则 $\frac{1}{f(x)}$ 为无穷大。

例如，当 $x\to 0$ 时，$f(x)=2x$ 是无穷小，则 $\frac{1}{f(x)}=\frac{1}{2x}$ 是无穷大。

又如，当 $x\to+\infty$ 时，$f(x)=e^x$ 是无穷大，则 $\frac{1}{f(x)}=\frac{1}{e^x}$ 是无穷小。

四、无穷小的比较

通过学习前面的知识，我们知道，两个无穷小的和、差、积还是无穷小，那么两个无穷小的商是否仍是无穷小呢？答案是不一定。例如，当 $x\to 0$ 时，$2x$，$3x$，x^2 都是无穷小，而 $\lim\limits_{x\to 0}\frac{3x}{2x}=\frac{3}{2}$，$\lim\limits_{x\to 0}\frac{x^2}{3x}=0$，$\lim\limits_{x\to 0}\frac{3x}{x^2}=\infty$。

两个无穷小之比的极限的各种不同情况，反映了不同的无穷小趋向于零的快慢速度。

设 α 与 β 是同一变化过程中的两个无穷小，即 $\lim\alpha=0$，$\lim\beta=0$：

(1) 如果 $\lim\frac{\alpha}{\beta}=0$，那么称 α 是比 β **高阶的无穷小**；

(2) 如果 $\lim\frac{\alpha}{\beta}=\infty$，那么称 α 是比 β **低阶的无穷小**；

(3) 如果 $\lim\frac{\alpha}{\beta}=C\neq 0$，那么称 α 与 β 是**同阶无穷小**；

特别地，当 $C=1$，即当 $\lim\frac{\alpha}{\beta}=1$ 时，则称 α 与 β 是**等价无穷小**，记作 $\alpha\sim\beta$。

由定义可知，当 $x\to 0$ 时，x^2 是比 $2x$ 高阶的无穷小，而 $2x$ 是比 x^2 低阶的无穷小，$2x$ 与 $3x$ 是同阶无穷小。

注：

并不是任意两个无穷小都能比较。

例 3 当 $x\to 1$ 时，比较 $1-x^3$ 与 $1-x$ 的阶数的高低。

解 因为 $\lim\limits_{x\to 1}\frac{1-x^3}{1-x}=\lim\limits_{x\to 1}\frac{(1-x)(1+x+x^2)}{1-x}$

$=\lim\limits_{x\to 1}(1+x+x^2)=3$

所以当 $x\to1$ 时，$1-x^3$ 与 $1-x$ 是同阶非等价无穷小。

定理（等价无穷小的替换原理） 在自变量的同一变化过程中，α，α'，β，β' 都是无穷小，且 $\alpha\sim\alpha'$，$\beta\sim\beta'$，如果 $\lim\frac{\alpha'}{\beta'}$ 存在，那么有 $\lim\frac{\alpha}{\beta}=\lim\frac{\alpha'}{\beta'}$。

证明：$\lim\frac{\alpha}{\beta}=\lim\left(\frac{\alpha}{\alpha'}\cdot\frac{\alpha'}{\beta'}\cdot\frac{\beta'}{\beta}\right)=\lim\frac{\alpha}{\alpha'}\cdot\lim\frac{\alpha'}{\beta'}\cdot\lim\frac{\beta'}{\beta}=\lim\frac{\alpha'}{\beta'}$。

注：

常见的等价无穷小有（当 $x\to0$ 时）：

$x\sim\sin x\sim\tan x\sim\arcsin x\sim\arctan x\sim\ln(1+x)\sim e^x-1$；$1-\cos x\sim\frac{1}{2}x^2$；$(1+x)^\alpha-1\sim\alpha x$。

例 4 求 $\lim\limits_{x\to0}\frac{2x}{\tan x}$。

解 因为当 $x\to0$ 时，$\tan x\sim x$，所以 $\lim\limits_{x\to0}\frac{2x}{\tan x}=\lim\limits_{x\to0}\frac{2x}{x}=2$。

例 5 求 $\lim\limits_{x\to0}\frac{\sqrt{1+x}-1}{x}$。

解 因为当 $x\to0$ 时，$\sqrt{1+x}-1\sim\frac{1}{2}x$，所以 $\lim\limits_{x\to0}\frac{\sqrt{1+x}-1}{x}=\lim\limits_{x\to0}\frac{\frac{1}{2}x}{x}=\frac{1}{2}$。

案例解决

在数学上，这种在变化过程中趋向于0的变量称为无穷小量。

习题 1.5

1. 下列哪些函数是无穷小？哪些函数是无穷大？

（1）$f(x)=\frac{x-2}{x}$，$x\to0$　　（2）$f(x)=\ln x$，$x\to0^+$

（3）$f(x)=1-10^{\frac{1}{x}}$，$x\to\infty$　　（4）$f(x)=x-2$，$x\to\infty$

（5）$f(x)=\sin x$，$x\to0$　　（6）$f(x)=\tan x$，$x\to\frac{\pi}{2}$

2. 下列函数在自变量怎样变化时是无穷小（或无穷大）？

（1）$y=\frac{1}{x^3}$　　（2）$y=\frac{1}{x+1}$

（3）$y=\frac{2}{x}$　　（4）$y=x-1$

3. 利用无穷小的性质，求下列极限。

（1）$\lim\limits_{x\to 0}x\sin x$　　　　（2）$\lim\limits_{x\to 0}(\sin x+\tan x)$

（3）$\lim\limits_{x\to 0}3x^3$　　　　（4）$\lim\limits_{x\to \frac{\pi}{2}}2x\cos x$

4. 利用等价无穷小知识近似计算 $\sqrt[6]{\frac{65}{64}}$，保留小数点后 6 位，并通过计算器计算其精确结果，然后计算误差。

1.6　两个重要极限

案例导入

假设有本金 A_0 元，银行年利率为 r，那么第 t 年年末能得到本息和 A 为多少钱？

案例分析

若每年结息一次，第一年年末的本息和为 $A=A_0(1+r)$，第二年年末的本息和为$A=A_0(1+r)^2$，…，第 t 年年末的本息和为 $A=A_0(1+r)^t$。若每年结算 m 次，那么第 t 年年末的本息和为 $A=A_0\left(1+\frac{r}{m}\right)^{mt}$，该公式称为离散复利公式。若 $m\to\infty$，那么第 t 年年末的本息和为$A=\lim\limits_{m\to\infty}A_0\left(1+\frac{r}{m}\right)^{mt}$。该问题属于连续复利问题。这种"$(1+0)^\infty$"型的极限怎么求？

这一节将讨论两个重要极限：$\lim\limits_{x\to 0}\frac{\sin x}{x}=1$，$\lim\limits_{x\to\infty}\left(1+\frac{1}{x}\right)^x=\mathrm{e}$。

第一个重要极限

一、$\lim\limits_{x\to 0}\frac{\sin x}{x}=1$

我们考察当 $x\to 0$ 时，函数$\frac{\sin x}{x}$的变化趋势，列表如下（见表 1-1）：

表 1-1

x	$\pm\frac{\pi}{4}$	$\pm\frac{\pi}{8}$	$\pm\frac{\pi}{16}$	$\pm\frac{\pi}{32}$	$\pm\frac{\pi}{64}$
$\frac{\sin x}{x}$	0.900 316 3	0.974 495 4	0.993 586 9	0.998 394 4	0.999 598 5
x	$\pm\frac{\pi}{128}$	$\pm\frac{\pi}{256}$	$\pm\frac{\pi}{512}$	$\pm\frac{\pi}{1\,024}$	$\pm\frac{\pi}{2\,048}\cdots\to 0$
$\frac{\sin x}{x}$	0.999 899 6	0.999 974 9	0.999 993 7	0.999 998 4	0.999 999 6$\cdots\to 1$

从表 1-1 中可以看出，当 $x\to 0$ 时，$\frac{\sin x}{x}\to 1$，即$\lim\limits_{x\to 0}\frac{\sin x}{x}=1$。

例 1 求$\lim\limits_{x\to 0}\dfrac{\sin 2x}{x}$。

解 $\lim\limits_{x\to 0}\dfrac{\sin 2x}{x}=\lim\limits_{x\to 0}\left(\dfrac{\sin 2x}{2x}\cdot 2\right)=2\lim\limits_{x\to 0}\dfrac{\sin 2x}{2x}=2$。

例 2 求$\lim\limits_{x\to 0}\dfrac{\tan x}{x}$。

解 $\lim\limits_{x\to 0}\dfrac{\tan x}{x}=\lim\limits_{x\to 0}\left(\dfrac{\sin x}{\cos x}\cdot\dfrac{1}{x}\right)=\lim\limits_{x\to 0}\left(\dfrac{\sin x}{x}\cdot\dfrac{1}{\cos x}\right)=\lim\limits_{x\to 0}\dfrac{\sin x}{x}\cdot\lim\limits_{x\to 0}\dfrac{1}{\cos x}=1$。

例 3 求$\lim\limits_{x\to 0}\dfrac{\cos x-1}{x^2}$。

解 $\lim\limits_{x\to 0}\dfrac{\cos x-1}{x^2}=\lim\limits_{x\to 0}\dfrac{-2\sin^2\dfrac{x}{2}}{x^2}=-\dfrac{1}{2}\left(\lim\limits_{x\to 0}\dfrac{\sin\dfrac{x}{2}}{\dfrac{x}{2}}\right)^2=-\dfrac{1}{2}$。

一般地，$\lim\limits_{\alpha\to 0}\dfrac{\sin\alpha}{\alpha}=1$，其中$\alpha$可以是满足$\alpha\to 0$的任何函数。

二、$\lim\limits_{x\to\infty}\left(1+\dfrac{1}{x}\right)^x=\mathrm{e}$

第二个重要极限

我们考察当$x\to\infty$时，函数$\left(1+\dfrac{1}{x}\right)^x$的变化趋势，列表如下（见表1-2）：

表1-2

x	10	10^2	10^3	10^4	10^5	10^6	…
$\left(1+\dfrac{1}{x}\right)^x$	2.593 74	2.704 81	2.716 92	2.718 15	2.718 27	2.718 28	…
x	-10	-10^2	-10^3	-10^4	-10^5	-10^6	…
$\left(1+\dfrac{1}{x}\right)^x$	2.867 97	2.732 00	2.719 64	2.718 41	2.718 30	2.718 28	…

从表1-2中可以看出，当$x\to+\infty$和$x\to-\infty$时，函数$\left(1+\dfrac{1}{x}\right)^x$无限趋近于一个确定的常数，这个常数就是无理数e=2.718 281 828 45…，即

$$\lim_{x\to\infty}\left(1+\frac{1}{x}\right)^x=\mathrm{e}$$

上式中，令$u=\dfrac{1}{x}$，则当$x\to\infty$时，$u\to 0$，于是我们可以得到另一种形式：

$$\lim_{u\to 0}(1+u)^{\frac{1}{u}}=\lim_{x\to\infty}\left(1+\frac{1}{x}\right)^x=\mathrm{e}$$

即 $\lim\limits_{x\to 0}(1+x)^{\frac{1}{x}}=\mathrm{e}$。

例 4 求$\lim\limits_{x\to\infty}\left(1+\dfrac{2}{x}\right)^x$。

解 $1+\dfrac{2}{x}=1+\dfrac{1}{\dfrac{x}{2}}$，令$\dfrac{x}{2}=t$，由于当$x\to\infty$时，$t\to\infty$，从而有

$$\lim_{x\to\infty}\left(1+\frac{2}{x}\right)^{x}=\lim_{t\to\infty}\left(1+\frac{1}{t}\right)^{2t}=\lim_{t\to\infty}\left[\left(1+\frac{1}{t}\right)^{t}\right]^{2}=\mathrm{e}^{2}$$

例 5 求 $\lim_{x\to\infty}\left(\frac{1+x}{x}\right)^{2x}$。

解 $\lim_{x\to\infty}\left(\frac{1+x}{x}\right)^{2x}=\lim_{x\to\infty}\left(1+\frac{1}{x}\right)^{2x}=\lim_{x\to\infty}\left[\left(1+\frac{1}{x}\right)^{x}\right]^{2}=\mathrm{e}^{2}$。

案例解决

用第二个重要极限求解：

$$A=\lim_{m\to\infty}A_0\left(1+\frac{r}{m}\right)^{mt}=\lim_{m\to\infty}A_0\left(1+\frac{r}{m}\right)^{\frac{m}{r}\cdot r\cdot t}=A_0\lim_{m\to\infty}\left(1+\frac{r}{m}\right)^{\frac{m}{r}\cdot r\cdot t}=A_0\mathrm{e}^{rt}$$

所以若每年结算 m 次，那么第 t 年年末的本息和为 $A_0\mathrm{e}^{rt}$。

习题 1.6

1. 计算下列极限。

(1) $\lim_{x\to0}\frac{\sin2x}{x}$　　(2) $\lim_{x\to0}\frac{x}{\tan5x}$

(3) $\lim_{x\to0}\frac{\sin2x}{\sin x}$　　(4) $\lim_{x\to0}\frac{\sin\omega x}{x}$

(5) $\lim_{x\to0}\frac{x-\sin x}{x+\sin x}$　　(6) $\lim_{x\to\infty}x^2\sin\frac{1}{x^2}$

2. 计算下列极限。

(1) $\lim_{x\to\infty}\left(1+\frac{1}{x}\right)^{2x}$　　(2) $\lim_{x\to\infty}\left(1+\frac{2}{x}\right)^{-x}$

(3) $\lim_{x\to\infty}\left(1+\frac{2}{x}\right)^{3x}$　　(4) $\lim_{x\to0}(1+2x)^{\frac{2}{x}}$

(5) $\lim_{x\to\infty}\left(\frac{3+x}{2+x}\right)^{2x}$　　(6) $\lim_{x\to\infty}\left(1-\frac{1}{x}\right)^{x}$

3. 你了解校园贷吗？请查阅资料，利用所学知识了解校园贷的计息方式与银行复利计息方式的区别，了解其危害，并远离校园贷。

1.7　函数的连续性

案例导入

设每 1 克冰从 -40℃升至 100℃所吸收的热量（单位：J）满足函数

$$f(x)=\begin{cases}2.1x+84, & -40\leqslant x\leqslant 0\\ 4.2x+420, & x>0\end{cases}$$

请问：此函数在 $x=0$ 处是否连续？冰川融化成水时吸收的热量会怎样变化？

案例分析

冰融化所吸收热量的方程是以 $x=0$ 为分段点的分段函数，说明冰川融化成水时吸收的热量可能会突然改变。在数学上我们怎样描述这种变化呢？

有许多自然现象，如气温的变化、河水的流动、植物的生长等，都是随着时间的推移在连续不断地变化的，这些现象反映在数学上就是函数的连续性。下面我们来研究函数的连续性。

一、函数的增量

定义1 设函数 $y=f(x)$，当自变量由初值 x_0 变到终值 x_1 时，我们把差值 x_1-x_0 叫做自变量的增量（或改变量），记作 Δx，即 $\Delta x=x_1-x_0$。

因此，$x_1=x_0+\Delta x$。相应地，函数值由 $f(x_0)$ 变化到 $f(x_0+\Delta x)$，我们把差值 $f(x_0+\Delta x)-f(x_0)$ 叫做函数的增量（或改变量），记作 Δy，即

$$\Delta y = f(x_0+\Delta x)-f(x_0)$$

例1 设 $f(x)=2x^2-1$，求适合下列条件的自变量的增量 Δx 和函数的增量 Δy：(1) 当 x 由 1 变到 0.5；(2) 当 x 由 1 变到 $1+\Delta x$。

解 (1) $\Delta x=0.5-1=-0.5$；$\Delta y=f(0.5)-f(1)=-1.5$。

(2) $\Delta x=(1+\Delta x)-1=\Delta x$；$\Delta y=f(1+\Delta x)-f(1)=2(1+\Delta x)^2-2=4\Delta x+2(\Delta x)^2$。

二、函数连续的概念

首先，我们给出函数连续性的两个定义：

定义2 设函数 $y=f(x)$ 在点 x_0 及其近旁有定义，如果当自变量 x 在 x_0 处的增量 Δx 趋近于零时，函数 $y=f(x)$ 的相应增量 $\Delta y=f(x_0+\Delta x)-f(x_0)$ 也趋近于零，也就是说，有 $\lim\limits_{\Delta x\to 0}\Delta y=0$，即 $\lim\limits_{\Delta x\to 0}[f(x_0+\Delta x)-f(x_0)]=0$，那么称函数 $y=f(x)$ 在点 x_0 处连续，x_0 称为函数 $f(x)$ 的连续点。

定义3 如果函数 $y=f(x)$ 在点 x_0 及其近旁有定义，且 $\lim\limits_{x\to x_0}f(x)=f(x_0)$，那么称函数 $y=f(x)$ 在点 x_0 处连续，x_0 称为函数 $f(x)$ 的连续点。

注：

函数 $y=f(x)$ 在点 x_0 处连续必须满足以下三个条件：

(1) 函数 $f(x)$ 在点 x_0 处有定义；

(2) $\lim\limits_{x \to x_0} f(x)$ 存在；

(3) $\lim\limits_{x \to x_0} f(x) = f(x_0)$。

如果函数 $y=f(x)$ 在 x_0 处不连续，那么称函数 $f(x)$ 在 x_0 处是间断的，点 x_0 称作函数 $y=f(x)$ 的**间断点**或**不连续点**。

在实际生活中，可能只需要研究某点的左邻域或右邻域。我们给出以下定义：

定义 4 设函数 $y=f(x)$ 在点 x_0 处及其左（右）近旁有定义，如果

$$\lim_{x \to x_0^-} f(x) = f(x_0) \quad (\text{或} \lim_{x \to x_0^+} f(x) = f(x_0))$$

那么称函数 $f(x)$ 在点 x_0 处**左连续**（或**右连续**）。

如果函数 $f(x)$ 在 (a, b) 内每一点都连续，那么称函数 $f(x)$ 在 (a, b) 内连续，或称函数 $f(x)$ 为 (a, b) 内的连续函数，(a, b) 称为函数 $f(x)$ 的连续区间。

如果函数 $f(x)$ 在 $[a, b]$ 上有定义，在 (a, b) 内连续，且在右端点 b 处左连续，在左端点 a 处右连续，即 $\lim\limits_{x \to b^-} f(x) = f(b)$，$\lim\limits_{x \to a^+} f(x) = f(a)$，那么称函数 $f(x)$ 在闭区间 $[a, b]$ 上连续。

在几何上，连续函数的图像是一条连续、不间断的曲线。

注：

函数 $f(x)$ 在点 x_0 处连续的充要条件是 $f(x)$ 在点 x_0 处既左连续又右连续。

例 2 讨论函数 $f(x)=\begin{cases} x^2-1, & x<0 \\ x, & 0 \leqslant x \leqslant 1 \\ 2-x, & 1<x \leqslant 2 \end{cases}$ 在点 $x=0$，$x=1$ 处的连续性。

解 因为 $f(x)$ 的定义域是 $(-\infty, 2]$，所以 $f(x)$ 在 $x=0$ 和 $x=1$ 处都有定义。

(1) 在点 $x=0$ 处，$\lim\limits_{x \to 0^-} f(x) = \lim\limits_{x \to 0^-} (x^2-1) = -1$，$\lim\limits_{x \to 0^+} f(x) = \lim\limits_{x \to 0^+} x = 0$，可见

$$\lim_{x \to 0^-} f(x) \neq \lim_{x \to 0^+} f(x)$$

故 $\lim\limits_{x \to 0} f(x)$ 不存在，所以 $f(x)$ 在点 $x=0$ 处不连续。

(2) 在点 $x=1$ 处，$\lim\limits_{x \to 1^-} f(x) = \lim\limits_{x \to 1^-} x = 1$，$\lim\limits_{x \to 1^+} f(x) = \lim\limits_{x \to 1^+} (2-x) = 1$，可见

$$\lim_{x \to 1^-} f(x) = \lim_{x \to 1^+} f(x)$$

故 $\lim\limits_{x \to 1} f(x)$ 存在，且 $\lim\limits_{x \to 1} f(x) = 1 = f(1)$，所以 $f(x)$ 在点 $x=1$ 处连续。

案例解决

因为 $\lim\limits_{x\to0^-}f(x)=\lim\limits_{x\to0^-}(2.1x+84)=84$，$\lim\limits_{x\to0^+}f(x)=\lim\limits_{x\to0^+}(4.2x+420)=420$，$\lim\limits_{x\to0^-}f(x)\neq\lim\limits_{x\to0^+}f(x)$，则$\lim\limits_{x\to0}f(x)$ 不存在，所以函数 $f(x)$ 在点 $x=0$ 处不连续。这说明冰川融化成水时吸收的热量会突然增加。

习题 1.7

1. 求下列函数的间断点。

(1) $f(x)=\dfrac{x}{x+1}$　　(2) $f(x)=\dfrac{e^{x^2}}{1+x}$

(3) $f(x)=\dfrac{2}{x}$

2. 已知函数 $f(x)=\begin{cases}e^{ax}+b, & x<0\\ 1, & x=0\\ \dfrac{a\sin x}{x}-b, & x>0\end{cases}$ 在点 $x=0$ 处是连续的，求 a，b。

3. 证明函数 $f(x)=\begin{cases}x+1, & x\leqslant0\\ e^x, & x>0\end{cases}$ 在点 $x=0$ 处连续。

4. 已知植物生长高度 h 是时间 t 的函数 $h(t)$，而且 h 随着 t 的变化连续变化。事实上，当时间 t 的变化很微小时，植物生长的高度 h 的变化也是很微小的。如何用数学的连续性来描述这种变化呢?

1.8 连续函数的性质

案例导入

某登山运动员于星期六 7:00 开始登山，17:00 到达山顶。在山上宿营后，该运动员星期日 7:00 开始返回，17:00 到达出发点，则该运动员在星期日的某一时刻和星期六的同一时刻处于同一高度。

案例分析

假设在时间段 $T=[7, 17]$ 中运动员没有休息，S 为出发点至山顶的距离，则星期六和星期日从出发点到终点的距离与时间的关系可以看作两个连续函数，可以利用连续函数的性质进行证明。

根据函数在某点连续的定义和极限的四则运算法则，可以推导出连续函数的性质。

一、连续函数的和、差、积、商的连续性

性质 如果函数 $f(x)$ 与 $g(x)$ 在点 x_0 处连续，那么它们的和、差、积、商（$g(x_0)\neq0$）也都在点 x_0 处连续，即：

(1) $\lim\limits_{x\to x_0}[f(x)\pm g(x)]=f(x_0)\pm g(x_0)$；

(2) $\lim\limits_{x\to x_0}[f(x)\cdot g(x)]=f(x_0)g(x_0)$；

(3) $\lim\limits_{x\to x_0}\dfrac{f(x)}{g(x)}=\dfrac{f(x_0)}{g(x_0)}(g(x_0)\neq0)$。

例 1 判断函数 $f(x)=\dfrac{x+2}{x-3}$ 在点 $x=6$ 处的连续性。

解 因为 $x+2$ 和 $x-3$ 在点 $x=6$ 处是连续的，所以根据上面的性质知函数 $f(x)=\dfrac{x+2}{x-3}$ 在点 $x=6$ 处是连续的。

二、复合函数的连续性

定理 1 如果函数 $u=\varphi(x)$ 在点 x_0 处连续，且 $\varphi(x_0)=u_0$，而函数 $y=f(x)$ 在点 u_0 处连续，那么复合函数 $y=f[\varphi(x)]$ 在点 x_0 处也连续，则

$$\lim_{x\to x_0}f[\varphi(x)]=f[\lim_{x\to x_0}\varphi(x)]=f(u_0)$$

例 2 判断函数 $y=\sin2x$ 在点 $x=\dfrac{\pi}{3}$ 处的连续性。

解 函数 $u=2x$ 在点 $x=\dfrac{\pi}{3}$ 处连续，当 $x=\dfrac{\pi}{3}$ 时，$u=\dfrac{2}{3}\pi$，函数 $y=\sin u$ 在点 $u=\dfrac{2}{3}\pi$ 处连续，所以复合函数 $y=\sin2x$ 在点 $x=\dfrac{\pi}{3}$ 处也连续。

三、初等函数的连续性

基本初等函数（常数函数、幂函数、指数函数、对数函数、三角函数、反三角函数）经过有限次的加、减、乘、除（分母不为零）的四则运算，以及有限次的复合所构成并可用一个式子表示的函数，叫做**初等函数**。

定理 2 一切初等函数在其定义区间内都是连续的。

根据这个结论，求初等函数在其定义区间内某点处的极限时，只要求出该点处的函数值即可得到。

例 3 求 $\lim\limits_{x\to0}\sqrt{e^{2x}+4+\sin2x}$。

解 因为 $f(x)=\sqrt{e^{2x}+4+\sin 2x}$ 是初等函数，并且它的定义区间为 $(-\infty, +\infty)$，所以 $\lim\limits_{x\to 0}\sqrt{e^{2x}+4+\sin 2x}=f(0)=\sqrt{e^0+4+0}=\sqrt{5}$。

闭区间上连续函数的性质

四、闭区间上连续函数的性质

定理3（最值定理） 如果函数 $f(x)$ 在闭区间 $[a, b]$ 上连续，那么函数 $f(x)$ 在 $[a, b]$ 上一定有最大值与最小值。

如图1－22所示，函数 $y=f(x)$ 在闭区间 $[a, b]$ 上连续，则在 $[a, b]$ 上至少有一点 x_1 和 x_2，使当 $x\in[a, b]$ 时，$f(x_1)\geqslant f(x)$，$f(x_2)\leqslant f(x)$ 恒成立，则 $f(x_1)$ 和 $f(x_2)$ 分别称为函数 $y=f(x)$ 在 $[a, b]$ 上的最大值和最小值，x_1、x_2 分别称为最大值点和最小值点。

注：

（1）对于在开区间内连续的函数，其最大值、最小值不一定存在。例如，函数 $f(x)=x^2+2$ 在 $(2, 5)$ 内连续，但在这个区间内没有最大值也没有最小值。

（2）对于在闭区间上有间断点的函数，其最大值、最小值不一定存在。例如，函数 $f(x)=\begin{cases}-x+1, & 0\leqslant x<1\\ 1, & x=1\\ -x+3, & 1\leqslant x<2\end{cases}$ 在闭区间 $[0, 2]$ 上有间断点 $x=1$，这时函数在 $[0, 2]$ 上既无最大值又无最小值，如图1－23所示。

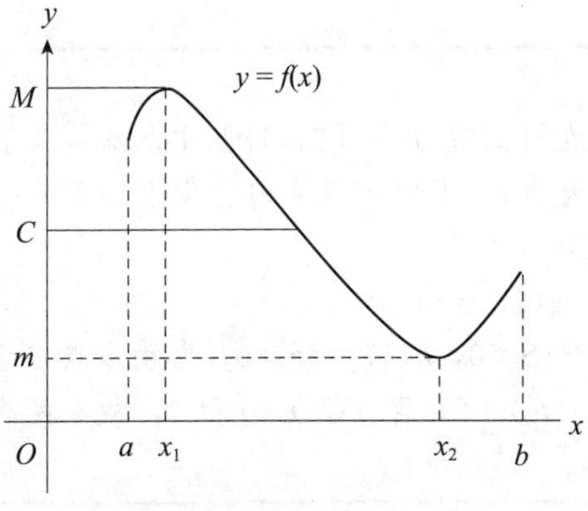

图1－22

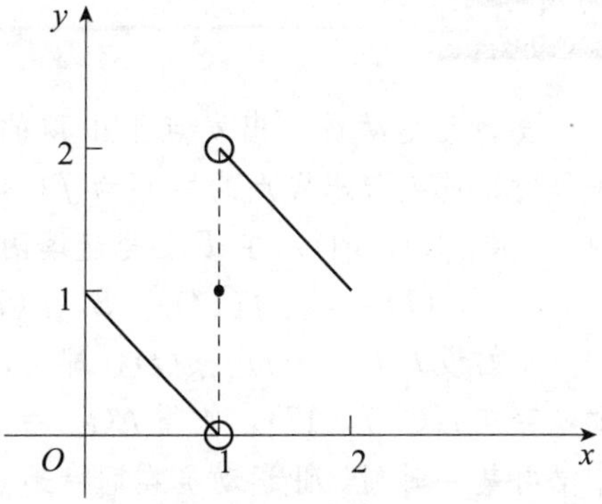

图1－23

定理4（介值定理） 如果函数 $y=f(x)$ 在闭区间 $[a, b]$ 上连续，且在两端点处取不同的函数值 $f(a)=A$ 和 $f(b)=B$，且 $f(a)\neq f(b)$，μ 是 A 和 B 之间的任一数，那么在开区间 (a, b) 内至少有一点 ξ，使得 $f(\xi)=\mu$，$\xi\in(a, b)$。

介值定理的几何意义：在 $[a, b]$ 上的连续曲线 $y=f(x)$ 与直线 $y=\mu$（μ 在 $f(a)$

与$f(b)$之间）至少有一个交点，交点坐标为（ξ，$f(\xi)$），其中 $f(\xi)=\mu$，如图 1－24 所示。

定理 5（零点定理） 如果函数 $y=f(x)$ 在闭区间 $[a, b]$ 上连续，且 $f(a)$ 与 $f(b)$异号，那么至少存在一点 $\xi(a<\xi<b)$，使得 $f(\xi)=0$。

推论的几何意义：当 $[a, b]$ 上连续的曲线 $y=f(x)$ 的两个端点落在 x 轴的上、下两侧时，曲线与 x 轴至少有一个交点，如图 1－25 所示。

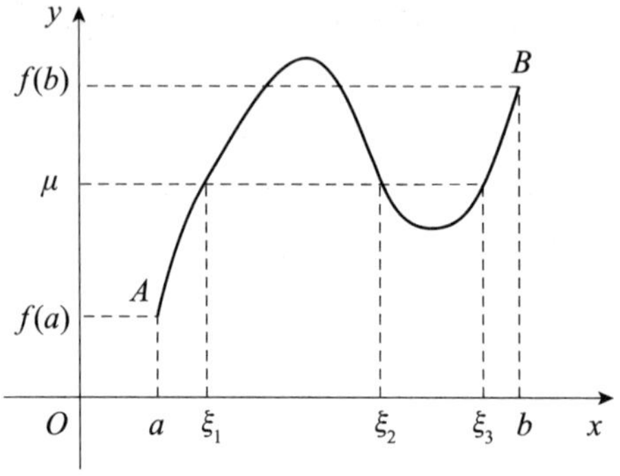

图 1－24

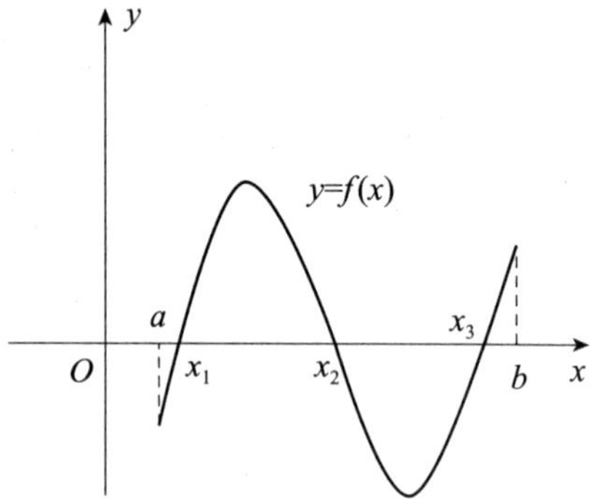

图 1－25

例 4 证明方程 $x^5-3x-1=0$ 在区间 $(0, 3)$ 内至少有一个实根。

证 设 $f(x)=x^5-3x-1$，因为它在闭区间 $[0, 3]$ 上连续，且 $f(0)=-1<0$，$f(3)=233>0$，所以根据推论可知，$f(x)$ 在 $(0, 3)$ 内至少有一点 $\xi(0<\xi<3)$，使得 $f(\xi)=0$，即 $\xi^5-3\xi-1=0$ $(0<\xi<3)$。

这个等式说明方程 $x^5-3x-1=0$ 在区间 $(0, 3)$ 内至少有一个实根。

案例解决

设 S 为运动员从出发点至山顶的距离，在时间段 $T=[7, 17]$ 中，第一天的 $t\in T$时刻此人与出发点的距离为 $f(t)$，第二天的 $t\in T$ 时刻此人与出发点的距离为 $g(t)$，则$f(t)$，$g(t)$ 在 T 上是连续函数。易知

$$f(7)=0,\ f(17)=S,\ g(7)=S,\ g(17)=0$$

不妨设 $h(t)=f(t)-g(t)$，那么，$h(7)=-S<0$，$h(17)=S>0$，则由零点定理知，存在 $t_0\in(7, 17)$，使得 $h(t_0)=f(t_0)-g(t_0)=0$，即 $f(t_0)=g(t_0)$，故在两天中必有某一时刻，此运动员在同一地点。

习题 1.8

1. 求下列函数的极限。

(1) $\lim\limits_{x\to 2}\dfrac{2x+3}{x-1}$　　(2) $\lim\limits_{x\to\frac{\pi}{6}}\sin 2x$

2. 已知函数 $f(x)=\begin{cases} x+2, & x\leqslant -1 \\ x^2, & -1<x<2 \\ x, & x\geqslant 2 \end{cases}$，能否用定理3（最值定理）判断此函数在[−2，2]上是否有最值。

3. 证明：方程 $\left(\frac{\sin x}{x}\right)^2-\frac{1}{2}=0$ 在区间 $\left(\frac{\pi}{6}, \frac{\pi}{2}\right)$ 内至少有一个实根。

1.9 Matlab操作基础

Matlab以矩阵作为数据操作的基本单位，还提供了十分丰富的数值计算函数和强大的绘图功能，而且简单易学、编程效率高。掌握Matlab对数学学习和数学模型的建立有着很大的帮助。本书主要介绍Matlab在数学中的一些简单应用。

Matlab中主要用limit求函数的极限（见表1-3）。

表1-3

limit (s, n, inf)	当 n 趋于无穷大时表达式 s 的极限
limit (s, x, a)	当 x 趋于 a 时表达式 s 的极限
limit (s, x, a, 'left')	当 x 趋于 a 时表达式 s 的左极限
limit (s, x, a, 'right')	当 x 趋于 a 时表达式 s 的右极限

例1 求方程 $3x^4+7x^3+9x^2-23=0$ 的全部根。

解 利用Matlab，在命令窗口中输入命令：

```
p=[3,7,9,0,-23];
x=roots(p)
```

按回车键后得到方程有四个解。

例2 求 $\lim\limits_{x\to\infty}\frac{3x^2+2x-1}{2x^2-x+3}$。

解 利用Matlab，在命令窗口中输入命令：

```
>>syms x;
limit((3*x^2+2*x-1)/(2*x^2-x+3),x,inf)
```

例3 已知 $f(x)=\begin{cases} x-1, & x<0 \\ \frac{x^2+3x-1}{x^3+1}, & x\geqslant 0 \end{cases}$，求 $\lim\limits_{x\to 0^-}f(x)$，$\lim\limits_{x\to 0^+}f(x)$，$\lim\limits_{x\to +\infty}f(x)$。

解 利用Matlab，在命令窗口中输入命令：

```
>>syms x;
limit(x-1,x,0,'left')
limit((x^2+3*x-1)/(x^3+1),x,0,'right')
```

```
limit((x^2+3*x-1)/(x^3+1),x,+inf)
```

习题 1.9

利用 Matlab 完成下列操作。

1. 求 $\lim\limits_{x\to 2}\dfrac{x^2-4}{x-2}$。

2. 求 $\lim\limits_{x\to\infty}\dfrac{\sin x+\cos x}{x}$。

3. 讨论函数 $f(x)=\begin{cases}\dfrac{x^2-5x-6}{x+1}, & x\neq -1\\ -7, & x=-1\end{cases}$ 在 $x=-1$ 处的连续性。

拓展阅读

中国古代杰出数学家——刘徽

刘徽（约 225—约 295）

根据《宋史·算学祀典》及有关史料推定，刘徽的籍贯是淄乡，属今山东省邹平市。他是中国数学史上一位伟大的数学家，也是公元 3 世纪世界上杰出的数学家。他在公元 263 年撰写的著作《九章算术注》以及后来的《海岛算经》是我国宝贵的数学遗产，这奠定了他在中国数学史上的不朽地位。

刘徽的主要数学贡献有：发展了传统的率概念和齐同原理，指出它们是“算之纲纪”，至今对改革中小学数学教材有指导意义；在世界数学史上首创极限思想和无穷小分割方法，并严格证明了《九章算术》提出的圆面积公式和自己提出的刘徽原理，将多面体体积理论建立在无穷小分割之上；在中国首创求圆周率的科学方法，奠定了中国圆周率近似值的计算领先世界千余年的基础；以演绎逻辑为主，全面论证《九章算术》的算法，奠定了中国传统数学的理论基础，建立了中国传统数学的理论体系。刘徽逻辑之严谨及所达到的高度，在中国古代无居其右者。

《九章算术》提出圆面积公式：“术曰：半周半径相乘得积步。”刘徽使用极限思想和无穷小分割方法证明这个公式。他首先从圆内接正 6 边形开始割圆，逐步得到正 12、24、48……边形。圆内接正多边形的面积当然都小于圆面积，但无限分割下去，到“不可割”的时候，圆内接正多边形就与圆完全“合体”。然后，刘徽说：“以一面乘半径，觚而裁之，每辄自倍。故以半周乘半径而为圆幂。”这是说，将与圆合体的正无穷多边形分割成以圆心为顶点，构成每边为底的无穷多个小等腰三角形，这些小等腰三角形的高与其底的乘积是其面积的 2 倍，将它们全部相加就是 2 个圆面积。而所有这些小等腰三角形的底边之和即是圆的周长，那么，一个圆的面积就是圆周长的一半乘以半径。这便证明了《九章算术》的圆面积公式。

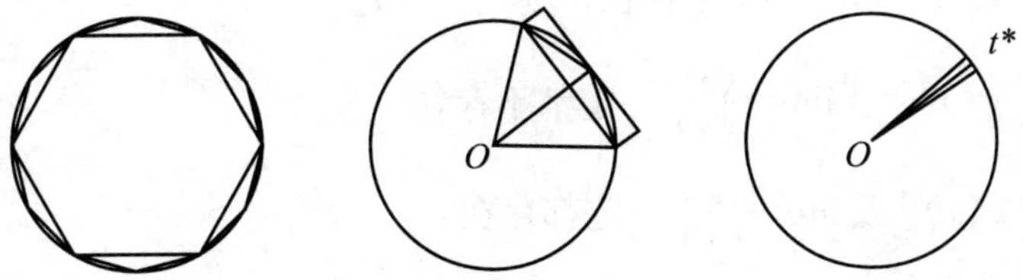

(1)　　(2)　　(3)

资料来源：何晓波．数学家的故事［M］．成都：四川大学出版社，2015.

复习题1

一、选择题。

1. 函数 $f(x)=\dfrac{a^x-1}{a^x+1}$ 为（　　）。

A. 奇函数　　B. 偶函数　　C. 非奇非偶函数　　D. 不确定

2. $f(x)=\dfrac{x^2-2x-3}{x+1}$ 的间断点是（　　）。

A. $x=0$　　B. $x=-1$　　C. $x=2$　　D. $x=1$

3. 当 $x\to 0$ 时，下列函数是无穷小的是（　　）。

A. $\dfrac{1}{x}$　　B. $\dfrac{\sin x}{x}$　　C. $\ln(1+x)$　　D. $\dfrac{x}{x^2}$

4. 当 $k=$（　　）时，函数 $f(x)=\begin{cases}x^2+1, & x\neq 0\\ k, & x=0\end{cases}$ 在 $x=0$ 处连续。

A. 0　　B. 1　　C. 2　　D. -1

5. 当 $k=$（　　）时，函数 $f(x)=\begin{cases}e^x+2, & x\neq 0\\ k, & x=0\end{cases}$ 在 $x=0$ 处连续。

A. 0　　B. 1　　C. 2　　D. 3

6. 若 $\lim\limits_{x\to x_0^+}f(x)=\lim\limits_{x\to x_0^-}f(x)=A$，则 $f(x)$ 在 x_0 处（　　）。

A. 一定有定义　　B. 一定连续　　C. 一定有极限　　D. $f(x_0)=A$

7. $\lim\limits_{x\to x_0}f(x)=f(x_0)$ 是在 x_0 处连续的（　　）条件。

A. 充分　　B. 充分必要　　C. 必要　　D. 无关

8. $\lim\limits_{x\to 0}\dfrac{\sin 3x}{x}=$（　　）。

A. 0　　B. 1　　C. 3　　D. $\dfrac{1}{3}$

9. $\lim\limits_{x\to 0}\dfrac{\tan x-\sin x}{x^2}=$（　　）。

A. 1　　B. $\dfrac{1}{2}$　　C. 0　　D. 2

10. $\lim\limits_{x\to x_0}f(x)$ 存在，$\lim\limits_{x\to x_0}g(x)$ 不存在，则（　　）。

A. $\lim\limits_{x\to x_0}[f(x)g(x)]$ 及 $\lim\limits_{x\to x_0}\dfrac{g(x)}{f(x)}$ 一定都不存在

B. $\lim\limits_{x\to x_0}[f(x)g(x)]$ 及 $\lim\limits_{x\to x_0}\dfrac{g(x)}{f(x)}$ 一定都存在

C. $\lim\limits_{x\to x_0}[f(x)g(x)]$ 及 $\lim\limits_{x\to x_0}\dfrac{g(x)}{f(x)}$ 恰有一个存在

D. $\lim\limits_{x\to x_0}(f(x)g(x))$ 及 $\lim\limits_{x\to x_0}\dfrac{g(x)}{f(x)}$ 不一定都存在

11. 当 $x\to 0$ 时，与 $\sin x^2$ 等价的无穷小是（　　）。

A. $\ln(1+x)$　　B. $\tan x$　　C. $2(1-\cos x)$　　D. e^x-1

二、填空题。

1. 函数 $y=\dfrac{\sqrt{9-x^2}}{\ln(x+2)}$ 的定义域是________。

2. 函数 $y=3+\ln(x+1)$ 的反函数为________。

3. 若 $\lim\limits_{x\to 0}\dfrac{\sin 4x}{\sin kx}=2$，则 $k=$________。

4. $\lim\limits_{x\to\infty}x\sin\dfrac{1}{x}=$________。

5. 函数 $f(x)=\begin{cases}x^2-1, & x<0\\ x, & 0\leqslant x\leqslant 1\\ 2-x, & 1<x\leqslant 2\end{cases}$ 的间断点是________。

6. 函数 $f(x)=\dfrac{1}{1+x}$ 的间断点是________。

7. $f(x)=\begin{cases}\sin 2x+e^{2ax}-1, & x\neq 0\\ a, & x=0\end{cases}$ 在（$-\infty$，$+\infty$）上连续，则 $a=$________。

8. 当 $x\to$________时，$f(x)=\dfrac{2}{x-5}$ 是无穷大。

9. 已知函数 $f(x)=x^3-2x+5$，当 x 由 2 变到 3 时，对应的函数值的增量是________。

10. 当 $x\to 0$ 时，$\dfrac{1}{1-x}-1$ 与 x^2 比较，为________。

11. 闭区间上存在间断点的函数，在该区间上________取得它的最大值与最小值。

三、求下列极限。

1. $\lim\limits_{x\to 2}\dfrac{x^2-3x+2}{x^2-4}$

2. $\lim\limits_{x\to 3}\dfrac{x^2-9}{x^2-2x-3}$

3. $\lim\limits_{x\to 4}\dfrac{x^2-6x+8}{x^2-5x+4}$

4. $\lim\limits_{x\to 0}\dfrac{\sqrt{1-x}-1}{x}$

5. $\lim\limits_{x\to 0}\dfrac{\sqrt{1-x}-1}{\sin 4x}$

6. $\lim\limits_{x\to\infty}\dfrac{x^2}{x^2-x}$

四、讨论函数 $f(x)=\begin{cases}x^2-1, & -1\leqslant x\leqslant 1\\ x+2, & x>1\end{cases}$ 在 $x=0$，$x=1$，$x=2$ 各点处的连续

性，并画出它的图像。

五、已知函数 $f(x)=\frac{|x|}{x}$，当 $x\to 0$ 时，讨论函数 $f(x)$ 的极限。

六、求函数 $f(x)=\frac{x^3+3x^2-x-3}{x^2+x-6}$ 的连续区间，并求极限 $\lim\limits_{x\to 0}f(x)$，$\lim\limits_{x\to 2}f(x)$ 及 $\lim\limits_{x\to -3}f(x)$。

七、已知函数 $f(x)=\begin{cases} x+2, & x\leqslant -1 \\ x^2, & -1<x<2 \\ x, & x\geqslant 2 \end{cases}$，作出函数 $f(x)$ 的图像，并求：

(1) 函数 $f(x)$ 的定义域；(2) 函数 $f(x)$ 的间断点。

八、证明方程 $x^5-2x-3=0$ 在区间 (1，2) 上至少存在一个实根。

第 2 章　导数与微分

本章讲述微分学的基础部分——一元函数的导数与微分，给出导数与微分的概念及运算方法。

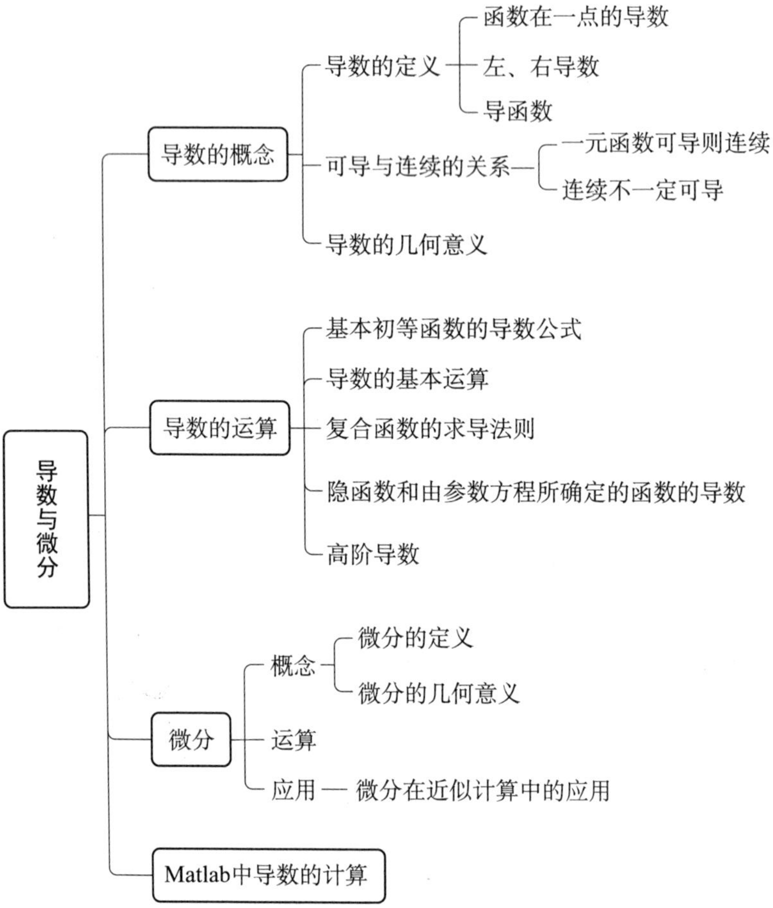

2.1 导数的概念

案例导入

已知某电路中的电量 $Q(t)=t^3-t$，求：(1) 时刻 t 的电流强度 $i(t)$；(2) $t=2$ 时的电流强度。

案例分析

求时刻 t 的电流强度，即求 $Q(t)$ 对 t 的导数；求 $t=2$ 时的电流强度，即求 $Q(t)$ 在 $t=2$ 时的导数。

导数的概念源于几何学中的切线斜率和力学中变速直线运动物体的瞬时速度问题。这里，我们从这两个实际问题谈起，将用函数极限的概念来精确描述它们。

一、引例

1. 切线斜率

问题 已知曲线方程为 $y=f(x)$，确定过曲线上点 $M(x_0, y_0)$ 处的切线斜率。

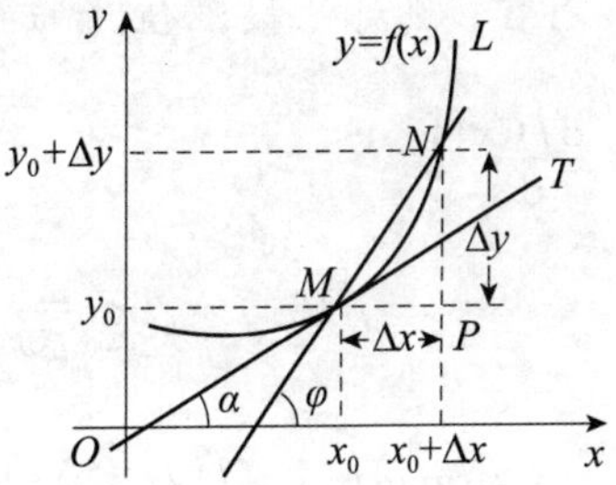

图 2-1

解 如图 2-1 所示，建立直角坐标系，在曲线 $y=f(x)$ 上取邻近于点 $M(x_0, y_0)$ 的点 $N(x_0+\Delta x, y_0+\Delta y)$，过 M，N 两点的直线 MN 叫做曲线 $y=f(x)$ 的割线。当 $\Delta x\to 0$ 时，点 N 沿着曲线 $y=f(x)$ 趋向于点 M，割线 MN 绕点 M 转动并趋向于极限位置直线 MT，直线 MT 叫做曲线 $y=f(x)$ 在点 M 处的切线。割线 MN 的倾斜角为 φ，切线 MT 的倾斜角为 α，割线 MN 的斜率为

$$k_{MN}=\frac{\Delta y}{\Delta x}=\frac{f(x+\Delta x)-f(x)}{\Delta x}=\tan\varphi \tag{2.1}$$

当 $\Delta x\to 0$ 时，割线 MN 斜率的极限就是切线 MT 的斜率

$$k_{MT}=\lim_{\Delta x\to 0}\frac{\Delta y}{\Delta x}=\lim_{\Delta x\to 0}\frac{f(x+\Delta x)-f(x)}{\Delta x}=\tan\alpha \tag{2.2}$$

2. 变速直线运动物体的速度

问题 已知物体作变速直线运动，运动方程为 $s=s(t)$，要确定该物体在时刻 t_0 的运动速度 $v(t_0)$。

解 可取邻近于时刻 t_0 的时刻 $t=t_0+\Delta t$，在 Δt 时间内，物体走过的路程为

$$\Delta s=s(t_0+\Delta t)-s(t_0)$$

物体运动的平均速度为

$$\bar{v}=\frac{s(t)-s(t_0)}{t-t_0}=\frac{s(t+\Delta t)-s(t_0)}{\Delta t}$$

若时间间隔较短，则比值可用来说明动点在时刻 t_0 的近似速度。显然，Δt 越小，近似程度越好。令 $\Delta t\to 0$，平均速度 $\bar{v}$ 的极限就是动点在时刻 t_0 的速度

$$v(t_0)=\lim_{t\to t_0}\frac{s(t)-s(t_0)}{t-t_0}=\lim_{\Delta t\to 0}\frac{s(t_0+\Delta t)-s(t_0)}{\Delta t}$$

极限值 $v(t_0)$ 叫做动点在时刻 t_0 的（瞬时）速度。

导数的定义

二、导数的定义

由以上讨论可知，变速直线运动物体的速度和曲线上切线的斜率都归为一个数学形式

$$\lim_{\Delta x\to 0}\frac{\Delta y}{\Delta x}=\lim_{\Delta x\to 0}\frac{f(x_0+\Delta x)-f(x_0)}{\Delta x} \tag{2.3}$$

由它们在数量关系上的共性，就能得出函数导数的概念。

定义 设函数 $y=f(x)$ 在 x_0 的某一邻域内有定义，当 x 在 x_0 处有增量 Δx 时，相应的函数有增量 $\Delta y=f(x_0+\Delta x)-f(x_0)$，如果极限 $\lim\limits_{\Delta x\to 0}\dfrac{\Delta y}{\Delta x}=\lim\limits_{\Delta x\to 0}\dfrac{f(x_0+\Delta x)-f(x_0)}{\Delta x}$ 存在，则称此极限值为 $y=f(x)$ 在 x_0 处的导数，记作 $y'\big|_{x=x_0}$，$f'(x_0)$，$\dfrac{\mathrm{d}y}{\mathrm{d}x}\Big|_{x=x_0}$，$\dfrac{\mathrm{d}f(x)}{\mathrm{d}x}\Big|_{x=x_0}$，即

$$f'(x_0)=\lim_{\Delta x\to 0}\frac{\Delta y}{\Delta x}=\lim_{\Delta x\to 0}\frac{f(x_0+\Delta x)-f(x_0)}{\Delta x} \tag{2.4}$$

如果极限 $\lim\limits_{\Delta x\to 0}\dfrac{f(x_0+\Delta x)-f(x_0)}{\Delta x}$ 不存在，则说明函数在点 x_0 处不可导。

若令 $x=x_0+\Delta x$，则（2.4）式又可记作

$$f'(x_0)=\lim_{x\to x_0}\frac{f(x)-f(x_0)}{x-x_0} \tag{2.5}$$

例 1 求函数 $f(x)=\dfrac{1}{x}$ 在 $x=2$ 处的导数。

解

$$\begin{aligned}f'(2)&=\lim_{\Delta x\to 0}\frac{f(2+\Delta x)-f(2)}{\Delta x}\\&=\lim_{\Delta x\to 0}\frac{\dfrac{1}{2+\Delta x}-\dfrac{1}{2}}{\Delta x}\\&=\lim_{\Delta x\to 0}\frac{-1}{4+2\Delta x}=-\frac{1}{4}\end{aligned}$$

极限问题有左极限、右极限之分，而函数 $f(x)$ 在点 x_0 处的导数是用一个极限式定

义的，自然就有了左导数和右导数。

左导数 $f'_{-}(x_0)=\lim\limits_{\Delta x\to 0^-}\dfrac{f(x_0+\Delta x)-f(x_0)}{\Delta x}=\lim\limits_{x\to x_0^-}\dfrac{f(x)-f(x_0)}{x-x_0}$，

右导数 $f'_{+}(x_0)=\lim\limits_{\Delta x\to 0^+}\dfrac{f(x_0+\Delta x)-f(x_0)}{\Delta x}=\lim\limits_{x\to x_0^+}\dfrac{f(x)-f(x_0)}{x-x_0}$。

定理 1 函数在点 x_0 处可导的**充分必要条件**是左导数和右导数都存在且相等，即 $f'(x_0)=A\Leftrightarrow f'_{+}(x_0)=f'_{-}(x_0)=A$。

例 2 求函数 $f(x)=|x|$ 在 $x=0$ 处的导数。

解 $f'(0)=\lim\limits_{x\to 0}\dfrac{f(x)-f(0)}{x-0}=\lim\limits_{x\to 0}\dfrac{|x|}{x}$，则

$$f'_{+}(0)=\lim_{x\to 0^+}\frac{|x|}{x}=\lim_{x\to 0^+}\frac{x}{x}=1$$

$$f'_{-}(0)=\lim_{x\to 0^-}\frac{|x|}{x}=\lim_{x\to 0^-}\frac{-x}{x}=-1$$

左、右导数存在但不相等，所以函数 $f(x)=|x|$ 在 $x=0$ 处不可导。

如果函数 $y=f(x)$ 在开区间 (a, b) 内的每点处都可导，就称函数 $y=f(x)$ 在开区间 (a, b) 内可导。若函数 $f(x)$ 在开区间 (a, b) 内可导，且 $f'_{+}(a)$、$f'_{-}(b)$ 都存在，则 $f(x)$ 在闭区间 $[a, b]$ 上可导。

对任意 $x\in I$ 都对应着 $y=f(x)$ 的一个确定的导数值，这样就构成了一个新的函数，这个新函数叫做函数 $y=f(x)$ 的导函数，记作 y'，$f'(x)$，$\dfrac{\mathrm{d}y}{\mathrm{d}x}$，$\dfrac{\mathrm{d}f(x)}{\mathrm{d}x}$。

由式（2.4）得

$$f'(x)=\lim_{\Delta x\to 0}\frac{f(x+\Delta x)-f(x)}{\Delta x} \tag{2.6}$$

导函数 $f'(x)$ 简称导数，而 $f'(x_0)$ 是 $f(x)$ 在 x_0 处的导数或导数 $f'(x)$ 在点 $x=x_0$ 处的值。

例 3 求函数 $f(x)=\sin x$ 的导数。

解
$$\begin{aligned}f'(x)&=\lim_{\Delta x\to 0}\frac{f(x+\Delta x)-f(x)}{\Delta x}\\&=\lim_{\Delta x\to 0}\frac{\sin(x+\Delta x)-\sin x}{\Delta x}\\&=\lim_{\Delta x\to 0}\left[\frac{1}{\Delta x}\cdot 2\cos\left(x+\frac{\Delta x}{2}\right)\sin\frac{\Delta x}{2}\right]\\&=\lim_{\Delta x\to 0}\left[\cos\left(x+\frac{\Delta x}{2}\right)\cdot\frac{\sin\frac{\Delta x}{2}}{\frac{\Delta x}{2}}\right]\\&=\cos x\end{aligned}$$

类似可以得到 $(\cos x)'=-\sin x$。

三、可导与连续的关系

定理 2 如果函数 $y=f(x)$ 在点 x_0 处可导，则函数在该点必连续。

证 若函数 $y=f(x)$ 在点 x_0 处有导数 $f'(x_0)$，则

$$f(x)=f(x_0)+(x-x_0)\alpha,\text{其中}\lim_{x\to x_0}\alpha=0$$

所以 $\lim\limits_{x\to x_0}f(x)=f(x_0)$，函数 $y=f(x)$ 在点 x_0 处连续。故可导的函数一定是连续函数。

注：

反之不成立，即连续函数不一定可导。

例如，前述例 2，函数 $f(x)=|x|$ 在 $x=0$处不可导，但是函数 $f(x)=|x|$ 在$x=0$ 处连续，故连续函数不一定是可导的。

例 4 设函数 $f(x)=\begin{cases}x^2, & x\leqslant 1\\ ax+b, & x>1\end{cases}$，试确定 a，b 的值，使 $f(x)$ 在点 $x=1$ 处可导。

解 因为可导一定连续，所以 $f(x)$ 在 $x=1$ 处也是连续的。

$\lim\limits_{x\to 1^-}f(x)=\lim\limits_{x\to 1^-}x^2=1$，$\lim\limits_{x\to 1^+}f(x)=\lim\limits_{x\to 1^+}(ax+b)=a+b$，要使 $f(x)$ 在点 $x=1$ 处连续，必须有 $a+b=1$，即 $b=1-a$。又有

$$f'_-(1)=\lim_{x\to 1^-}\frac{f(x)-f(1)}{x-1}=\lim_{x\to 1^-}\frac{x^2-1}{x-1}=\lim_{x\to 1^-}(x+1)=2$$

$$f'_+(1)=\lim_{x\to 1^+}\frac{f(x)-f(1)}{x-1}=\lim_{x\to 1^+}\frac{ax+b-1}{x-1}=\lim_{x\to 1^+}\frac{a(x-1)}{x-1}=a$$

要使 $f(x)$ 在点 $x=1$ 处可导，必须 $f'_-(1)=f'_+(1)$，即 $a=2$。故当 $a=2$，$b=1-a=1-2=-1$ 时，$f(x)$ 在点 $x=1$ 处可导。

四、导数的几何意义

由切线问题的讨论知（如图 2-1 所示），函数 $y=f(x)$ 在点 x_0 处的导数 $f'(x_0)$ 在几何上表示曲线 $y=f(x)$ 在点 $M(x_0, f(x_0))$ 处切线的斜率，即

$$k=f'(x_0)=\lim_{\Delta x\to 0}\frac{f(x_0+\Delta x)-f(x_0)}{\Delta x}$$

曲线在点 $M(x_0, f(x_0))$ 处的切线方程为

$$y-y_0=f'(x_0)(x-x_0)$$

曲线在点 $M(x_0, f(x_0))$ 处的法线方程为

$$y-y_0=-\frac{1}{f'(x_0)}(x-x_0)$$

注：

（1）如果 $f'(x_0)=\infty$，则曲线 $y=f(x)$ 在点 $M(x_0, f(x_0))$ 处有垂直于 x 轴的切线 $x=x_0$；

（2）如果 $f'(x_0)=0$，则曲线 $y=f(x)$ 在点 $M(x_0, f(x_0))$ 处有平行于 x 轴的切线 $y=y_0$。

例 5 求等边双曲线 $y=\frac{1}{x}$ 在点 $\left(\frac{1}{2}, 2\right)$ 处切线的斜率，并写出在该点处的切线方程和法线方程。

解 根据导数的几何意义，得切线的斜率为：$k=y'|_{x=\frac{1}{2}}=-\frac{1}{x^2}|_{x=\frac{1}{2}}=-4$。

切线方程为：$y-2=-4\left(x-\frac{1}{2}\right)$，即 $4x+y-4=0$。

法线方程为：$y-2=\frac{1}{4}\left(x-\frac{1}{2}\right)$，即 $2x-8y+15=0$。

案例解决

（1）时刻 t 的电流强度 $i(t)=(t^3-t)'=3t^2-1$；

（2）$t=2$ 时的电流强度 $i(2)=(t^3-t)'|_{t=2}=(3t^2-1)|_{t=2}=11$。

习题 2.1

1. 用导数的定义求函数 $f(x)=\frac{2}{x}$ 在 $x=1$ 处的导数。
2. 用导数的定义求函数 $f(x)=\frac{1}{x^2}$ 在 $x=2$ 处的导数。
3. 求曲线 $y=\sqrt{x}+1$ 在点（1，2）处的切线方程和法线方程。
4. 求抛物线 $y=x^3$ 在点（2，8）处的切线方程和法线方程。
5. 讨论函数 $f(x)=\begin{cases} x, & x<0 \\ \ln(1+x), & x\geqslant 0 \end{cases}$ 在 $x=0$ 处是否可导。
6. 一个物体随时间 t 的位移函数为 $s(t)=t^2-t$，求物体在 $t=2$ 时的速度。

2.2 导数公式与基本运算

案例导入

一个小球沿斜面向上滚，在 t 秒末与开始位置的距离为 $s=3t-t^2$（s 的单位为米）。问：其初速度为多少？何时开始下滚？

案例分析

先求小球滚动的速度，即距离 s 对时间 t 的导数，再求初速度 $v(0)$，当 $v(0)=0$ 时，小球开始滚落，这就需要我们掌握基本初等函数的导数公式和运算。

一、基本初等函数的导数公式

基本初等函数的导数公式见表 2-1。

表 2-1

$(C)'=0$	$(x^{\alpha})'=\alpha x^{\alpha-1}$
$(a^x)'=a^x\ln a$	$(e^x)'=e^x$
$(\log_a x)'=\dfrac{1}{x\ln a}$	$(\ln x)'=\dfrac{1}{x}$
$(\sin x)'=\cos x$	$(\cos x)'=-\sin x$
$(\tan x)'=\sec^2 x$	$(\cot x)'=-\csc^2 x$
$(\sec x)'=\sec x\tan x$	$(\csc x)'=-\csc x\cot x$
$(\arcsin x)'=\dfrac{1}{\sqrt{1-x^2}}$	$(\arccos x)'=-\dfrac{1}{\sqrt{1-x^2}}$
$(\arctan x)'=\dfrac{1}{1+x^2}$	$(\text{arccot}\, x)'=-\dfrac{1}{1+x^2}$

二、导数的基本运算

导数的基本运算

1. 导数的四则运算

由导数的定义得出导数的四则运算法则。

设函数 $f(x)$，$g(x)$ 都在 x 处可导，则有：

(1) $[f(x)\pm g(x)]'=f'(x)\pm g'(x)$。

(2) $[f(x)\cdot g(x)]'=f'(x)g(x)+f(x)g'(x)$。

特别地，$[Cf(x)]'=Cf'(x)$。

(3) $\left[\dfrac{f(x)}{g(x)}\right]'=\dfrac{f'(x)g(x)-f(x)g'(x)}{g^2(x)}\ (g(x)\neq 0)$。

注：

法则 (1) (2) 能推广到任意有限个导函数的情形。

比如，三个函数 $u(x)$，$v(x)$，$w(x)$ 的情况为：

$$(u+v-w)'=u'+v'-w'$$

$$(uvw)'=[(uv)w]'=(uv)'w+(uv)w'=u'vw+uv'w+uvw'$$

例1 已知 $f(x)=x^3+4\cos x-\sin\frac{\pi}{2}$，求 $f'(x)$ 及 $f'\left(\frac{\pi}{2}\right)$。

解 $f'(x)=3x^2-4\sin x$，$f'\left(\frac{\pi}{2}\right)=\frac{3}{4}\pi^2-4$。

例2 求 $y=x\cdot\cos x$ 的导数。

解 由导数的四则运算法则可得

$$y'=(x\cdot\cos x)'=x'\cos x+x(\cos x)'=\cos x-x\sin x$$

例3 求 $y=\frac{\sin x}{x}$ 的导数。

解 由导数的四则运算法则可得

$$y'=\frac{(\sin x)'x-\sin x\cdot(x)'}{x^2}=\frac{x\cos x-\sin x}{x^2}$$

例4 求 $y=e^x(\sin x+\cos x)$ 的导数。

解 $y'=e^x(\sin x+\cos x)+e^x(\cos x-\sin x)=2e^x\cos x$。

例5 求 $y=\frac{1-x}{1+x}$ 的导数。

解
$$\begin{aligned}y'&=\frac{(1-x)'(1+x)-(1-x)(1+x)'}{(x+1)^2}\\&=\frac{-(1+x)-(1-x)}{(x+1)^2}\\&=\frac{-2}{(x+1)^2}\end{aligned}$$

2. 反函数的求导法则

定理 如果函数 $x=f(y)$ 在区间 $[a, b]$ 内单调、可导，且 $f'(y)\neq 0$，则它的反函数 $y=f^{-1}(x)$ 在区间 $[c, d]=\{x\mid x=f(y), y\in[a, b]\}$ 内可导，且

$$[f^{-1}(x)]'=\frac{1}{f'(y)}，即\frac{dy}{dx}=\frac{1}{\frac{dx}{dy}}$$

例6 求反三角函数的导数。

解 设函数 $x=\sin y$，$y\in\left[-\frac{\pi}{2}, \frac{\pi}{2}\right]$，则 $y=\arcsin x$ 是它的反函数。函数 $x=\sin y$ 在开区间 $\left(-\frac{\pi}{2}, \frac{\pi}{2}\right)$ 内单调、可导，且 $(\sin y)'=\cos y>0$，因此在区间 $(-1, 1)$ 内有 $(\arcsin x)'=\frac{1}{(\sin y)'}=\frac{1}{\cos y}$。

但 $\cos y=\sqrt{1-\sin^2 y}=\sqrt{1-x^2}$（因为当 $-\frac{\pi}{2}<y<\frac{\pi}{2}$ 时，$\cos y>0$，所以根号前只取正号），从而得反正弦函数的导数公式为：

$$(\arcsin x)'=\frac{1}{\sqrt{1-x^2}}$$

类似可以推导出：

$$(\arccos x)'=-\frac{1}{\sqrt{1-x^2}}，(\arctan x)'=\frac{1}{1+x^2}，(\operatorname{arccot} x)'=-\frac{1}{1+x^2}$$

案例解决

小球运动的速度 $v(t)=\frac{\mathrm{d}s}{\mathrm{d}t}=3-2t$。

初速度 $v(0)=3$（米/秒），令 $v(t)=0$，得 $t=3/2$（秒）。所以当 $t=3/2$ 秒时，小球开始下滚。

习题 2.2

1. 利用导数的基本运算公式和运算法则求导数。

(1) $y=x^4-x+1$

(2) $y=x\ln x+\sin x-\cos x$

(3) $y=\frac{x-1}{x+1}$

(4) $y=x^2\ln x$

2. 求下列函数的导数。

(1) $y=2x^5-\log_2 x+\cos x+\ln 6$

(2) $y=x^3 e^x$

(3) $y=\sqrt{x}\log_3 x+2^x\ln x$

(4) $y=x^3\cos x+3\sin x-\cos\frac{\pi}{3}$

(5) $y=\frac{x}{3}+\frac{4}{x}+2\sqrt{x}-\frac{3}{\sqrt[3]{x}}$

(6) $y=3x^3+3^x+\log_3 x+3^3$

(7) $y=e^x\cos x$

(8) $y=\frac{ax+b}{a+b}$

3. 某电器厂在对冰箱制冷后断电测试其制冷效果，t 小时后冰箱的温度为 $T=\frac{2t}{0.05t+1}-20$（单位：℃）。问：冰箱温度 T 关于时间 t 的变化率是多少？

2.3　复合函数的求导法则

案例导入

［电阻中电流与电压的关系］在电容器两端加正弦电流电压 $u=U_m\sin(\omega t+\varphi)$，求电流 i。

案例分析

已知电压求电流 i，电压 $u=U_m\sin(\omega t+\varphi)$ 是关于 t 的一个复合函数，这就需要我们掌握复合函数的求导法则。

基于基本初等函数的求导公式，以及函数的和、差、积、商的求导法则，本节介绍复合函数的求导法则。

定理 如果 $u=g(x)$ 在点 x 处可导，而 $y=f(u)$ 在点 $u=g(x)$ 处可导，则复合函数 $y=f[g(x)]$ 在点 x 处可导，且其导数为

$$\frac{\mathrm{d}y}{\mathrm{d}x}=f'(u)\cdot g'(x)=\frac{\mathrm{d}y}{\mathrm{d}u}\cdot\frac{\mathrm{d}u}{\mathrm{d}x}$$

复合函数求导

复合函数的求导法则推广到多个中间变量的情形，两个中间变量的求导公式为

$$y=f(u),\ u=\varphi(v),\ v=\psi(x)$$

$$\frac{\mathrm{d}y}{\mathrm{d}x}=\frac{\mathrm{d}y}{\mathrm{d}u}\cdot\frac{\mathrm{d}u}{\mathrm{d}v}\cdot\frac{\mathrm{d}v}{\mathrm{d}x}$$

应用复合函数的求导法则时，首先要分析所给函数由哪些函数复合而成，如果所给函数能分解成简单的函数，而这些简单函数的导数我们已经会求，那么应用复合函数的求导法则就能求所给函数的导数。

例 1 已知函数 $y=\mathrm{e}^{x^3}$，求 $\frac{\mathrm{d}y}{\mathrm{d}x}$。

解 将函数看成由 $y=\mathrm{e}^u$，$u=x^3$ 复合而成，因此

$$\begin{aligned}\frac{\mathrm{d}y}{\mathrm{d}x}&=\frac{\mathrm{d}y}{\mathrm{d}u}\cdot\frac{\mathrm{d}u}{\mathrm{d}x}\\&=\mathrm{e}^u\cdot 3x^2\\&=3x^2\mathrm{e}^{x^3}\end{aligned}$$

例 2 已知函数 $y=\sin^2(3x)$，求 $\frac{\mathrm{d}y}{\mathrm{d}x}$。

解 将函数看成由 $y=u^2$，$u=\sin v$，$v=3x$ 复合而成，因此

$$\begin{aligned}\frac{\mathrm{d}y}{\mathrm{d}x}&=\frac{\mathrm{d}y}{\mathrm{d}u}\cdot\frac{\mathrm{d}u}{\mathrm{d}v}\cdot\frac{\mathrm{d}v}{\mathrm{d}x}\\&=2u\cdot\cos v\cdot 3\\&=6\sin 3x\cdot\cos 3x\\&=3\sin 6x\end{aligned}$$

熟悉后就不必写出中间变量，直接求复合函数的导数。

例 3 已知函数 $y=\sqrt[3]{1-2x^2}$，求 $\frac{\mathrm{d}y}{\mathrm{d}x}$。

解 $\frac{dy}{dx}=[(1-2x^2)^{\frac{1}{3}}]'$

$$=\frac{1}{3}(1-2x^2)^{-\frac{2}{3}}\cdot(1-2x^2)'$$

$$=\frac{-4x}{3\sqrt[3]{(1-2x^2)^2}}$$

例 4 已知函数 $y=\ln(a^2-x^2)+xe^x$，求 y'。

解 $y'=[\ln(a^2-x^2)+xe^x]'=\frac{-2x}{a^2-x^2}+e^x+xe^x=\frac{2x}{x^2-a^2}+(1+x)e^x$。

案例解决

由 $u=U_m\sin(wt+\varphi)$ 得，电流

$$i=C\frac{du}{dt}=C[U_m\sin(wt+\varphi)]'=C[U_m w\cos(wt+\varphi)]'$$

$$=wCU_m\sin\left(wt+\varphi+\frac{\pi}{2}\right)=I_m\sin(wt+\theta)$$

其中，$wCU_m=I_m$ 是电流的峰值（最大值），称振幅，相位 $\theta=\varphi+\frac{\pi}{2}$，即

$$i=wCU_m\sin\left(wt+\varphi+\frac{\pi}{2}\right)=I_m\sin(wt+\theta)$$

习题 2.3

1. 求复合函数的导数。

(1) $y=\sin x^2$　　(2) $y=\ln\cos x$

(3) $y=\sqrt{1-x^2}$　　(4) $y=\ln\tan x^2$

(5) $y=\ln(a^2-x^2)$　　(6) $y=\arcsin\frac{1}{x}$

2. 求复合函数的导数。

(1) $y=\ln^2 x$　　(2) $y=\ln\tan 2x$

(3) $y=\ln\ln x$　　(4) $y=e^{-x^2}$

(5) $y=\ln\cos x^2$　　(6) $y=\arcsin\frac{x}{2}$

(7) $y=\arctan e^{-x}$　　(8) $y=2^{\sin^2 x}$

(9) $y=e^x 3^{2x}$　　(10) $y=\ln\arcsin 2x$

(11) $y=\left(ax+\frac{b}{x}\right)^n$　　(12) $y=\frac{1}{\sqrt{\tan x}}$

(13) $y=\sqrt{\cos x^2}$　　(14) $y=\frac{1+\cos^2 x}{\sin x^2}$

(15) $y=x^a+e^{\sin x}$　　　　(16) $y=\frac{\sin 2x}{x}$

3. 一球形气球的半径 r 随时间 t 而变，如果 $r=3+2t$，试求气球体积相对于时间 t 的变化率。

2.4　隐函数和由参数方程所确定的函数的导数

案例导入

已知抛物线 $y^2=4x$，$P(1,\ -2)$ 是其图像上一点，求过点 P 且与抛物线相切的切线方程。

案例分析

这是求圆锥曲线的切线问题，当然可以利用显函数 $y=-2\sqrt{x}$ 来解决问题，但若利用本节要学习的隐函数求导，将解决从方程中分离出变量的问题，从而更简便。

本节讨论隐函数求导、对数求导法和由参数方程所确定的函数的导数。

一、隐函数求导

隐函数求导

设 $F(x,\ y)=0$ 确定了一个一元隐函数 $y=y(x)$，将 $y=y(x)$ 代入 $F(x,\ y)=0$，得 $F[x,\ y(x)]\equiv 0$，令 $u=F[x,\ y(x)]$，则 $\frac{du}{dx}=0$。

在恒等式 $F[x,\ y(x)]\equiv 0$ 两边对 x 求导，当遇到 y 的函数 $f(y)$ 时，需要求 $\frac{d}{dx}[f(y)]$。若记 $z=f(y)$，则

$$\frac{dz}{dx}=\frac{dz}{dy}\cdot\frac{dy}{dx}=f'(y)\frac{dy}{dx}$$

将求出的这些导数代入方程 $\frac{du}{dx}=0$ 中，得到关于 $\frac{dy}{dx}$ 的代数方程，从中解得 $\frac{dy}{dx}=g(x,\ y)$，即为所求。

例 1　求由方程 $x-y+\frac{1}{2}\sin y=0$ 所确定的隐函数 $y=y(x)$ 的导数。

解　两边对 x 求导，得 $1-y'+\frac{1}{2}\cos y\cdot y'=0$。

整理，得 $y'=\frac{2}{2-\cos y}$。

例 2 求方程 $y^5+2y-x-3x^7=0$ 确定的隐函数在 $x=0$ 处的导数 $\left.\frac{\mathrm{d}y}{\mathrm{d}x}\right|_{x=0}$。

解 方程两边分别对 x 求导，得

$$5y^4\frac{\mathrm{d}y}{\mathrm{d}x}+2\frac{\mathrm{d}y}{\mathrm{d}x}-1-21x^6=0$$

解出 $\frac{\mathrm{d}y}{\mathrm{d}x}$，得 $\frac{\mathrm{d}y}{\mathrm{d}x}=\frac{1+21x^6}{5y^4+2}$。

当 $x=0$ 时，得 $y=0$，$\left.\frac{\mathrm{d}y}{\mathrm{d}x}\right|_{x=0}=\frac{1}{2}$。

二、对数求导法

对数求导法是指先在方程两边取对数，再对所得式两边分别求导。

对于幂指函数 $y=u^v(u>0)$，如果 $u=u(x)$，$v=v(x)$ 都可导，则可以用对数求导法求出幂指函数的导数。

解法一 先在两边取对数，得 $\ln y=v\cdot\ln u$。

两边对 x 求导，注意 y，u，v 是 x 的函数，得

$$\frac{1}{y}y'=v'\cdot\ln u+v\cdot\frac{1}{u}\cdot u'$$

$$y'=y\left(v'\cdot\ln u+\frac{vu'}{u}\right)$$

$$=u^v\left(v'\cdot\ln u+\frac{vu'}{u}\right)$$

解法二 将 $y=u^v$（$u>0$）化为 $y=\mathrm{e}^{v\ln u}$，则

$$y'=\mathrm{e}^{v\ln u}\left(v'\cdot\ln u+v\cdot\frac{u'}{u}\right)$$

$$=u^v\left(v'\cdot\ln u+\frac{vu'}{u}\right)$$

对于一般形式的幂指函数，可以用对数求导法来求其导数。

例 3 求 $y=x^{\sin x}$（$x>0$）的导数。

解 函数为幂指函数，方程两边分别取对数，得

$$\ln y=\sin x\cdot\ln x$$

两边对 x 求导，得

$$\frac{1}{y}y'=\cos x\cdot\ln x+\sin x\cdot\frac{1}{x}$$

解出 y'，得

$$y'=y\left(\cos x\cdot\ln x+\frac{\sin x}{x}\right)$$

$$=x^{\sin x}\left(\cos x\cdot\ln x+\frac{\sin x}{x}\right)$$

例 4 求函数 $y=\sqrt{\frac{(x-1)(x-2)}{(x-3)(x-4)}}$（$x>4$）的导数。

解 方程两边取对数，得

$$\ln y=\ln\sqrt{\frac{(x-1)(x-2)}{(x-3)(x-4)}}$$

$$=\frac{1}{2}[\ln(x-1)+\ln(x-2)-\ln(x-3)-\ln(x-4)]$$

两边同时对 x 求导数，注意到 $y=y(x)$，得

$$\frac{1}{y}y'=\frac{1}{2}\left(\frac{1}{x-1}+\frac{1}{x-2}-\frac{1}{x-3}-\frac{1}{x-4}\right)$$

$$y'=\frac{y}{2}\left(\frac{1}{x-1}+\frac{1}{x-2}-\frac{1}{x-3}-\frac{1}{x-4}\right)$$

即

$$y'=\frac{1}{2}\sqrt{\frac{(x-1)\ (x-2)}{(x-3)\ (x-4)}}\left(\frac{1}{x-1}+\frac{1}{x-2}-\frac{1}{x-3}-\frac{1}{x-4}\right)$$

三、由参数方程所确定的函数的导数

参数方程 $\begin{cases}x=\varphi(t)\\y=\psi(t)\end{cases}$，表示 y 与 x 间的函数关系。

由参数方程所确定的函数的导数求法：

如果函数 $x=\varphi(t)$ 具有单调连续反函数 $t=\varphi^{-1}(x)$，且反函数能与函数 $y=\psi(t)$ 构成复合函数，函数 $x=\varphi(t)$，$y=\psi(t)$ 可导，那么根据复合函数的求导法则与反函数的求导法则，得

$$\frac{\mathrm{d}y}{\mathrm{d}x}=\frac{\frac{\mathrm{d}y}{\mathrm{d}t}}{\frac{\mathrm{d}x}{\mathrm{d}t}}$$

例 5 已知椭圆的参数方程为 $\begin{cases}x=a\cos t\\y=b\sin t\end{cases}$，求椭圆在点 $t=\frac{\pi}{4}$ 处的切线方程。

解 当 $t=\frac{\pi}{4}$ 时，椭圆上点的坐标为

$$x_0=a\cos\frac{\pi}{4}=\frac{\sqrt{2}a}{2}$$

$$y_0=b\sin\frac{\pi}{4}=\frac{\sqrt{2}b}{2}$$

椭圆在点 $t=\frac{\pi}{4}$ 处的切线斜率为

$$\left.\frac{\mathrm{d}y}{\mathrm{d}x}\right|_{t=\frac{\pi}{4}}=\left.\frac{(b\sin t)'}{(a\cos t)'}\right|_{t=\frac{\pi}{4}}=\left.\frac{b\cos t}{-a\sin t}\right|_{t=\frac{\pi}{4}}=-\frac{b}{a}$$

椭圆在点 $t=\frac{\pi}{4}$ 处的切线方程为

$$y-\frac{\sqrt{2}b}{2}=-\frac{b}{a}\left(x-\frac{\sqrt{2}a}{2}\right)$$

即

$$bx+ay-\sqrt{2}ab=0$$

案例解决

方程 $y^2=4x$ 两边同时对 x 求导，得 $2yy'=4$，即 $y'=\frac{2}{y}$。

代入 $y=-2$，得切线的斜率 $k=-1$，从而得切线方程为 $y+2=-(x-1)$，即

$$x+y+1=0$$

习题 2.4

1. 求由方程 $F(x, y)=0$ 所确定的隐函数 $y=f(x)$ 的导数。

(1) $y^2=2xy+5$　　(2) $y=x\ln y$

(3) $y=1-xe^y$　　(4) $\cos(xy)=x$

(5) $e^y=\sin(x+y)$　　(6) $ax^2+by^2-1=0$

2. 已知 $xy^2+\arctan y=\frac{\pi}{4}$，求 $\left.\frac{dy}{dx}\right|_{x=0}$。

3. 已知 $y\sin x-\cos(x-y)=0$，求 $\left.\frac{dy}{dx}\right|_{\substack{x=0\\ y=\frac{\pi}{2}}}$。

4. 求由方程 $F(x, y)=0$ 所确定的隐函数 $y=f(x)$ 的导数。

(1) $xy=e^{x+y}$　　(2) $x^3+y^3-3xy=0$

(3) $y=x+\ln y$　　(4) $x+\arctan y=y$

5. 用对数求导法求下列函数的导数。

(1) $y=\sqrt{\frac{(x+1)(x+2)}{(x+3)(x+4)}}$ $(x>-4$ 且 $x\neq-3)$

(2) $y=(x+1)(x-2)^2(x+3)^3$

(3) $y=\left(\frac{x}{1+x}\right)^x$ $(x>0)$

6. 求由参数方程所确定的函数的导数 $\frac{dy}{dx}$。

(1) $\begin{cases}x=3t^2\\ y=6t^3\end{cases}$　　(2) $\begin{cases}x=\frac{1+t^2}{t}\\ y=\frac{t^2-1}{t}\end{cases}$

(3) $\begin{cases}x=t-\sin t\\ y=1-\cos t\end{cases}$

7. 已知圆 $x^2+y^2=4$，$P(2, 2)$ 是其图像上一点，求过点 P 且与圆相切的切线方程。

2.5 高阶导数

案例导入

已知阻尼振动的位移函数 $s=be^{-\lambda t}\sin wt$（b，λ，w 为常数），求任意时刻 t 振动的速度和加速度。

案例分析

任意时刻 t 振动的速度 v 为位移 s 对时间 t 的导数，任意时刻 t 振动的加速度 a 为速度 v 对时间 t 的导数，即 s 对时间 t 的二阶导数，这就需要我们掌握高阶导数。

初等函数求一次导数后，得到的仍然是函数，如果导函数是可导的，就可以对导函数再求导数，这样继续求导下去，得到的函数叫高阶导数。本节学习高阶导数的求法。

变速直线运动物体的速度 $v(t)$ 是位置函数 $s(t)$ 对时间 t 的导数：$v(t)=\frac{\mathrm{d}s}{\mathrm{d}t}=s'(t)$。

加速度 $a(t)$ 是速度 $v(t)$ 对时间 t 的导数：$a(t)=\frac{\mathrm{d}v}{\mathrm{d}t}=\frac{\mathrm{d}}{\mathrm{d}t}\left(\frac{\mathrm{d}s}{\mathrm{d}t}\right),a(t)=(s')'$。

导数的导数$\frac{\mathrm{d}}{\mathrm{d}t}\left(\frac{\mathrm{d}s}{\mathrm{d}t}\right)$叫做 t 的二阶导数。

定义 如果函数 $y=f(x)$ 的导数 $y'=f'(x)$ 仍为 x 的可导函数，$y'=f'(x)$ 的导数叫做函数 $y=f(x)$ 的二阶导数，记作 y''或$\frac{\mathrm{d}^2y}{\mathrm{d}x^2}$，即

$$y''=(y')',\ \frac{\mathrm{d}^2y}{\mathrm{d}x^2}=\frac{\mathrm{d}}{\mathrm{d}x}\left(\frac{\mathrm{d}y}{\mathrm{d}x}\right)$$

二阶导数的导数叫做三阶导数，$n-1$ 阶导数的导数叫做 n 阶导数，分别记作

$$y''',\ y^{(4)},\ \cdots,\ y^{(n)}\text{或}\frac{\mathrm{d}^3y}{\mathrm{d}x^3},\ \frac{\mathrm{d}^4y}{\mathrm{d}x^4},\ \cdots,\ \frac{\mathrm{d}^ny}{\mathrm{d}x^n}$$

函数 $y=f(x)$ 在某点 x_0 处的二阶导数，记作

$$y''|_{x=x_0},\ f''(x_0),\ \left.\frac{\mathrm{d}^2y}{\mathrm{d}x^2}\right|_{x=x_0},\ \left.\frac{\mathrm{d}^2f(x)}{\mathrm{d}x^2}\right|_{x=x_0}$$

函数 $y=f(x)$ 有 n 阶导数，常说成函数 $y=f(x)$ 为 n 阶可导。二阶及二阶以上的导数统称高阶导数。

例 1 设 $y=5x^3-6x^2+3x+2$，求 y'''，$y^{(4)}$。

解 $y'=5\cdot 3x^2-12x+3$,

$y''=5\cdot 3\cdot 2x-12$,

$y'''=5\cdot 3\cdot 2\cdot 1=30$,

$y^{(4)}=0$

例 2 $s=\sin\omega t$，求 $s''(t)$。

解 $s'(t)=\omega\cos\omega t$,

$s''(t)=-\omega^2\sin\omega t$

例 3 设 $y=\ln(1+x^2)$，求 y''，$y''|_{x=1}$。

解 $$y'=[\ln(1+x^2)]'=\frac{2x}{1+x^2}$$

$$y''=\left(\frac{2x}{1+x^2}\right)'=\frac{2(1+x^2)-2x\cdot 2x}{(1+x^2)^2}=\frac{2(1-x^2)}{(1+x^2)^2}$$

故

$$y''|_{x=1}=\frac{2(1-x^2)}{(1+x^2)^2}\bigg|_{x=1}=0$$

例 4 求函数 $y=\ln(1+x)$ 的 n 阶导数。

解 $$y'=\frac{1}{1+x},$$

$$y''=-\frac{1}{(1+x)^2},$$

$$y'''=\frac{1\cdot 2}{(1+x)^3},$$

…

$$y^{(n)}=(-1)^{n-1}\frac{(n-1)!}{(1+x)^n}$$

案例解决

振动的速度：

$$v=\frac{ds}{dt}=be^{-\lambda t}(-\lambda)\ \sin wt+be^{-\lambda t}\cos wt\cdot w$$
$$=be^{-\lambda t}(w\cdot\cos wt-\lambda\sin wt)$$

振动的加速度：

$$a=\frac{d^2s}{dt^2}=\frac{dv}{dt}$$
$$=be^{-\lambda t}(-\lambda)(w\cdot\cos wt-\lambda\sin wt)+be^{-\lambda t}[w(-\sin wt)w-\lambda\cos wt\cdot w]$$
$$=be^{-\lambda t}[(\lambda^2-w^2)\sin wt-2\lambda w\cos wt]$$

习题 2.5

1. 选择题。

(1) 已知 $y=\frac{1}{4}x^4$，则 $y''=$（　　）。

A. x^3　　B. $3x^2$　　C. $6x$　　D. 6

(2) 已知 $y=\cos 2x$，则 $y''=$（　　）。

A. $\sin 2x$　　B. $3x^2$

C. $-4\cos 2x$　　D. $-4\sin 2x$

(3) 设 $y=\mathrm{e}^{3x+2}$，则 $y'''=$（　　）。

A. $3\mathrm{e}^{3x+2}$　　B. $3x^2 3\mathrm{e}^{3x+2}$

C. $9\mathrm{e}^{3x+2}$　　D. $27\mathrm{e}^{3x+2}$

2. 求下列函数的二阶导数。

(1) $y=x^4-2x^3+4x^2-1$　　(2) $y=x^2\ln x$

(3) $y=\mathrm{e}^{\sqrt{x}}$　　(4) $y=\sin\frac{1}{x}$

(5) $y=\ln(x^2-1)$　　(6) $y=\mathrm{e}^{-x}\cos x$

3. 求下列函数的 n 阶导数。

(1) $y=\sin x$　　(2) $y=2^x$

(3) $y=\ln(1-x)$　　(4) $y=\cos x$

4. 一物体挂在竖直弹簧的下端，在时刻 t 的位置为 $s(t)=5\sin\frac{t}{3}$，求时刻 t 的速度 $v(t)$ 和加速度 $a(t)$。

2.6　函数的微分

案例导入

某建筑工地建造一个高为 1.5m 的圆柱形混凝土水池，设计内半径为 10m，壁厚为 0.30m。建造后实测内半径仍为 10m，但壁厚 0.32m。问：实际施工所用的混凝土量比设计所需的混凝土量多用了大约多少立方米？

案例分析

要求实际施工所用的混凝土量比设计所需的混凝土量多用了多少，即求水池体积的改变量。

在生产实际与科学实验中，我们需要考察和估算函数的改变量 Δy。我们考察一个例子，求正方形金属薄片受热后面积的改变量。

设正方形的边长是 x_0，它的面积是 x_0^2，当边长有一个改变量 Δx 时，面积的改变量为：

$$\begin{aligned}\Delta S &= (x_0+\Delta x)^2 - x_0^2 = 2x_0\Delta x + (\Delta x)^2 \\ &= 2x_0\Delta x + o(\Delta x)\end{aligned}$$

它包括两部分，前一部分 $2x_0\Delta x$ 是 Δx 的线性函数，后一部分 $(\Delta x)^2$ 是比 Δx 的高阶无穷小，因此 $\Delta S\approx 2x_0\Delta x$，如图 2－2 所示。

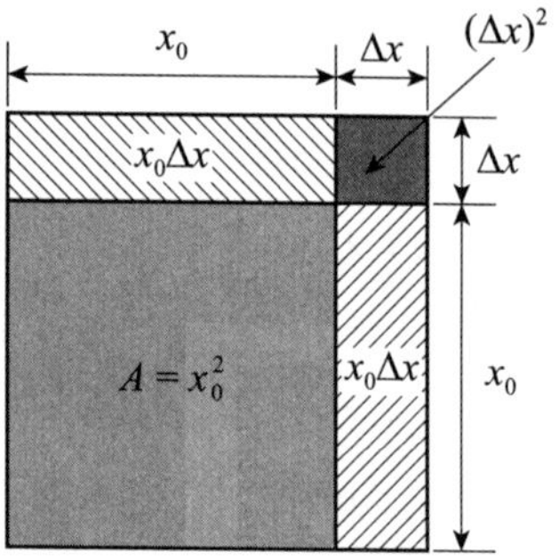

图 2－2

一、微分的定义

设函数 $y=f(x)$ 在 x_0 的某邻域内有定义，如果函数的增量 $\Delta y=f(x_0+\Delta x)-f(x_0)$ 可以表示为

$$\Delta y=A\Delta x+o(\Delta x)$$

其中 A 是不依赖于 Δx 的常数，那么称函数 $y=f(x)$ 在 x_0 处是可微的，$A\Delta x$ 叫做函数 $y=f(x)$ 在 x_0 处相对于自变量增量 Δx 的微分，记作 $\mathrm{d}y$，即 $\mathrm{d}y=A\Delta x$。

函数在 x_0 处可微的**充分必要条件**是函数在点 x_0 处可导，并且

$$\mathrm{d}y=f'(x_0)\Delta x，\Delta y=\mathrm{d}y+o(\Delta x)$$

称 $\mathrm{d}y$ 是 Δy 的线性主部。

因为 $\mathrm{d}y=f'(x_0)\Delta x$ 是 Δx 的线性函数，所以在 $f'(x_0)\neq 0$ 的条件下，就说 $\mathrm{d}y$ 是 Δy 的线性主部，$\Delta y\approx\mathrm{d}y$。自变量 x 的微分，记作 $\mathrm{d}x$，即 $\mathrm{d}x=\Delta x$。函数 $y=f(x)$ 在 x_0 处的微分记为 $\mathrm{d}y|_{x=x_0}=f'(x_0)\mathrm{d}x$。

微分的定义

函数 $y=f(x)$ 在 x 处的微分记为 $\mathrm{d}y=f'(x)\mathrm{d}x$，从而有 $\dfrac{\mathrm{d}y}{\mathrm{d}x}=f'(x)$，即函数的微分 $\mathrm{d}y$ 与自变量的微分 $\mathrm{d}x$ 的商等于该函数的导数。所以导数又叫**微商**。

例 1 求函数 $y=x^2$ 在 $x=1$ 和 $x=3$ 处的微分。

解 函数 $y=x^2$ 在 $x=1$ 处的微分为

$$\mathrm{d}y=(x^2)'\,|_{x=1}\mathrm{d}x=2\mathrm{d}x$$

在 $x=3$ 处的微分为

$$\mathrm{d}y=(x^2)'\,|_{x=3}\mathrm{d}x=6\mathrm{d}x$$

例 2 函数 $y=\mathrm{e}^{x^2}+\mathrm{e}^x$，求 $\mathrm{d}y|_{x=0}$。

解
$$\begin{aligned}\mathrm{d}y|_{x=0}&=y'|_{x=0}\mathrm{d}x\\ &=(2x\mathrm{e}^{x^2}+\mathrm{e}^x)|_{x=0}\mathrm{d}x=\mathrm{d}x\end{aligned}$$

例 3 求下列函数的微分。

（1）$y=\ln\sin x$　　　　（2）$y=x\cos x$

解 (1) $dy=(\ln\sin x)'dx=\frac{\cos x}{\sin x}dx=\cot x dx$。

(2) $dy=(x\cos x)'dx=(\cos x-x\sin x)dx$。

二、微分的几何意义

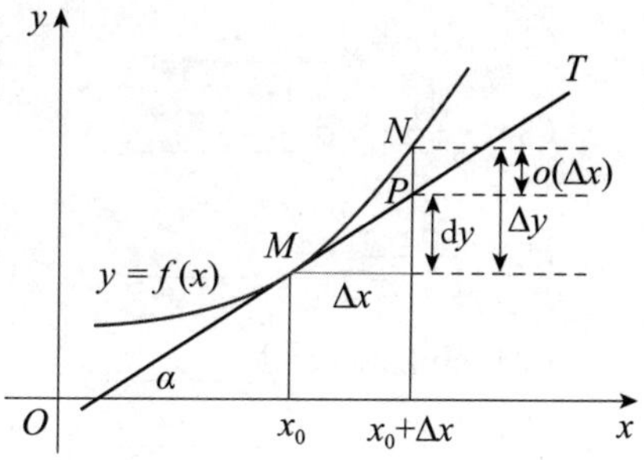

图 2-3

设函数 $y=f(x)$ 在 x 处可微，函数 $y=f(x)$ 的图形是一条曲线（如图 2-3 所示），$M(x_0, y_0)$ 是曲线 $y=f(x)$ 的一点，Δy 是曲线 $y=f(x)$ 的点 $M(x_0, y_0)$的纵坐标的增量，$N(x_0+\Delta x, y_0+\Delta y)$ 为邻近于 M 的一点，dy 是曲线在点 $M(x_0, y_0)$ 的切线上点的纵坐标的增量，当 $|\Delta x|$ 很小时，$|\Delta y-dy|$ 比 $|dy|$ 的值小得多，$|\Delta y|\approx|dy|$，因此用切线段 MP 近似代替曲线段。

三、基本初等函数的微分公式

基本初等函数的微分公式见表 2-2。

表 2-2

$dC=0$	$dx^{\alpha}=\alpha x^{\alpha-1}dx$
$da^x=a^x\ln a dx$	$de^x=e^x dx$
$d\log_a x=\frac{1}{x\ln a}dx$	$d\ln x=\frac{1}{x}dx$
$d\sin x=\cos x dx$	$d\cos x=-\sin x dx$
$d\tan x=\sec^2 x dx$	$d\cot x=-\csc^2 x dx$
$d\sec x=\sec x\cdot\tan x dx$	$d\csc x=-\csc x\cdot\cot x dx$
$d\arcsin x=\frac{1}{\sqrt{1-x^2}}dx$	$d\arccos x=-\frac{1}{\sqrt{1-x^2}}dx$
$d\arctan x=\frac{1}{1+x^2}dx$	$d\text{arccot} x=-\frac{1}{1+x^2}dx$

案例解决

设水池体积为 V，外半径为 R，按圆柱体体积公式有 $V=1.5\pi R^2$。

当外半径 R 从 $(10+0.30)$m 变到 $(10+0.32)$m 时，体积 V 的改变量约为

$$\Delta V\approx dV=d(1.5\pi R^2)=3\pi R dR=0.618\pi(m^3)$$

习题 2.6

1. 在等式右端的横线上填入适当的函数，使等式成立。

（1）$a\mathrm{d}x=\mathrm{d}$ ________ （2）$bx\mathrm{d}x=\mathrm{d}$ ________

（3）$\dfrac{\mathrm{d}x}{2\sqrt{x}}=\mathrm{d}$ ________ （4）$\dfrac{1}{x}\mathrm{d}x=\mathrm{d}$ ________

（5）$\dfrac{\mathrm{d}x}{1+x^2}=\mathrm{d}$ ________ （6）$\dfrac{\mathrm{d}x}{\sqrt{1-x^2}}=\mathrm{d}$ ________

（7）$\sin 2x\mathrm{d}x=\mathrm{d}$ ________ （8）$\cos ax\mathrm{d}x=\mathrm{d}$ ________

（9）$\mathrm{e}^{-3x}\mathrm{d}x=\mathrm{d}$ ________

2. 求下列函数的微分。

（1）$y=\sin x+\cos x$ （2）$y=\dfrac{x}{\sqrt{x^2+1}}$

（3）$y=\tan^2 3x$ （4）$y=\dfrac{\cos x}{1-x^2}$

（5）$y=\mathrm{e}^x\cos 5x$ （6）$y=\ln\sqrt{1-x^2}$

3. 求下列函数的微分。

（1）$y=6x^5$ （2）$y=\sqrt{x^2-1}$

（3）$y=(\ln x)^2$ （4）$y=\dfrac{\sin x}{1-x^2}$

（5）$y=x\sin x$ （6）$y=\arcsin\sqrt{1-x^2}$

（7）$y=3^{\ln\tan x}$ （8）$y=\cos 2\sqrt{x}$

2.7 函数微分的运算与应用

案例导入

一外直径为 10cm 的球，球壳厚度为 1/16cm，试求球壳体积的近似值。

案例分析

已知球壳厚度很小时，求球壳体积的近似值，这就需要我们掌握微分的运算及其应用。

一、函数和、差、积、商的微分法则

微分的运算

由微分的定义可以得到微分的四则运算法则：

(1) $d[f(x)\pm g(x)]=[f'(x)\pm g'(x)]dx$。

(2) $d[f(x)\cdot g(x)]=[f'(x)g(x)+f(x)g'(x)]dx$。

特别地，$d[Cf(x)]=Cd[f(x)]=Cf'(x)dx$。

(3) $d\left[\dfrac{f(x)}{g(x)}\right]=\dfrac{f'(x)g(x)-f(x)g'(x)}{g^2(x)}dx(g(x)\neq 0)$。

二、复合函数的微分法则

设 $y=f(u)$ 和 $u=g(x)$ 都可导，则复合函数 $y=f[g(x)]$的微分为

$$dy=y'_x dx=f'(u)g'(x)dx$$

而 $g'(x)dx=du$，因此，复合函数 $y=f[g(x)]$ 的微分公式还可写成

$$dy=f'(u)du \text{ 或 } dy=y'_u du$$

无论 u 是自变量还是另一个变量的可微函数，微分形式 $dy=f'(u)du$ 保持不变，称为**微分形式不变性**。

例1 已知 $y=\sin(2x+1)$，求 dy。

解 将 $2x+1$ 看成中间变量 u，则

$$\begin{aligned}dy=d(\sin u)&=\cos u du\\&=\cos(2x+1)d(2x+1)\\&=\cos(2x+1)\cdot 2dx\\&=2\cos(2x+1)dx\end{aligned}$$

在求复合函数的微分时，熟练后可以不写出中间变量。

例2 求下列函数的微分。

(1) $y=\cos(x+3)$　　(2) $y=e^{ax+bx^2}$

解 (1) $dy=d[\cos(x+3)]=-\sin(x+3)d(x+3)=-\sin(x+3)dx$。

(2) $dy=de^{ax+bx^2}=e^{ax+bx^2}d(ax+bx^2)=(a+2bx)e^{ax+bx^2}dx$。

例3 设 $f(x)$ 可微，$y=f(\ln x)\cdot e^{f(x)}$，求 dy。

解

$$\begin{aligned}dy&=f(\ln x)de^{f(x)}+e^{f(x)}df(\ln x)\\&=f'(x)e^{f(x)}f(\ln x)dx+\frac{1}{x}f'(\ln x)e^{f(x)}dx\\&=e^{f(x)}\left[f'(x)f(\ln x)+\frac{1}{x}f'(\ln x)\right]dx\end{aligned}$$

三、微分在近似计算中的应用

在工程计算中，经常会遇到一些复杂的计算公式，利用微分能将一些复杂的计算公式用简单的近似公式代替。

如果函数 $y=f(x)$ 在点 x_0 处的导数 $f'(x_0)\neq 0$，则有 $\Delta y\approx dy=f'(x_0)\Delta x$，即

$$\Delta y=f(x_0+\Delta x)-f(x_0)\approx f'(x_0)\Delta x \tag{2.7}$$

或

$$f(x_0+\Delta x)\approx f(x_0)+f'(x_0)\Delta x \tag{2.8}$$

在式（2.8）中，令 $\Delta x=x-x_0$，那么式（2.8）就写成

$$f(x)\approx f(x_0)+f'(x_0)(x-x_0) \tag{2.9}$$

如果 $f(x_0)$ 与 $f'(x_0)$ 都容易计算，那么就能利用式（2.7）近似计算 Δy，用式（2.8）近似计算 $f(x_0+\Delta x)$，用式（2.9）近似计算 $f(x)$。

此近似计算的实质就是用 x 的线性函数 $f(x_0)+f'(x_0)(x-x_0)$ 近似表达函数 $f(x)$。其几何意义是曲线 $y=f(x)$ 在点 $(x_0, f(x_0))$ 处附近的切线段近似等于该曲线在点 $(x_0, f(x_0))$ 处附近的曲线段。

在式（2.9）中，令 $x_0=0$，得 $f(x)\approx f(0)+f'(0)x$（$|x|$ 很小）。

由此得几个当 $x\to 0$ 时，在工程上常用的近似公式（见表 2-3）：

表 2-3

$\sin x\approx x$（x 是弧度）	$\tan x\approx x$（x 是弧度）	$1-\cos x\approx \frac{1}{2}x^2$
$e^x-1\approx x$	$\ln(1+x)\approx x$	$\sqrt[n]{1+x}\approx 1+\frac{1}{n}x$

例 4 计算 $\sqrt[3]{1.009}$ 的近似值。

解 由公式 $\sqrt[n]{1+x}\approx 1+\frac{1}{n}x$，得 $\sqrt[3]{1.009}\approx 1+0.003=1.003$。

例 5 计算 $\sin 0.7°$ 的近似值。

解 由公式 $\sin x\approx x$（x 是弧度），得 $\sin 0.7°\approx 0.7\cdot\frac{\pi}{180}\approx 0.012\ 217$。

案例解决

半径为 r 的球，其体积为 $V=\frac{4}{3}\pi r^3$。

设球壳体积为 ΔV，用 dV 作其近似值，$r=5$，$\Delta r=\frac{1}{16}$，则

$$\Delta V\approx|dV|=\left(\frac{4}{3}\pi r^3\right)'\Delta r=|4\pi r^2\Delta r|=\frac{25}{4}\pi=19.63\ (\text{cm}^3)$$

习题 2.7

1. 求下列函数的微分。

(1) $y=\frac{x}{\sqrt{x^2-1}}$　　(2) $y=[\ln(1-x)]^2$

(3) $y=\arctan\frac{1-x^2}{1+x^2}$　　(4) $y=e^{-x}\cos 4x$

2. 已知 $y=e^{\pi-3x}\cos 3x$，求 $dy\big|_{x=\frac{\pi}{3}}$。

3. 计算下列函数的微分。

(1) $y=\arccos\frac{1}{x}$　　(2) $y=e^{-x}\cos(3-x)$

(3) $y=\frac{x}{\sqrt{x^2+1}}-2x$　　(4) $y=2^{\ln\tan x}-\sin^2 x$

4. 一件工业零件的直径为 $\sqrt{1.06}$ cm，估算该零件的直径（精确到小数点后两位）。

2.8 Matlab 中导数的计算

微分运算中，常用命令见表 2-4。

表 2-4

diff(f)	求函数 f 的一阶导数
diff(f, n)	求函数 f 的 n 阶导数
diff(f, t)	求函数 f 对变量 t 的一阶导数
diff(f, t, n)	求函数 f 对变量 t 的 n 阶导数
subs(f, x, a)	求当 $x=a$ 时，函数 f 的值

例 1 求函数 $y=\arctan\ln(3x-1)$ 的一阶导数。

解 利用 Matlab，在命令窗口中输入命令：

```
>> clear;
syms x;
diff(atan(log(3*x-1)))
```

输出答案：

```
ans =
3/((3*x-1)*(log(3*x-1)^2+1))
```

例 2 已知 $f(x)=e^{-2x}$，求 $f''(0)$。

解 利用 Matlab，在命令窗口中输入命令：

```
>>clear;symsx;f = exp( - 2 * x);A = diff(f,2)
subs(A,x,0)
输出答案：
A =
4 * exp( - 2 * x)
ans =
4
```

例 3 求曲线方程 $xy-e^x+e^y=0$ 所确定的隐函数 $y=y(x)$ 的导数$\frac{dy}{dx}$。

解 利用 Matlab，在命令窗口中输入命令：

```
>>clear; syms x y; f = x * y - exp(x) + exp(y);
dfx = diff(f,x); dfy = diff(f,y); dyx = - dfx/dfy
输出答案：
dyx =
 - (y - exp(x))/(x + exp(y))
```

习题 2.8

1. 求函数 $y=\sin 2x$ 的导数。
2. 已知 $f(x)=e^{-x}$，求 $f'''(0)$。
3. 求函数 $y=\ln\ln 3x$ 的导数。

拓展阅读

微积分奠基人——牛顿

牛顿（Isaac Newton，1643—1727）

在牛顿的全部科学贡献中，数学成就占有突出的地位。微积分的创立是牛顿卓越的数学成就之一。牛顿为解决运动问题，创立了这种和物理概念直接相关的数学理论，牛顿称之为“流数术”。它所处理的一些具体问题，如切线问题、求积问题、瞬时速度问题以及函数的极大值和极小值问题等，在牛顿之前就已经有人研究。但牛顿超越了前人，他站在了更高的位置，将自古希腊以来求解无限小问题的各种技巧统一为两类普通的算法——微分和积分，并确立了这两类运算的互逆关系，从而完成了微积分发明中最关键的一步，为近代科学发展提供了有效的工具，拉开了数学史上的一个新纪元。

笛卡尔（René Descartes）的解析几何把描述运动的函数关系和几何曲线相对应。牛顿在老师巴罗（Isaac Barrow）的指导下，在钻研笛卡尔的解析几何的基础上，提出了新的思路：可以把任意时刻的速度看作在微小的时间范围里的速度的平均值，这就是一个微小的路程和时间间隔的比值；当这个微小的时间间隔缩小到无穷小的时候，就是这一点的准确值，这就是微分的概念。

求微分相当于求时间和路程关系在某点的切线斜率。一个变速的运动物体在一定时间范围里走过的路程，可以看作在微小的时间间隔里所走路程的和，这就是积分的概念。求积分相当于求时间和速度关系的曲线下面的面积，牛顿从这些基本概念出发，建立了微积分。

资料来源：何晓波．数学家的故事［M］．成都：四川大学出版社，2015.

复习题 2

一、选择题。

1. 设函数 $f(x)$ 可导且下列极限均存在，则（　　）成立。

A. $\lim\limits_{x\to 0}\dfrac{f(x)-f(0)}{x}=f'(0)$　　B. $\lim\limits_{h\to 0}\dfrac{f(a+2h)-f(a)}{h}=f'(a)$

C. $\lim\limits_{h\to 0}\dfrac{f(a-2h)-f(a)}{h}=f'(a)$　　D. $\lim\limits_{\Delta x\to 0}\dfrac{f(x_0+2\Delta x)-f(x_0)}{\Delta x}=\dfrac{1}{2}f'(x_0)$

2. 设 $y=\ln\cos x$，则 $\mathrm{d}y=$（　　）。

A. $\tan x\mathrm{d}x$　　B. $\cot x\mathrm{d}x$

C. $-\tan x\mathrm{d}x$　　D. $\csc x\mathrm{d}x$

3. 设 $y=\cos 3^x$，则 $\mathrm{d}y=$（　　）。

A. $\sin 3^x\ln 3\mathrm{d}x$　　B. $\sin 3^x\cdot 3^x\mathrm{d}x$

C. $\cos 3^x\cdot 3^x\ln 3$　　D. $-\sin 3^x\cdot 3^x\ln 3\mathrm{d}x$

4. 设 $y=\ln\sin(x+1)$，则 $\mathrm{d}y=$（　　）。

A. $-\cot(x+1)\mathrm{d}x$　　B. $\cot(x+1)\mathrm{d}x$

C. $-\tan(x+1)\mathrm{d}x$　　D. $\tan(x+1)\mathrm{d}x$

5. 设 $y=\mathrm{e}^{\sin x}$，则 $\mathrm{d}y=$（　　）。

A. $\mathrm{e}^{\sin x}\cos x\mathrm{d}x$　　B. $\mathrm{e}^{\sin x}\mathrm{d}x$

C. $\mathrm{e}^{x}\cos x\mathrm{d}x$　　D. $\mathrm{e}^{\cos x}\mathrm{d}x$

6. 设 $y=\sqrt[3]{x+2}$，则 $\mathrm{d}y=$（　　）。

A. $\dfrac{1}{3}\sqrt[3]{x+2}\,\mathrm{d}x$　　B. $\dfrac{1}{3}\sqrt[3]{(x+2)^{-2}}\,\mathrm{d}x$

C. $\dfrac{1}{3}\sqrt[3]{(x+2)^{2}}\,\mathrm{d}x$　　D. $\sqrt[3]{x+2}\,\mathrm{d}x$

7. 已知函数 $f(x)=\begin{cases}1-x, & x\leqslant 0\\ \mathrm{e}^{-x}, & x>0\end{cases}$，则 $f(x)$ 在 $x=0$ 处（　　）。

A. 导数 $f'(0)=-1$　　B. 间断

C. 导数 $f'(0)=1$　　D. 连续但不可导

8. 设 $f(x)=x\ln x$，且 $f'(x_0)=2$，则 $f(x_0)=$（　　）。

A. $\frac{2}{e}$　　B. $\frac{e}{2}$

C. e　　D. 1

9. 下列结论正确的是（　　）。

A. 初等函数的导数一定是初等函数

B. 初等函数的导数未必是初等函数

C. 初等函数在其有定义的区间内是可导的

D. 前面三个都不对

10. 下列函数中，（　　）的导数不等于 $\frac{1}{2}\sin 2x$。

A. $\frac{1}{2}\sin^2 x$　　B. $\frac{1}{4}\cos 2x$

C. $-\frac{1}{2}\cos^2 x$　　D. $1-\frac{1}{4}\cos 2x$

11. 已知 $y=\cos x$，则 $y^{(5)}=$（　　）。

A. $\sin x$　　B. $\cos x$

C. $-\sin x$　　D. $-\cos x$

12. 设 $y=\ln(x+\sqrt{x^2+1})$，则 $y'=$（　　）。

A. $\frac{1}{x+\sqrt{x^2+1}}$　　B. $\frac{1}{\sqrt{x^2+1}}$

C. $\frac{2x}{x+\sqrt{x^2+1}}$　　D. $\frac{x}{\sqrt{x^2+1}}$

13. 已知 $y=\frac{1}{4}x^4$，则 $y''=$（　　）。

A. x^3　　B. $3x^2$

C. $6x$　　D. 6

14. 设 $y=f(x)$ 是可微函数，则 $\mathrm{d}f(\cos 2x)=$（　　）。

A. $2f'(\cos 2x)\mathrm{d}x$　　B. $f'(\cos 2x)\sin 2x\mathrm{d}x$

C. $2f'(\cos 2x)\sin 2x\mathrm{d}x$　　D. $-2f'(\cos 2x)\sin 2x\mathrm{d}x$

15. 若函数 $f(x)$ 在点 x_0 处可导，则（　　）是错误的。

A. 函数 $f(x)$ 在点 x_0 处有定义　　B. $\lim\limits_{x\to x_0}f(x)=A$，但 $A\neq f(x_0)$

C. 函数 $f(x)$ 在点 x_0 处连续　　D. 函数 $f(x)$ 在点 x_0 处可微

16. 若 $f(x)=2^x$，则 $\lim\limits_{\Delta x\to 0}\frac{f(0-\Delta x)-f(0)}{\Delta x}=$（　　）。

A. 0　　B. 1

C. $-\ln 2$　　D. $\frac{1}{\ln 2}$

17. 曲线 $y=e^{2x}$ 在 $x=2$ 处切线的斜率是（　　）。

A. e^4　　B. e^2

C. $2e^4$　　D. 2

18. 曲线 $y=x^2-2x$ 上切线平行于 x 轴的点是（　　）。

A.（0，0）　　B.（1，−1）

C.（−1，−1）　　D.（1，1）

二、计算题。

1. 求下列函数的导数。

（1）$y=(1+3x^2)^3$　　（2）$y=\sin x\cdot\ln x^2$

（3）$y=\sqrt{x+\arctan x^2}$　　（4）$y=\arccos(\ln\sqrt{t})$

（5）$y=\ln\sqrt{\dfrac{1+t}{1-t}}$　　（6）$y=\operatorname{arccot}\dfrac{1-x}{1+x}$

2. 求下列函数的二阶导数。

（1）$y=(1+x^2)\sin x$　　（2）$y=(1+x^2)\arctan x$

（3）$y=e^{at}\sin bt$

3. 求下列隐函数的导数。

（1）$y=x+e^y$　　（2）$x^2-y^2-xy=1$

4. 用对数求导法求下列函数的导数。

（1）$y=(\sin x)^{\tan x}$　　（2）$y=x\cdot\sqrt{\dfrac{1-x}{1+x}}$

5. 求下列函数的微分。

（1）$y=e^{\sqrt{x}}$　　（2）$y=e^{-x^2}$

（3）$y=e^{-x}\cos 2x$　　（4）$y=\ln(x+\sqrt{x^2+1})$

（5）$y=(\arcsin x)^2$　　（6）$y=\dfrac{x^2}{\sqrt{1+x^2}}$

三、讨论函数 $f(x)=\begin{cases}x\sin\dfrac{1}{x}, & x\neq 0\\ 0, & x=0\end{cases}$ 在 $x=0$ 处的连续性与可导性。

四、求函数 $\begin{cases}x=a\cos^3\theta\\ y=a\sin^3\theta\end{cases}$ 的导数 $\dfrac{dy}{dx}$。

第3章　微分中值定理与导数的应用

本章内容是上一章内容的延续，主要是利用导数与微分这一方法来分析和研究函数的性质及图形的各种形态，解决实际问题。这一切的理论基础是在微分学中占有重要地位的几个微分中值定理。在分析、论证过程中，微分中值定理有着广泛的应用。

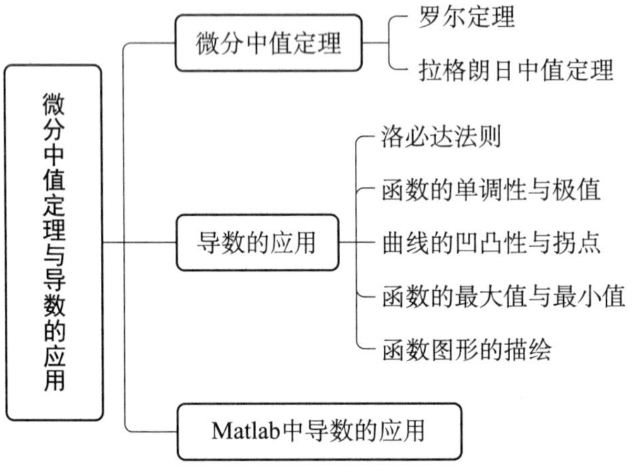

3.1 微分中值定理

微分中值定理

案例导入

某人上午10时驾车从某收费站上高速公路，上午11时从另一个收费站下高速公路，两个收费站相距102km，该段高速公路限速100km/h。刚下高速公路，一位交警拦住了车主，向其递交了超速罚款单。如果在这1h的行程中没人测量过该车的速度，交警对车主递交罚款单是否合理？

案例分析

要判断交警对车主递交罚款单是否合理，需要计算在这1h的行程中是否存在某一时刻的速度超过100km/h。

一、罗尔定理

罗尔定理 如果函数 $y=f(x)$ 满足

(1) 在闭区间 $[a, b]$ 上连续；

(2) 在开区间 (a, b) 内可导；

(3) 在区间端点处的函数值相等，即 $f(a)=f(b)$；

那么在 (a, b) 内至少有一点 ξ $(a<\xi<b)$，使得 $f'(\xi)=0$。

几何意义：如果在两端高度相同的连续曲线 $y=f(x)$ 上，除端点外处处具有不垂直于 x 轴的切线，那么曲线上至少有一点 C，使曲线在点 C 处的切线平行于 x 轴，如图3-1所示。

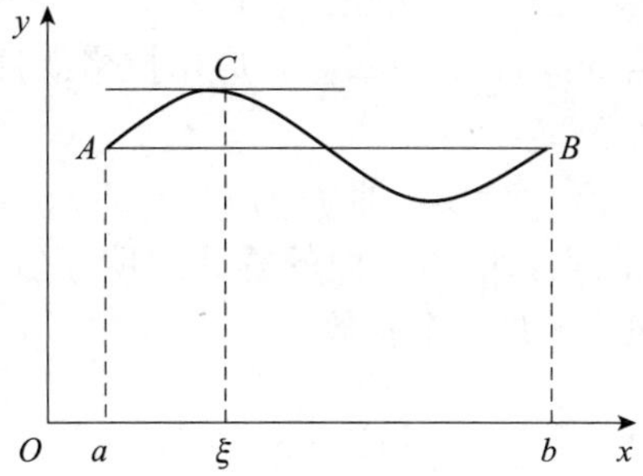

图3-1

注：

罗尔定理的三个条件缺一不可，否则结论不一定成立。

二、拉格朗日中值定理

拉格朗日中值定理 如果函数 $y=f(x)$ 满足

(1) 在闭区间 $[a, b]$ 上连续；

(2) 在开区间 (a, b) 内可导；

那么在 (a, b) 内至少有一点 ξ $(a<\xi<b)$，使得等式

$$f(b)-f(a)=f'(\xi)(b-a)$$

成立。

我们把上式改写成 $f'(\xi)=\dfrac{f(b)-f(a)}{b-a}$ 来研究定理的几何意义。

几何意义： 如果连续曲线 $y=f(x)$ 上除端点外处处具有不垂直于 x 轴的切线，那么曲线上至少有一点 C，使曲线在点 C 处的切线平行于 AB，如图 3-2 所示。

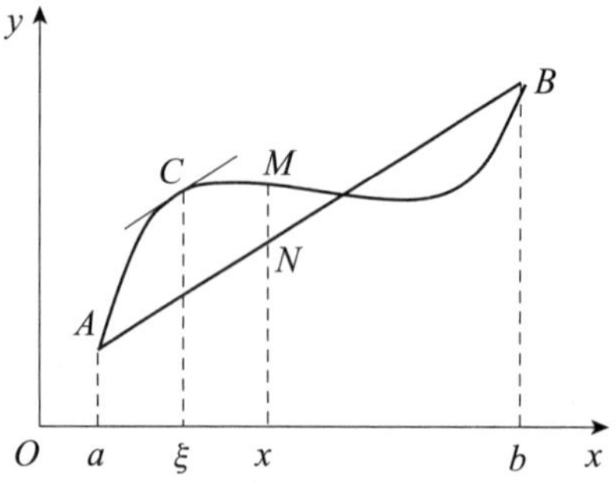

图 3-2

$f(b)-f(a)=f'(\xi)(b-a)$ 叫做**拉格朗日中值公式**。这个公式对于 $b<a$ 也成立。

作为拉格朗日中值定理的应用，我们有如下推论：

推论 如果函数 $f(x)$ 在区间 I 上的导数恒为零，那么 $f(x)$ 在区间 I 上是一个常数。

证 在区间 I 上任取两点 x_1，$x_2(x_1<x_2)$，应用拉格朗日中值定理，得

$$f(x_2)-f(x_1)=f'(\xi)(x_2-x_1)$$

由 $f'(\xi)=0$，得 $f(x_2)-f(x_1)=0$，即 $f(x_1)=f(x_2)$。

因为 x_1，x_2 是 I 上任意两点，所以上面的等式表明 $f(x)$ 在 I 上的函数值总是相等的，这就是说，$f(x)$ 在区间 I 上是一个常数。

例 证明当 $x>0$ 时，$\dfrac{x}{1+x}<\ln(1+x)<x$。

证 设 $f(x)=\ln(1+x)$，显然 $f(x)$ 在区间 $[0, x]$ 上满足拉格朗日中值定理的条

件，根据定理，至少存在一点$\xi\in(0, x)$，使得$f(x)-f(0)=f'(\xi)(x-0)$。

由于$f(0)=0$，$f'(x)=\dfrac{1}{1+x}$，因此上式即为$\ln(1+x)=\dfrac{x}{1+\xi}$。

又由$0<\xi<x$，有$\dfrac{x}{1+x}<\ln(1+x)<x$。

案例解决

设该车的路程函数为$s=s(t)$，$t\in[0, 1]$。依题意得：$s(0)=0$，$s(1)=102$，不妨设$s=s(t)$是可导函数。由拉格朗日中值定理得，必存在一点$\xi\in(0, 1)$，使$\dfrac{s(1)-s(0)}{1-0}=s'(\xi)$，则$v(\xi)=s'(\xi)=102\text{km/h}$，所以车主在某一时刻的速度为102km/h，交警向其递交超速罚款单是合理的。

习题 3.1

1. 下列函数在指定区间上是否满足罗尔定理？有没有满足罗尔定理结论的ξ存在？

(1) $f(x)=|x-1|$，$[0, 2]$。

(2) $f(x)=(x-1)^{-2}$，$[0, 2]$。

2. 验证函数$f(x)=\ln\sin x$在区间$\left[\dfrac{\pi}{6}, \dfrac{5\pi}{6}\right]$上是否满足罗尔定理。

3. 验证函数$f(x)=\arctan x$在区间$[0, 1]$上是否满足拉格朗日中值定理。

4. 证明函数$f(x)=px^2+qx+r$在区间$[a, b]$上应用拉格朗日中值定理所求得的点为$\xi=\dfrac{1}{2}(a+b)$。

5. 叙述罗尔定理的几何意义。

6. 某人在某高速公路上行驶了2h，行驶的距离为246km，该段高速公路限速110km/h。假设在这2h的行程中没人测量过该车的速度，请判断该车主是否有超速现象。

3.2 洛必达法则

案例导入

已知生产x对汽车挡板的成本为$C(x)=x+\ln(x+1)$元，生产x对挡板时，每对挡板的平均成本为$\dfrac{C(x)}{x}$，那么当产量很大时，每对挡板的成本大约是多少？

案例分析

当产量很大时，每对挡板的成本大约是 $\lim\limits_{x\to\infty}\dfrac{C(x)}{x}$，也就是这个极限值。

当 $x\to a$（或者 $x\to\infty$）时，两个函数 $f(x)$ 与 $F(x)$ 都趋向于零或都趋向于无穷大，那么极限 $\lim\limits_{x\to a}\dfrac{f(x)}{F(x)}$（或者 $\lim\limits_{x\to\infty}\dfrac{f(x)}{F(x)}$）可能存在，也可能不存在，我们把这种形式的极限叫做**未定式**，并分别简记为 $\dfrac{0}{0}$ 型和 $\dfrac{\infty}{\infty}$ 型。对于这类极限，不能简单地用“商的极限等于极限的商”这一法则来处理。下面我们介绍一种简便且重要的方法——洛必达法则，来处理 $\dfrac{0}{0}$ 型和 $\dfrac{\infty}{\infty}$ 型这类未定式的极限问题。

洛必达法则

一、基本类型的未定式

定理 1 如果函数 $f(x)$ 和 $F(x)$ 满足

（1）当 $x\to a$ 时，$f(x)\to 0$，$F(x)\to 0$；

（2）$f'(x)$ 及 $F'(x)$ 在点 a 的某个去心邻域内都存在，且 $F'(x)\neq 0$；

（3）$\lim\limits_{x\to a}\dfrac{f'(x)}{F'(x)}$ 存在（或为无穷大）；

那么

$$\lim_{x\to a}\frac{f(x)}{F(x)}=\lim_{x\to a}\frac{f'(x)}{F'(x)}$$

注：

为了更好地使用该定理，我们做以下几点说明：

（1）此定理是处理当 $x\to a$ 时 $\dfrac{0}{0}$ 型未定式极限的一种重要方法。定理表明当 $\lim\limits_{x\to a}\dfrac{f'(x)}{F'(x)}$ 存在（或为无穷大）时，$\lim\limits_{x\to a}\dfrac{f(x)}{F(x)}$ 也存在（或为无穷大），这种通过求分子、分母导数之比的极限来确定未定式极限的方法称为**洛必达法则**。

（2）如果极限 $\lim\limits_{x\to a}\dfrac{f'(x)}{F'(x)}$ 仍是 $\dfrac{0}{0}$ 型，且 $f'(x)$，$F'(x)$ 又满足定理的条件，那么可以再次使用洛必达法则，即 $\lim\limits_{x\to a}\dfrac{f(x)}{F(x)}=\lim\limits_{x\to a}\dfrac{f'(x)}{F'(x)}=\lim\limits_{x\to a}\dfrac{f''(x)}{F''(x)}$。

（3）如果 $\lim\limits_{x\to a}\dfrac{f'(x)}{F'(x)}$ 不存在（也不是无穷大），不能断言 $\lim\limits_{x\to a}\dfrac{f(x)}{F(x)}$ 不存在，只能说明该极限不适合用洛必达法则来求。

例如：对于极限$\lim\limits_{x\to 0}\dfrac{x^2\sin\dfrac{1}{x}}{x}$，若使用洛必达法则求，则有

$$\lim_{x\to 0}\frac{x^2\sin\dfrac{1}{x}}{x}=\lim_{x\to 0}\left(2x\cdot\sin\frac{1}{x}-\cos\frac{1}{x}\right)$$

但式子右边的极限是不存在的。

而实际上，$\lim\limits_{x\to 0}\dfrac{x^2\sin\dfrac{1}{x}}{x}=\lim\limits_{x\to 0}x\sin\dfrac{1}{x}=0$（无穷小与有界函数的乘积为无穷小）。

所以当$\lim\limits_{x\to a}\dfrac{f'(x)}{F'(x)}$不存在时，应改用其他方法求原极限。

例 1 求下列极限。

(1) $\lim\limits_{x\to 0}\dfrac{e^x-1}{x}$　　(2) $\lim\limits_{x\to 1}\dfrac{x^3-3x+2}{x^3-x^2-x+1}$

(3) $\lim\limits_{x\to 0}\dfrac{x-\sin x}{x^3}$　　(4) $\lim\limits_{x\to 1}\dfrac{\ln x}{(x-1)^2}$

解 (1) $\lim\limits_{x\to 0}\dfrac{e^x-1}{x}=\lim\limits_{x\to 0}\dfrac{e^x}{1}=e^0=1$。

(2) $\lim\limits_{x\to 1}\dfrac{x^3-3x+2}{x^3-x^2-x+1}=\lim\limits_{x\to 1}\dfrac{3x^2-3}{3x^2-2x-1}=\lim\limits_{x\to 1}\dfrac{6x}{6x-2}=\dfrac{3}{2}$。

(3) $\lim\limits_{x\to 0}\dfrac{x-\sin x}{x^3}=\lim\limits_{x\to 0}\dfrac{1-\cos x}{3x^2}=\lim\limits_{x\to 0}\dfrac{\sin x}{6x}=\dfrac{1}{6}$。

(4) $\lim\limits_{x\to 1}\dfrac{\ln x}{(x-1)^2}=\lim\limits_{x\to 1}\dfrac{1}{2x(x-1)}=\infty$。

注：

定理1也适合于当$x\to\infty$时的$\dfrac{0}{0}$型未定式。对于当$x\to a$（或者$x\to\infty$）时的未定式$\dfrac{\infty}{\infty}$，也有相应的洛必达法则。

定理2 如果函数$f(x)$和$F(x)$满足：

(1) 当$x\to a$时，$f(x)\to\infty$，$F(x)\to\infty$；

(2) $f'(x)$及$F'(x)$在点a的某个去心邻域内都存在，且$F'(x)\neq 0$；

(3) $\lim\limits_{x\to a}\dfrac{f'(x)}{F'(x)}$存在（或为无穷大）；

那么

$$\lim_{x\to a}\frac{f(x)}{F(x)}=\lim_{x\to a}\frac{f'(x)}{F'(x)}$$

概括来说，只要定理的条件满足，无论是 $x\to a$ 还是 $x\to\infty$，也无论是 $\frac{0}{0}$ 型还是 $\frac{\infty}{\infty}$ 型，都有 $\lim\frac{f(x)}{F(x)}=\lim\frac{f'(x)}{F'(x)}$。

例 2 求下列极限。

(1) $\lim\limits_{x\to+\infty}\frac{e^x}{x}$　(2) $\lim\limits_{x\to+\infty}\frac{\ln x}{x}$

解　(1) $\lim\limits_{x\to+\infty}\frac{e^x}{x}=\lim\limits_{x\to+\infty}\frac{e^x}{1}=+\infty$。

(2) $\lim\limits_{x\to+\infty}\frac{\ln x}{x}=\lim\limits_{x\to+\infty}\frac{\frac{1}{x}}{1}=0$。

二、其他类型的未定式

除 $\frac{0}{0}$ 型和 $\frac{\infty}{\infty}$ 型这两种基本的未定式外，还有一些常见的未定式，如 $0\cdot\infty$，$\infty-\infty$，0^0，1^∞，∞^0 型等，这些未定式都可以转化为 $\frac{0}{0}$ 型或 $\frac{\infty}{\infty}$ 型未定式来计算。

例 3 求 $\lim\limits_{x\to0^+}x^n\cdot\ln x$ $(n>0)$。

解　这是 $0\cdot\infty$ 型未定式，由等式

$$x^n\cdot\ln x=\frac{\ln x}{\frac{1}{x^n}}$$

便可将 $0\cdot\infty$ 型转化为 $\frac{\infty}{\infty}$ 型，然后使用洛必达法则求极限：

$$\lim_{x\to0^+}x^n\cdot\ln x=\lim_{x\to0^+}\frac{\ln x}{\frac{1}{x^n}}=\lim_{x\to0^+}\frac{\frac{1}{x}}{-nx^{-n-1}}=\lim_{x\to0^+}\frac{-x^n}{n}=0$$

例 4 求 $\lim\limits_{x\to\frac{\pi}{2}}(\sec x-\tan x)$。

解　这是 $\infty-\infty$ 型未定式，由 $\sec x-\tan x=\frac{1-\sin x}{\cos x}$ 可将 $\infty-\infty$ 型转化为 $\frac{0}{0}$ 型：

$$\lim_{x\to\frac{\pi}{2}}(\sec x-\tan x)=\lim_{x\to\frac{\pi}{2}}\frac{1-\sin x}{\cos x}=\lim_{x\to\frac{\pi}{2}}\frac{\cos x}{\sin x}=0$$

例 5 求 $\lim\limits_{x\to0^+}x^{\sin x}$。

解　这是 0^0 型未定式，由对数恒等式有 $x^{\sin x}=e^{\sin x\ln x}$，而右端的指数 $\sin x\ln x$ 是 $0\cdot\infty$ 型未定式，所以

$$\lim_{x\to0^+}\sin x\ln x=\lim_{x\to0^+}\frac{\ln x}{\csc x}=\lim_{x\to0^+}\frac{\frac{1}{x}}{-\csc x\cdot\cot x}=\lim_{x\to0^+}\frac{-\sin x\cdot\tan x}{x}=0$$

于是

$$\lim_{x\to 0^+} x^{\sin x} = \lim_{x\to 0^+} e^{\sin x\cdot\ln x} = e^{\lim\limits_{x\to 0^+}\sin x\cdot\ln x} = e^0 = 1$$

洛必达法则是求未定式极限的一种非常有效的方法，如果能与求极限的其他方法结合起来使用，则可使求极限更为简捷。

案例解决

当产量很大时，每对挡板的成本大约为 $\lim\limits_{x\to\infty}\dfrac{C(x)}{x}=\lim\limits_{x\to\infty}\dfrac{x+\ln(x+1)}{x}=\lim\limits_{x\to\infty}\dfrac{1+\dfrac{1}{x+1}}{1}=1$。

习题 3.2

1. 用洛必达法则求下列函数的极限。

(1) $\lim\limits_{x\to 0}\dfrac{\sin 2x}{x}$　　(2) $\lim\limits_{x\to 0}\dfrac{\cos x-1}{x^2}$

(3) $\lim\limits_{x\to 0}\dfrac{\sin 3x}{\tan 5x}$　　(4) $\lim\limits_{x\to a}\dfrac{\sin x-\sin a}{x-a}$

(5) $\lim\limits_{x\to \frac{\pi}{2}}\dfrac{\ln\sin x}{(\pi-2x)^2}$　　(6) $\lim\limits_{x\to 0^+}\dfrac{\ln\tan 7x}{\ln\tan 2x}$

(7) $\lim\limits_{x\to 0}\left(\dfrac{1}{x}-\dfrac{1}{e^x-1}\right)$　　(8) $\lim\limits_{x\to 0}x\cot 2x$

(9) $\lim\limits_{x\to 0}x^2 e^{\frac{1}{x^2}}$　　(10) $\lim\limits_{x\to 1}\left(\dfrac{2}{x^2-1}-\dfrac{1}{x-1}\right)$

(11) $\lim\limits_{x\to 0^+}(\sin x)^x$　　(12) $\lim\limits_{x\to 1^-}(1-x)^{\cot\frac{\pi}{2}x}$

2. 求下列函数的极限。

(1) $\lim\limits_{x\to\infty}\dfrac{x+\sin x}{x}$　　(2) $\lim\limits_{x\to\infty}\dfrac{x-\sin x}{x+\sin x}$

(3) $\lim\limits_{x\to+\infty}\left(\dfrac{x+1}{x-1}\right)^x$　　(4) $\lim\limits_{x\to\infty}\left[1-x\ln\left(1+\dfrac{1}{x}\right)\right]$

(5) $\lim\limits_{x\to+\infty}\dfrac{e^x-e^{-x}}{e^x+e^{-x}}$

3. 已知生产 x 对汽车挡板的成本为 $C(x)=x+\ln(x+1)$ 元，每对挡板的售价为 5 元，于是销售 x 对挡板的收入为 $R(x)=5x$ 。出售 $(x+1)$ 对挡板比出售 x 对挡板所产生的利润增长额为 $I(x)=[R(x+1)-C(x+1)]-[R(x)-C(x)]$ ，当生产稳定、产量很大时，这个增长额为 $\lim\limits_{x\to\infty}I(x)$ ，试求这个极限值。

3.3　函数的单调性与极值

案例导入

二氧化氮是一种损害人体呼吸系统的褐色气体。某市环境检测部门的数据显示，在6月的某一天，城区二氧化氮的水平近似为 $A(t)=0.03t^3(7-t)^4+58.3(0\leqslant t\leqslant 7)$，其中，$A(t)$ 是从上午7时开始经 t 小时后城区空气受二氧化氮污染的标准指数。请问：这天城区空气受二氧化氮的污染何时增加，何时下降？由增加到下降的临界点在何时？

案例分析

二氧化氮水平的拟合函数已经告诉我们，要分析何时增加、何时减少，就是讨论函数的单调性问题，而临界点就是函数由单调递增转向单调递减的分界点。

我们前面已经学习过函数单调性的定义，而利用定义讨论该实际问题函数的单调性显然是比较复杂的，下面我们将介绍利用导数探讨函数单调性的方法。

一、函数单调性的判定法

如果函数 $y=f(x)$ 在 $[a, b]$ 上单调递增（单调递减），那么它的图形是一条沿 x 轴正向上升（下降）的曲线。这时曲线的各点处的切线斜率是正的（负的），即 $f'(x)>0$（$f'(x)<0$），如图 3-3 所示。由此可见，函数的单调性与导数的符号有着密切的关系。

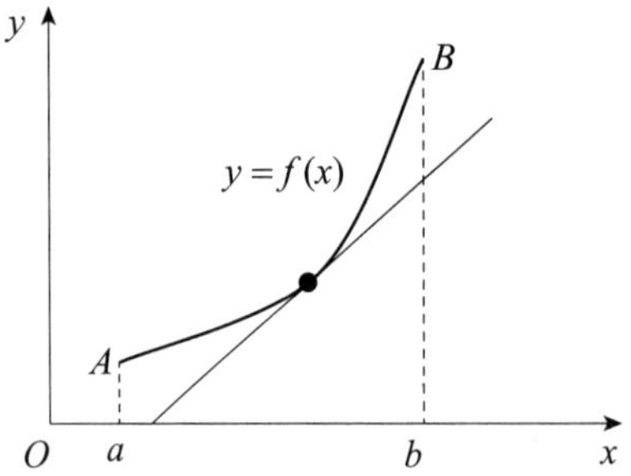

(a) 函数图形上升时切线斜率为正

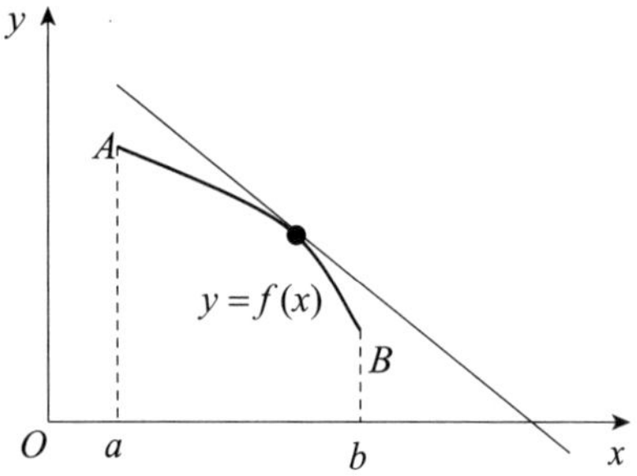

(b) 函数图形下降时切线斜率为负

图 3-3

反过来，能否用导数的符号来判定函数的单调性呢？

定理1（函数单调性的判定法） 设函数 $y=f(x)$ 在 $[a, b]$ 上连续，在 (a, b) 内可导。

(1) 如果在 (a, b) 内 $f'(x)>0$，那么函数 $y=f(x)$ 在 (a, b) 上单调递增；

(2) 如果在 (a, b) 内 $f'(x)<0$，那么函数 $y=f(x)$ 在 (a, b) 上单调递减。

注：

判定法中的闭区间可换成其他各种区间。

例1 判定函数 $y=x-\sin x$ 在 $[0, 2]$ 上的单调性。

解 因为函数 $y=x-\sin x$ 在 $[0, 2]$ 上连续，在 $(0, 2)$ 内 $y'=1-\cos x>0$，所以由判定法可知，函数 $y=x-\sin x$ 在 $[0, 2]$ 上单调递增。

例2 讨论函数 $y=e^x-x-1$ 的单调性。

解 $y'=e^x-1$。函数 $y=e^x-x-1$ 在定义域 $(-\infty, +\infty)$ 内连续。

(1) 在 $(-\infty, 0)$ 内 $y'<0$，所以函数 $y=e^x-x-1$ 在 $(-\infty, 0]$ 上单调递减；

(2) 在 $(0, +\infty)$ 内 $y'>0$，所以函数 $y=e^x-x-1$ 在 $[0, +\infty)$ 上单调递增。

例3 讨论函数 $y=\sqrt[3]{x^2}$ 的单调性。

解 函数在定义域 $(-\infty, +\infty)$ 内连续。

$$y'=\frac{2}{3\sqrt[3]{x}}\quad(x\neq0)$$

当 $x=0$ 时，函数的导数不存在。

(1) $x<0$ 时，$y'<0$，所以函数在 $(-\infty, 0]$ 上单调递减；

(2) $x>0$ 时，$y'>0$，所以函数在 $[0, +\infty)$ 上单调递增。

注：

如果函数在定义区间上连续，除去有限个导数不存在的点外导数存在，那么只要用方程 $f'(x)=0$ 的根及导数不存在的点来划分函数 $f(x)$ 的定义区间，就能保证 $f'(x)$ 在各个部分区间内保持固定的符号，因而函数 $f(x)$ 在每个部分区间上单调。

例4 确定函数 $f(x)=2x^3-9x^2+12x-3$ 的单调区间。

解 这个函数在定义域 $(-\infty, +\infty)$ 内连续。函数的导数为：

$$f'(x)=6x^2-18x+12=6(x-1)(x-2)$$

导数为零的点有两个，$x_1=1$，$x_2=2$。

列表分析如下（见表3-1）：

表3-1

x	$(-\infty, 1)$	$(1, 2)$	$(2, +\infty)$
$f'(x)$	+	−	+
$f(x)$	↗	↘	↗

由表 3-1 可知，函数 $f(x)$ 在区间 $(-\infty, 1]$ 和 $[2, +\infty)$ 上单调递增，在区间 $[1, 2]$上单调递减。

例 5 讨论函数 $y=x^3$ 的单调性。

解 函数在定义域 $(-\infty, +\infty)$ 内连续。

$$y'=3x^2$$

除当 $x=0$ 时，$y'=0$ 外，在其余各点处均有 $y'>0$。

因此，函数 $y=x^3$ 在区间 $(-\infty, 0]$ 及 $[0, +\infty)$ 上都是单调递增的，从而在整个定义域 $(-\infty, +\infty)$ 上是单调递增的。

注：

一般地，如果 $f'(x)$ 在某区间内的有限个点处为零，在其余各点处均为正（或负），那么 $f(x)$ 在该区间上仍旧是单调递增（或单调递减）的。

例 6 试证：当 $x>1$ 时，$2\sqrt{x}>3-\frac{1}{x}$。

证 令 $f(x)=2\sqrt{x}-\left(3-\frac{1}{x}\right)$，则

$$f'(x)=\frac{1}{\sqrt{x}}-\frac{1}{x^2}=\frac{1}{x^2}\ (x\sqrt{x}-1)$$

当 $x>1$ 时，$f'(x)>0$，因此 $f(x)$ 在 $[1, +\infty)$ 上单调递增，从而当 $x>1$ 时，$f(x)>f(1)$。

由 $f(1)=0$，得 $f(x)>f(1)=0$，即 $2\sqrt{x}-\left(3-\frac{1}{x}\right)>0$，故 $2\sqrt{x}>3-\frac{1}{x}$。

例 7 讨论函数 $y=2x+\frac{8}{x}$的单调性。

解 该函数的定义域为 $(-\infty, 0)\cup(0, +\infty)$。

$$y'=2-\frac{8}{x^2}=\frac{2(x^2-4)}{x^2}$$

当 $x=\pm2$ 时，$y'=0$，用 $x=\pm2$ 划分定义区间并列表讨论如下（见表 3-2）：

表 3-2

x	$(-\infty, -2)$	$(-2, 0)$	$(0, 2)$	$(2, +\infty)$
$f'(x)$	$+$	$-$	$-$	$+$
$f(x)$	↗	↘	↘	↗

由表 3-2 可知，函数 $f(x)$ 在区间 $(-\infty, -2]$ 和 $[2, +\infty)$ 上单调递增，在区间$[-2, 0)$ 和 $(0, 2]$ 上单调递减。

函数的极值

二、函数的极值及其求法

1. 极值的定义

定义 1 设函数 $f(x)$ 在区间 (a, b) 内有定义，$x_0\in(a, b)$。如果在 x_0 的某一去心邻域内有 $f(x)<f(x_0)$，则称 $f(x_0)$ 是函数 $f(x)$ 的一个**极大值**，x_0 称为函数的极大值点；如果在 x_0 的某一去心邻域内有 $f(x)>f(x_0)$，则称 $f(x_0)$ 是函数 $f(x)$ 的一个**极小值**，x_0 称为函数的极小值点。

函数的极大值与极小值统称为函数的**极值**，函数的极大值点与极小值点统称为函数的**极值点**。

函数的极大值和极小值是函数的局部性质。如果 $f(x_0)$ 是函数 $f(x)$ 的一个极大值，那只是就 x_0 附近的一个局部范围来说，$f(x_0)$ 是最大的；如果就 $f(x)$ 的整个定义域来说，$f(x_0)$ 不一定是最大的。关于极小值也类似。由此可知，极大值不一定大于极小值，如图 3-4 所示。

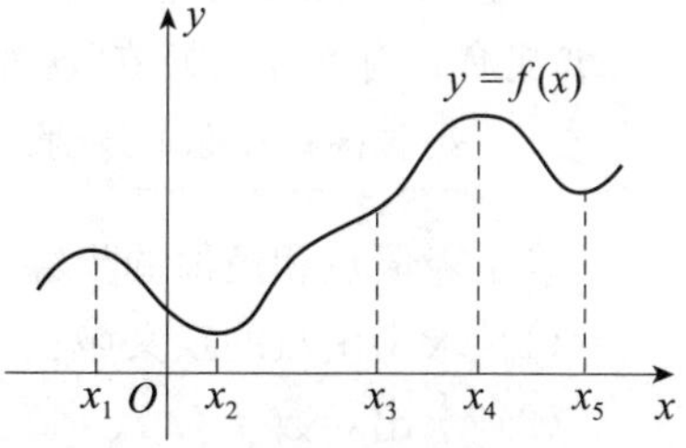

图 3-4

2. 极值与水平切线的关系

在可导函数取得极值处，曲线上的切线是水平的。但曲线上有水平切线的地方，函数不一定取得极值。

定理 2（必要条件） 设函数 $f(x)$ 在点 x_0 处可导，且在 x_0 处取得极值，那么这个函数在 x_0 处的导数为零，即 $f'(x_0)=0$。

定义 2 使导数为零的点（即方程 $f'(x)=0$ 的实根）叫做函数 $f(x)$ 的**驻点**。

注：

定理 2 就是说：可导函数 $f(x)$ 的极值点必定是函数的驻点。但反过来，函数 $f(x)$ 的驻点却不一定是极值点。

3. 确定极值的充分条件

定理 3（第一充分条件） 设函数 $f(x)$ 在 x_0 处连续，且在 x_0 的某一去心邻域 $(x_0-\delta, x_0)\cup(x_0, x_0+\delta)$ 内可导。

(1) 如果在 $(x_0-\delta, x_0)$ 内 $f'(x)>0$，在 $(x_0, x_0+\delta)$ 内 $f'(x)<0$，那么函数 $f(x)$ 在 x_0 处取得极大值（如图 3-5 所示）；

(2) 如果在 $(x_0-\delta, x_0)$ 内 $f'(x)<0$，在 $(x_0, x_0+\delta)$ 内 $f'(x)>0$，那么函数 $f(x)$ 在 x_0 处取得极小值（如图 3-6 所示）；

（3）如果在 $(x_0-\delta, x_0)$ 及 $(x_0, x_0+\delta)$ 内 $f(x)$ 的符号相同，那么函数 $f(x)$ 在 x_0 处没有极值（如图 3－7 所示）。

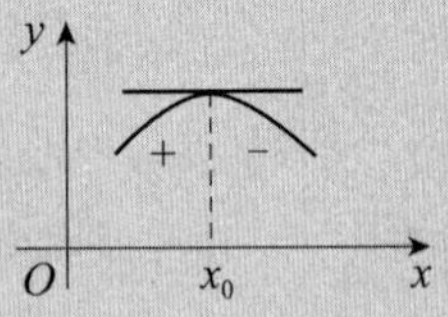

图 3－5

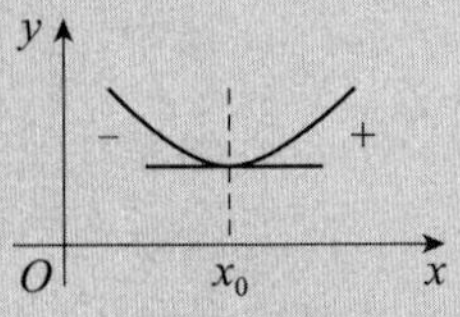

图 3－6

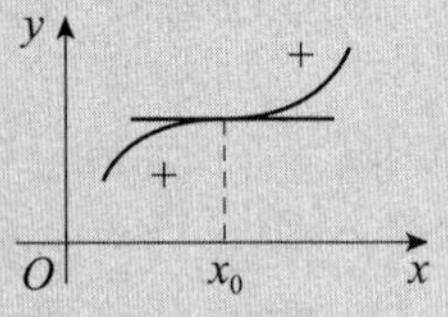

图 3－7

注：

定理 3 也可简单地这样说：当 x 在 x_0 的邻近经过 x_0 时，如果 $f'(x)$ 的符号由正变负，那么 $f(x)$ 在 x_0 处取得极大值；如果 $f'(x)$ 的符号由负变正，那么 $f(x)$ 在 x_0 处取得极小值；如果 $f'(x)$ 的符号并不改变，那么 $f(x)$ 在 x_0 处没有极值。

确定极值点和极值的步骤：

（1）求出函数的定义域；

（2）求出导数 $f'(x)$；

（3）求出 $f(x)$ 的全部驻点和不可导点；

（4）列表判断（考察 $f'(x)$ 的符号在每个驻点和不可导点的左右邻近的情况，以便确定该点是否是极值点，如果是极值点，还要按定理 3 确定对应的函数值是极大值还是极小值）；

（5）确定出函数的所有极值点和极值。

例 8 求函数 $f(x)=x^3-3x^2-9x+3$ 的极值。

解 $f'(x)=3x^2-6x-9=3(x-3)(x+1)$。

令 $f'(x)=0$，得 $x_1=-1, x_2=3$。

列表（见表 3－3），得：

表 3－3

x	$(-\infty,-1)$	-1	$(-1,3)$	3	$(3,+\infty)$
$f'(x)$	$+$	0	$-$	0	$+$
$f(x)$	单调递增	8	单调递减	-24	单调递增

由表 3－3 可知，该函数的极大值为 $f(-1)=8$，极小值为 $f(3)=-24$。

定理 4（第二充分条件） 设函数 $f(x)$ 在点 x_0 处具有二阶导数且 $f'(x_0)=0$，$f''(x_0)\neq 0$，那么

（1）当 $f''(x_0)<0$ 时，函数 $f(x)$ 在 x_0 处取得极大值；

（2）当 $f''(x_0)>0$ 时，函数 $f(x)$ 在 x_0 处取得极小值。

注：

定理4表明，如果函数 $f(x)$ 在驻点 x_0 处的二阶导数 $f''(x_0)\neq 0$，那么该点 x_0 一定是极值点，并且可以按二阶导数 $f''(x_0)$ 的符号来判定 $f(x_0)$ 是极大值还是极小值。但如果 $f''(x_0)=0$，定理4就不能应用。

例9 函数 $f(x)=x^4$，$g(x)=x^3$ 在点 $x=0$ 处是否有极值？

解 $f'(x)=4x^3$，$f'(0)=0$；

$f''(x)=12x^2$，$f''(0)=0$。

但当 $x<0$ 时 $f'(x)<0$，当 $x>0$ 时 $f'(x)>0$，所以 $f(0)=0$ 为极小值。

$g'(x)=3x^2$，$g'(0)=0$；

$g''(x)=6x$，$g''(0)=0$。

但因为无论 $x>0$ 还是 $x<0$，都有 $g'(x)>0$，所以 $g(0)=0$ 不是极值。

例10 求函数 $f(x)=(x^2-1)^3+1$ 的极值。

解 (1) $f'(x)=6x(x^2-1)^2$。

(2) 令 $f'(x)=0$，求得驻点 $x_1=-1$，$x_2=0$，$x_3=1$。

(3) $f''(x)=6(x^2-1)(5x^2-1)$。

(4) 因为 $f''(0)=6>0$，所以 $f(x)$ 在 $x=0$ 处取得极小值，极小值为 $f(0)=0$。

(5) 因为 $f''(-1)=f''(1)=0$，所以用定理4无法判别。

因为在 $x=-1$ 的充分小的左、右邻域内 $f'(x)<0$，所以 $f(x)$ 在 $x=-1$ 处没有极值；同理，$f(x)$ 在 $x=1$ 处也没有极值。

案例解决

已知某天城区二氧化氮的水平函数为 $A(t)=0.03t^3(7-t)^4+58.3(0\leqslant t\leqslant 7)$，则

$$\begin{aligned}A'(t)&=0.03\cdot[3t^2(7-t)^4-t^3\cdot 4(7-t)^3]\\&=0.03t^2(7-t)^3[3(7-t)-4t]\\&=0.21t^2(7-t)^3(3-t)\end{aligned}$$

令 $A'(t)=0$，得 $t_1=0$，$t_2=3$，$t_3=7$，无不可导点。

列表分析如下（见表3-4）：

表3-4

t	0	(0, 3)	3	(3, 7)	7
$A'(t)$	0	+	0	−	0
$A(t)$		↗	极大值	↘	

由表3-4可知，该天城区空气受二氧化氮的污染在 $0<t<3$ 时增加，在 $3<t<7$ 时下降，由增加到下降的临界点在 $t=3$ 时。

习题 3.3

1. 判断下列函数的单调性并求极值。

（1）$y=2x^2-8x-1$　　（2）$y=4x^3-3x^2-6x-1$

（3）$y=x-\ln(x+1)$　　（4）$y=2e^x-e^{-x}$

（5）$y=x+\sqrt{1-x}$

2. 求下列函数在指定区间内的极值。

（1）$y=\sin x+\cos x$（$-\pi\leqslant x\leqslant\pi$）　　（2）$y=e^x\cos x$（$0<x<2\pi$）

3. 如果函数 $y=a\sin x+\dfrac{1}{3}\sin 3x$ 在 $x=\dfrac{\pi}{3}$ 处取得极值，求 a 的值。

4. 在某化学反应中，反应物在时刻 t 的浓度是 $x=x_0e^{-kt}$，其中 x_0，k 都是正常数。问：当 t 增加时，浓度是增加还是减少？

3.4　曲线的凹凸性与拐点

案例导入

某地区 2023 年的居民消费价格指数（CPI）呈增长趋势，由下面的函数给出：

$$I(t)=-0.218\,6t^3+3.532\,2t^2+100\ (0\leqslant t\leqslant 11)$$

其中，$t=0$ 对应 2023 年 1 月。

试分析：该地区 2023 年 CPI 何时增长平缓，何时增长加快？

案例分析

已知该地区 2023 年 CPI 呈增长趋势，即已知函数 $I(t)=-0.218\,6t^3+3.532\,2t^2+100$（$0\leqslant t\leqslant 11$）的单调性，要分析 CPI 增长的速度，即函数单调递增的快慢情况，需要进一步利用二阶导数来判断，即函数的凹凸性，下面我们将具体介绍。

一、凹凸性的概念

定义 1　设 $f(x)$ 在区间 I 上连续，如果对 I 上任意两点 x_1，x_2，恒有

$$f\left(\frac{x_1+x_2}{2}\right)<\frac{f(x_1)+f(x_2)}{2}$$

曲线的凹凸性

那么称 $f(x)$ 在 I 上的图形是（向上）**凹的**（或凹弧），如图 3-8（a）所示；如果恒有

$$f\left(\frac{x_1+x_2}{2}\right)>\frac{f(x_1)+f(x_2)}{2}$$

那么称 $f(x)$ 在 I 上的图形是（向上）**凸的**（或凸弧），如图 3-8（b）所示。

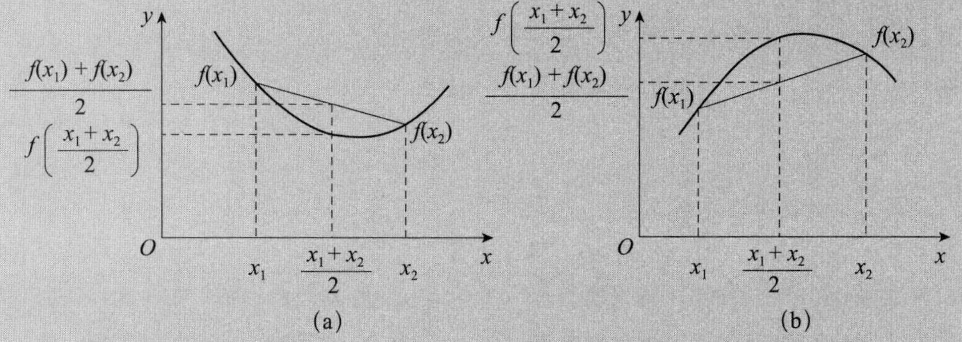

图 3-8

定义 2 设函数 $y=f(x)$ 在区间 I 上连续，如果函数的曲线位于其上任意一点的切线的上方，则称该曲线在区间 I 上是**凹的**；如果函数的曲线位于其上任意一点的切线的下方，则称该曲线在区间 I 上是**凸的**。

二、凹凸性的判定

定理 1 设 $f(x)$ 在 $[a, b]$ 上连续，在 (a, b) 内具有一阶和二阶导数，则

(1) 若在 (a, b) 内 $f''(x)>0$，则 $f(x)$ 在 $[a, b]$ 上的图形是凹的；

(2) 若在 (a, b) 内 $f''(x)<0$，则 $f(x)$ 在 $[a, b]$ 上的图形是凸的。

三、曲线的拐点

定义 3 连续曲线 $y=f(x)$ 上凹弧与凸弧的分界点称为该曲线的**拐点**。

定理 2（拐点存在的必要条件） 若函数 $f(x)$ 在点 x_0 处二阶可导，且点 $(x_0, f(x_0))$ 是曲线 $y=f(x)$ 的拐点，则 $f''(x_0)=0$。

定理 3（拐点存在的充分条件） 设函数 $f(x)$ 在点 x_0 的某一邻域内连续且二阶可导（$f'(x_0)$ 或 $f''(x_0)$ 可以不存在），若在 x_0 的左、右邻域内，$f''(x)$ 的符号相反，则点 $(x_0, f(x_0))$ 是曲线的拐点。

确定曲线 $y=f(x)$ 的凹凸区间和拐点的步骤：

（1）确定函数 $y=f(x)$ 的定义域；
（2）求出二阶导数 $f''(x)$；
（3）求使二阶导数为零的点和使二阶导数不存在的点；
（4）判断或列表判断，确定曲线的凹凸区间和拐点。

例 1 判断曲线 $y=\ln x$ 的凹凸性。

解 $y'=\frac{1}{x}$，$y''=-\frac{1}{x^2}$。因为在函数 $y=\ln x$ 的定义域（0，$+\infty$）内，$y''<0$，所以曲线 $y=\ln x$ 是凸的。

例 2 判断曲线 $y=x^3$ 的凹凸性。

解 $y'=3x^2$，$y''=6x$。由 $y''=0$，得 $x=0$。
（1）当 $x<0$ 时，$y''<0$，所以曲线在 $(-\infty, 0]$ 内为凸的；
（2）当 $x>0$ 时，$y''>0$，所以曲线在 $[0, +\infty)$ 内为凹的。

例 3 求曲线 $y=2x^3+3x^2-12x+14$ 的拐点。

解 $y'=6x^2+6x-12$，$y''=12x+6$。

令 $y''=0$，得 $x=-\frac{1}{2}$。

当 $x<-\frac{1}{2}$ 时，$y''<0$；当 $x>-\frac{1}{2}$ 时，$y''>0$。

所以点 $\left(-\frac{1}{2}, 20\frac{1}{2}\right)$ 是曲线的拐点。

例 4 求曲线 $y=3x^4-4x^3+1$ 的拐点及凹凸区间。

解 （1）函数 $y=3x^4-4x^3+1$ 的定义域为 $(-\infty, +\infty)$。

（2）$y'=12x^3-12x^2$，$y''=36x^2-24x=36x\left(x-\frac{2}{3}\right)$。

（3）解方程 $y''=0$，得 $x_1=0$，$x_2=\frac{2}{3}$。

（4）列表判断如下（见表 3-5）：

表 3-5

x	$(-\infty, 0)$	0	$\left(0, \frac{2}{3}\right)$	$\frac{2}{3}$	$\left(\frac{2}{3}, +\infty\right)$
y''	+	0	−	0	+
y	∪	1	∩	$\frac{11}{27}$	∪

由表 3-5 可知，曲线在区间 $(-\infty, 0]$ 和 $\left[\frac{2}{3}, +\infty\right)$ 上是凹的，在区间 $\left[0, \frac{2}{3}\right]$ 上是凸的。点 (0，1) 和 $\left(\frac{2}{3}, \frac{11}{27}\right)$ 是曲线的拐点。

例5 曲线 $y=x^4$ 是否有拐点？

解 $y'=4x^3$，$y''=12x^2$，当 $x\neq0$ 时，$y''>0$。

曲线在区间 $(-\infty, +\infty)$ 内是凹的，因此曲线无拐点。

例6 求曲线 $y=\sqrt[3]{x}$ 的拐点。

解 (1) 函数的定义域为 $(-\infty, +\infty)$。

(2) $y'=\dfrac{1}{3\sqrt[3]{x^2}}$，$y''=-\dfrac{2}{9x\sqrt[3]{x^2}}$。

(3) 无二阶导数为零的点，二阶导数不存在的点为 $x=0$。

(4) 判断：当 $x<0$ 时，$y''>0$；当 $x>0$ 时，$y''<0$。因此，点 $(0, 0)$ 是曲线的拐点。

案例解决

$$I'(t)=-0.655\,8t^2+7.064\,4t=0.655\,8t(10.772\,2-t)$$

$$I''(t)=-1.311\,6t+7.064\,4=1.311\,6(5.386\,1-t)$$

令 $I''(t)=0$，得 $t\approx5.39$，列表判断如下（见表3-6）：

表3-6

t	(0，5.39)	5.39	(5.39，11)
$I''(t)$	+	0	−
$I(t)$	凹	拐点	凸

由表3-6可知：函数在区间（0，5.39）内是凹的，说明前6个月该地区的CPI增长平缓；拐点（5.39，168.4）表示真正的增速是从6月中旬开始的；函数在区间（5.39，11）内是凸的，说明6月中旬以后，该地区的CPI增长加快。

习题3.4

1. 判断下列曲线的凹凸性。

(1) $y=\ln x$　　(2) $y=4x-x^2$

(3) $y=x+x^{-1}$　　(4) $y=x\arctan x$

2. 求下列曲线的凹凸区间与拐点。

(1) $y=2x^3+3x^2+x-1$　　(2) $y=xe^{-x}$

(3) $y=\ln(x^2+1)$　　(4) $y=e^{\arctan x}$

3. 已知曲线 $y=x^3+ax^2-9x+4$ 在 $x=1$ 处有拐点，求系数 a，并求曲线的凹凸区间和拐点坐标。

4. a，b 为何值时，点（1，2）为曲线 $y=ax^3+bx^2$ 的拐点？

3.5 函数的最大值与最小值

案例导入

烟囱向其周围地区散落烟尘造成环境污染，已知落在地面某处的烟尘浓度与该处到烟囱距离的平方成反比，而与该烟囱喷出的烟尘量成正比。现有 A、B 两座烟囱相距 20km，其中 B 烟囱喷出的烟尘量是 A 烟囱的 8 倍，试求两座烟囱连线上的点 C，使该点的烟尘浓度最低。

案例分析

由题意知，要确定某点的烟尘浓度最低，由于其烟尘浓度源自这两座烟囱，与其距离密切相关，因此可考虑先假设与某个烟囱的距离，从而表示出相应的烟尘浓度，再确定其最小值即可。

在工农业生产、工程技术及科学实验中，常常会遇到这样一类问题：在一定条件下，怎样使“产品最多”“用料最省”“成本最低”“效率最高”等。这类问题在数学上有时可归结为求某一函数（通常称为目标函数）的最大值或最小值问题。

一、极值与最值的关系

设函数 $f(x)$ 在闭区间 $[a, b]$ 上连续，则函数的最大值和最小值一定存在。函数的最大值和最小值有可能在区间的端点取得，如果最大值不在区间的端点取得，则必在开区间 (a, b) 内取得，在这种情况下，最大值一定是函数的极大值。因此，函数在闭区间 $[a, b]$ 上的最大值一定是函数的所有极大值和函数在区间端点的函数值中的最大者；同理，函数在闭区间 $[a, b]$ 上的最小值一定是函数的所有极小值和函数在区间端点的函数值中的最小者。

二、最大值和最小值的求法

设 $f(x)$ 在 (a, b) 内的驻点和不可导点（它们是可能的极值点）为 x_1，x_2，…，x_n，比较 $f(a)$，$f(x_1)$，…，$f(x_n)$，$f(b)$ 的大小，其中最大的便是函数 $f(x)$ 在 $[a, b]$ 上的最大值，最小的便是函数 $f(x)$ 在 $[a, b]$ 上的最小值。

函数的最值

例 1 求函数 $f(x)=2x^3+3x^2-12x+14$ 在 $[-3, 4]$ 上的最大值与最小值。

解 因为 $f'(x)=6x^2+6x-12=6(x+2)(x-1)$，令 $f'(x)=0$，

则 $x_1=-2, x_2=1$。计算 $f(-2)=34$，$f(1)=7$，$f(-3)=23$，$f(4)=142$。

所以函数 $f(x)$ 在 $[-3, 4]$ 上的最大值为 $f(4)=142$，最小值为 $f(1)=7$。

例2 如图3-9所示，铁路线上 AB 段的距离为100km。工厂 C 距 A 处为20km，AC 垂直于 AB。为了运输需要，要在 AB 线上选定一点 D 向工厂修筑一条公路。已知铁路每千米货运的运费与公路上每千米货运的运费之比为3∶5。为了使货物从供应站 B 运到工厂 C 的运费最省，问 D 点应选在何处？

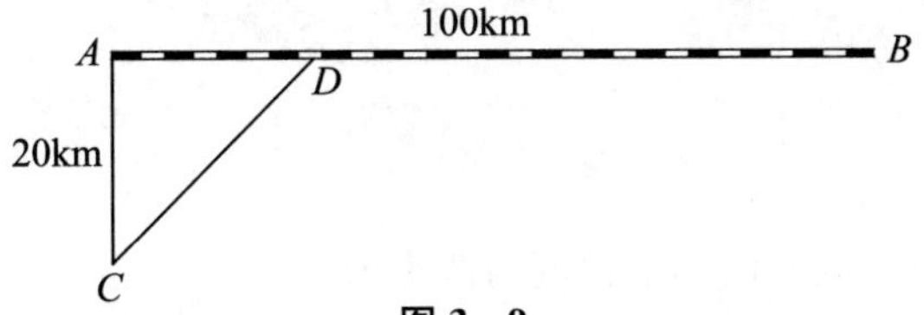

图3-9

解 设 $AD=x$（km），则 $DB=100-x$，$CD=\sqrt{20^2+x^2}=\sqrt{400+x^2}$。

设从 B 点到 C 点需要的总运费为 y，那么

$$y=5k\cdot CD+3k\cdot DB\ （k\text{ 是某个正数}）$$

即

$$y=5k\sqrt{400+x^2}+3k(100-x)\quad(0\leqslant x\leqslant 100)$$

现在，问题就归结为：x 在 $[0, 100]$ 内取何值时目标函数 y 的值最小。

先求 y 对 x 的导数：$y'=k\left(\dfrac{5x}{\sqrt{400+x^2}}-3\right)$，令 $y'=0$，得 $x=15$（km）。

由于 $y|_{x=0}=400k$，$y|_{x=15}=380k$，$y|_{x=100}=100\sqrt{26}k$，其中以 $y|_{x=15}=380k$ 为最小，因此当 $AD=x=15$km 时，总运费为最省。

注：

在实际问题中，往往根据问题的性质就可以断定函数 $f(x)$ 确实有最大值或最小值，而且一定在定义区间内取得。这时如果 $f(x)$ 在定义区间内只有一个驻点 x_0，那么不必讨论 $f(x_0)$ 是否是极值，就可以断定 $f(x_0)$ 是最大值或最小值。

案例解决

不妨设A烟囱喷出的烟尘量是1，而B烟囱喷出的烟尘量是8，设 $AC=x$（其中 $0<x<20$），所以 $BC=20-x$，依题意得点 C 处的烟尘浓度 $y=\dfrac{k}{x^2}+\dfrac{8k}{(20-x)^2}$（其中 k 是比例系数，且 $k>0$），则

$$y'=\frac{2k(3x-20)(3x^2+400)}{x^3(20-x)^3}$$

令 $y'=0$，即 $(3x-20)(3x^2+400)=0$，又 $0<x<20$，所以 $x=\frac{20}{3}$ 是唯一驻点。

故当 $x=\frac{20}{3}$ 时，y 取得最小值，即当点 C 位于距点 A $\frac{20}{3}$km 处时，该点的烟尘浓度最低。

习题 3.5

1. 求下列函数在给定区间内的最大值与最小值。

(1) $y=x^4-2x^2+5$，$[-2, 2]$

(2) $y=\sin 2x-x$，$[-\pi, \pi]$

(3) $y=x+\sqrt{1-x}$，$[-2, 1]$

(4) $y=2x^3-6x^2-18x+5$，$[1, 4]$

2. 设两个正数之和为定数，求其积的最大值。

3. 从长为 12cm、宽为 8cm 的矩形纸板的四个角剪去相同的小正方形，折成一个无盖的盒子，要使盒子的容积最大，剪去的小正方形的边长应为多少？

4. 求证：面积一定的所有矩形中，正方形周长最短。

5. 某车间靠墙壁要盖一间长方形小屋，现在存砖只能够砌成 20m 长的墙壁。问：应围成怎样的长方形才能使这间小屋的面积最大？

3.6 函数图形的描绘

在前面几节中，我们利用导数研究了函数的单调性、极值，曲线的凹凸性、拐点。综合这些内容，我们可以知道函数在定义区间内的变化特征，从而对函数的图形在某一区间的变化轮廓有了较为全面的了解，这样就可以比较准确地描绘函数的图形。

一、曲线的渐近线

在平面上，当曲线向无穷远处延伸时，有些曲线会逐渐地靠近一条直线，为了较好地把握曲线的这种变化趋势，常常需要确定曲线的渐近线。对渐近线有下面的定义。

定义 如果 $\lim\limits_{x\to\infty}f(x)=c$，则直线 $y=c$ 是曲线 $y=f(x)$ 的**水平渐近线**；如果 $\lim\limits_{x\to x_0}f(x)=\infty$，则直线 $x=x_0$ 是曲线 $y=f(x)$ 的**垂直渐近线**。

这样我们可以利用极限求曲线的渐近线。

例如，曲线 $y=\frac{1}{x}$，由于 $\lim\limits_{x\to\infty}\frac{1}{x}=0$，故曲线 $y=\frac{1}{x}$ 有水平渐近线 $y=0$；由于 $\lim\limits_{x\to 0}\frac{1}{x}=\infty$，故曲线 $y=\frac{1}{x}$ 有垂直渐近线 $x=0$。

又如，由于 $\lim\limits_{x\to+\infty}\arctan x=\frac{\pi}{2}$，$\lim\limits_{x\to-\infty}\arctan x=-\frac{\pi}{2}$，故曲线 $y=\arctan x$ 有两条水平渐近线 $y=\frac{\pi}{2}$ 和 $y=-\frac{\pi}{2}$；由于 $\lim\limits_{x\to 0^+}\ln x=-\infty$，故曲线 $y=\ln x$ 有垂直渐近线 $x=0$。

二、描绘函数图形的一般步骤

（1）确定函数 $y=f(x)$ 的定义域；

（2）求出 $f'(x)$，$f''(x)$；

（3）用一、二阶导数为零的点和一、二阶导数不存在的点（如果有间断点，间断点也要作为分点）划分定义区间，列表讨论在各部分区间上曲线的升降、凹凸、拐点，以及函数的极值；

（4）如果曲线有渐近线，求出渐近线；

（5）综合以上结论，用平滑曲线连接画出函数图形。

注：

作图时利用函数的奇偶性、周期性可以简化作图过程，有时为使图形准确些，还要补充描出一些关键点（如曲线与坐标轴的交点、曲线的端点）。

例 画出函数 $y=x^3-x^2-x+1$ 的图形。

解 （1）函数的定义域为 $(-\infty,+\infty)$。

（2）$f'(x)=3x^2-2x-1=(3x+1)(x-1)$，$f''(x)=6x-2=2(3x-1)$。

令 $f'(x)=0$，得 $x_1=-\frac{1}{3}$，$x_2=1$；令 $f''(x)=0$，得 $x_3=\frac{1}{3}$。

（3）列表分析如下（见表3-7）：

表3-7

x	$\left(-\infty,-\frac{1}{3}\right)$	$-\frac{1}{3}$	$\left(-\frac{1}{3},\frac{1}{3}\right)$	$\frac{1}{3}$	$\left(\frac{1}{3},1\right)$	1	$(1,+\infty)$
$f'(x)$	+	0	−	−	−	0	+
$f''(x)$	−	−	−	0	+	+	+
$f(x)$	∩↗	极大	∩↘	拐点	∪↘	极小	∪↗

（4）当 $x\to+\infty$ 时，$y\to+\infty$；当 $x\to-\infty$ 时，$y\to-\infty$。

（5）求特殊点的函数值：

$$f\left(-\frac{1}{3}\right)=\frac{32}{27},\ f\left(\frac{1}{3}\right)=\frac{16}{27},\ f(1)=0,$$

$$f(0)=1,\ f(-1)=0,\ f\left(\frac{3}{2}\right)=\frac{5}{8}$$

（6）描点连线画出图形（如图 3-10 所示）：

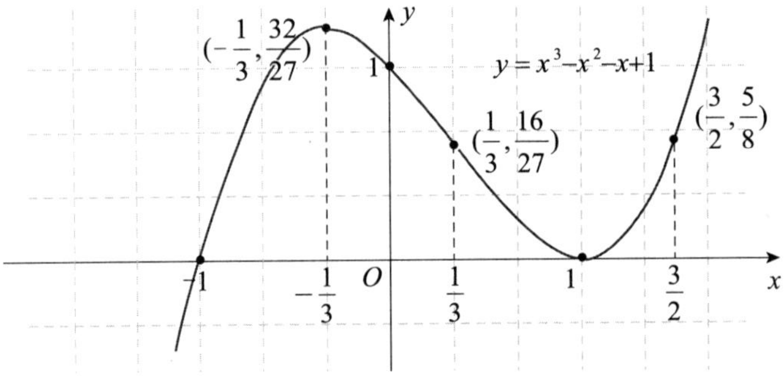

图 3-10

习题 3.6

1. 求下列曲线的渐近线。

（1）$y=\dfrac{1}{1-x^2}$　　（2）$y=x^2+\dfrac{1}{x}$

（3）$y=\dfrac{x}{x-1}$　　（4）$y=e^{-(x-1)^2}$

2. 作出下列函数的图像。

（1）$y=2-x-x^3$　　（2）$y=\ln(x^2+1)$

（3）$y=x^3-3x^2$　　（4）$y=\dfrac{x}{1+x^2}$

3.7　Matlab 中导数的应用

一、函数的单调性与极值

例 1　求函数 $f(x)=x^3-4x^2-3x$ 的极值。

解　利用 Matlab，在命令窗口中输入命令：

```
>>symsx;f = x^3 - 4 * x^2 - 3 * x;
d1 = diff(f,x);d2 = diff(f,x,2);
solve(d1,x)
```

按回车键，得到：

```
ans = 3
 - 1/3
```

输入：

```
>> subs(d2,x,3)
subs(d2,x,-1/3)
```

按回车键，得到：

```
ans = 10
ans = -10
```

输入：

```
>> subs(f,x,3)
subs(f,x,-1/3)
```

按回车键，得到：

```
ans = -18
ans = 0.518 5
```

所以 $f(x)$ 在点 $x=-\frac{1}{3}$ 处取极大值，且极大值为 $f\left(-\frac{1}{3}\right)=0.518\ 5$；$f(x)$ 在点 $x=3$ 处取极小值，且极小值为 $f(3)=-18$。

二、曲线的凹凸性与函数图像的描绘

例 2 作出 $y=2\sin x+x\cos x$ 在 $[-8,8]$ 上的图像。

解 利用 Matlab，在命令窗口中输入命令：

```
>>syms x
ezplot(2*sin(x)+x*cos(x),[-8,+8])
```

函数图像如图 3-11 所示。

例 3 作出 $y=e^x+x^3-x^2+2x$ 在 $[-5,5]$ 上的网格图像。

解 利用 Matlab，在命令窗口中输入命令：

```
>>syms x
ezplot(exp(x)+x^3-x^2+2*x,[-5,+5]),grid
```

函数图像如图 3-12 所示。

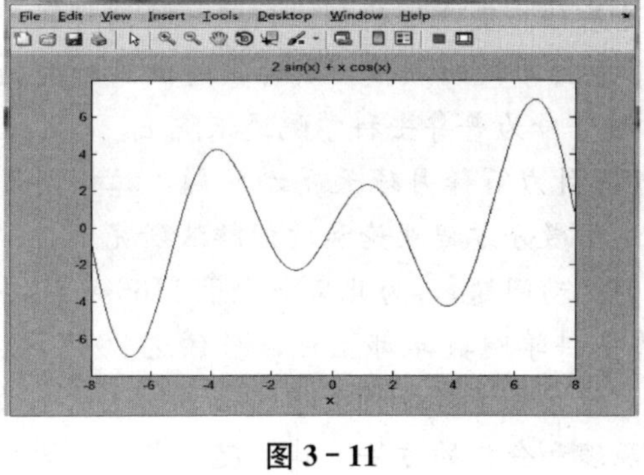

图 3-11

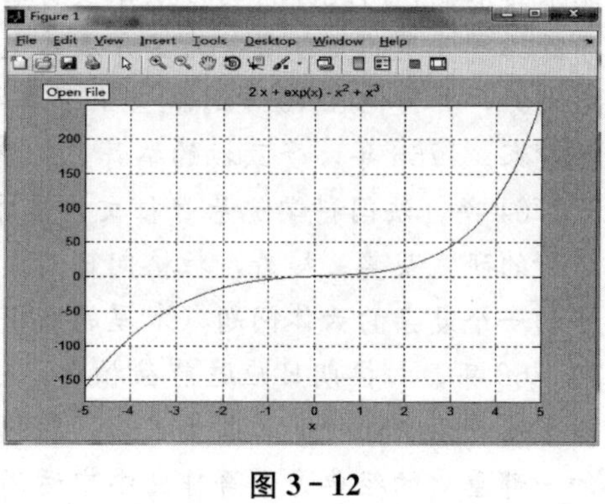

图 3-12

习题 3.7

1. 求函数 $y=(x+1)^{\frac{2}{3}}(x-3)^2$ 的单调区间与极值。
2. 作出函数 $y=x^3-x^2-x+1$ 的图像。

拓展阅读

数学家拉格朗日

拉格朗日（Joseph Louis Lagrange，1736—1813）

拉格朗日于1736年1月25日生于意大利都灵，1813年4月10日卒于巴黎。他在数学、力学和天文学三个学科领域中都有历史性的贡献，其中尤以数学方面的成就最为突出。

拉格朗日的父亲是法国陆军骑兵里的一名军官，后由于经商破产，家道中落。据拉格朗日本人回忆，如果幼年时家境富裕，他也就不会做数学研究了，因为父亲一心想把他培养成为一名律师，但拉格朗日自己却对法律毫无兴趣。

到了青年时代，在数学家雷维里（Revelli）的教导下，拉格朗日喜爱上了几何学。17岁时，他读了英国天文学家哈雷（Edmond Halley）的一篇介绍牛顿微积分成就的短文《论分析方法的优点》后，感觉到“分析才是自己最热爱的学科”。从此他迷上了数学分析，开始专攻当时迅速发展的数学分析。

18岁时，拉格朗日用意大利语写了第一篇论文，是用牛顿二项式定理处理两个函数乘积的高阶微商。接着，他又将论文用拉丁语写成，寄给了当时在柏林科学院任职的数学家欧拉（Leonhard Euler）。不久后，他获知这一成果早在半个世纪前就被莱布尼茨取得了。不过，这个并不幸运的开端并未使拉格朗日灰心，相反，更坚定了他投身数学分析领域的信心。

1755年拉格朗日19岁时，在探讨数学难题“等周问题”的过程中，他以欧拉的思路和结果为依据，用纯分析的方法求变分极值。第一篇论文《极大和极小的方法研究》，发展了欧拉所开创的变分法，为变分法奠定了理论基础。变分法的创立，使拉格朗日在都灵声名大振，并使他在19岁时就当上了都灵皇家炮兵学校的教授，成为当时欧洲公认的一流数学家。1756年，受欧拉的举荐，拉格朗日被任命为普鲁士科学院通讯院士。

1764年，法国科学院悬赏征文，要求用万有引力解释月球天平动问题，拉格朗日对此进行的研究获奖。接着，拉格朗日又成功地运用微分方程理论和近似解法研究了科学院提出的一个复杂的六体问题（木星的四个卫星的运动问题），为此又一次于1766年获奖。

1766年，拉格朗日应邀前往柏林，任普鲁士科学院数学部主任，居住达20年之久，开始了他一生科学研究的鼎盛时期。在此期间，他完成了《分析力学》一书，这是牛顿之后的一部重要的经典力学著作。书中运用变分原理和分析的方法，建立起完整和谐的力学体系，使力学分析化。他在序言中宣称：力学已经成为分析的一个分支。

1783年，拉格朗日的故乡建立了“都灵科学院”，他被任命为名誉院长。1786年，拉格朗日接受了当时的法国国王路易十六的邀请，离开柏林，定居巴黎，直至去世。

资料来源：何晓波. 数学家的故事［M］. 成都：四川大学出版社，2015.

复习题3

一、求下列函数的极限。

1. $\lim\limits_{x\to a}\dfrac{\sin x-\sin a}{x-a}$

2. $\lim\limits_{x\to 0}\dfrac{x-\arctan x}{x^3}$

3. $\lim\limits_{x\to\frac{\pi}{4}}\dfrac{\tan x-1}{\sin 4x}$

4. $\lim\limits_{x\to+\infty}\dfrac{x^3}{e^x}$

5. $\lim\limits_{x\to+\infty}\dfrac{x^2+\ln x}{x\ln x}$

6. $\lim\limits_{x\to 0^+}\sin x\ln x$

7. $\lim\limits_{x\to+\infty}x(e^{-x}-1)$

8. $\lim\limits_{x\to 0}\left(\dfrac{1}{x}-\dfrac{1}{\sin x}\right)$

二、求下列函数的单调区间。

1. $y=x^3-3x^2-9x-1$

2. $y=xe^x$

三、求下列函数的极值。

1. $y=\dfrac{\ln^2 x}{x}$

2. $y=\dfrac{2x}{1+x^2}$

四、求下列曲线的凹凸区间和拐点。

1. $y=\dfrac{\ln x}{x}$

2. $y=x^4-6x^3+12x^2-10$

3. $y=\dfrac{2x}{\ln x}$

五、已知函数 $f(x)=ax^3+bx^2+cx+d$，当 $x=-3$ 时，取得极小值 $f(-3)=-2$，当 $x=3$ 时，取得极大值 $f(3)=6$，确定 a，b，c，d 的值。

六、作下列函数的图像。

1. $y=\dfrac{e^x}{x}$

2. $y=\dfrac{x}{x^2+1}$

3. $y=\dfrac{1}{2}(e^x-e^{-x})$

4. $y=\dfrac{x^2}{x^2-1}$

第4章　不定积分

前面我们已经学习了一元函数的微分学，讨论了求已知函数导数（或微分）的问题。但是在科学技术中，常常需要研究与此相反的问题，即已知一个函数的导数，求出这个函数。这种由函数的导数（或微分）求出原函数的问题是积分学的一个基本问题——不定积分。本章将研究不定积分的概念、性质和基本积分方法。

- 不定积分
  - 不定积分的概念与性质
    - 基本概念
      - 原函数
      - 不定积分的概念
    - 不定积分的性质
  - 不定积分的基本公式和直接积分法
    - 基本积分公式
    - 直接积分法
  - 换元积分法
    - 第一类换元积分法（凑微分）
    - 第二类换元积分法
      - 根式代换
      - 三角代换
  - 分部积分法
  - 利用Matlab求不定积分

4.1 不定积分的概念与性质

案例导入

已知自由落体在任意时刻 t 的速度函数 $v(t)=gt$，又知 $t=0$ 时位移 $s=0$，求自由落体的运动规律。

案例分析

根据物理学的力学知识知 $s'(t)=v(t)=gt$，该问题就是已知函数$v(t)$，求函数 $s(t)$ 使其导函数 $s'(t)$ 等于 $v(t)$，即求导数的逆问题。为了解决这类问题，我们引入原函数的概念。

一、原函数

定义 1 设函数 $F(x)$ 和 $f(x)$ 在区间 I 上有定义，若对 $\forall x\in I$，有 $F'(x)=f(x)$ 或 $\mathrm{d}F(x)=f(x)\mathrm{d}x$，则称 $F(x)$ 是 $f(x)$ 在区间 I 上的一个**原函数**。

例如，因为 $(\sin x)'=\cos x$，所以 $\sin x$ 是 $\cos x$ 在区间 $(-\infty, +\infty)$ 上的一个原函数。又如，因为 $(x^3)'=3x^2$，所以 x^3 是 $3x^2$ 在区间 $(-\infty, +\infty)$ 上的一个原函数。可以看出，求已知函数 $f(x)$ 的原函数就是找到这样一个函数 $F(x)$，使得 $F'(x)=f(x)$。

研究原函数，需要解决两个问题：在什么条件下，函数的原函数存在？如果存在，是否只有一个？

定理（原函数存在定理） 若函数 $f(x)$ 在区间 I 上连续，则它在该区间上存在原函数。

由于初等函数在其有定义的区间上是连续的，由定理可知，每个初等函数在其定义区间上都有原函数。

设 C 是任意常数，因为 $(x^3+C)'=3x^2$，所以 x^3+C 也是 $3x^2$ 的原函数；C 每取定一个实数，就得到 $3x^2$ 的一个原函数，从而 $3x^2$ 有无穷多个原函数。由此可见，若一个函数存在原函数，那么它的原函数不是唯一的。

原函数有如下特性：

(1) 若函数 $F(x)$ 是函数 $f(x)$ 的一个原函数，则函数族 $F(x)+C$（C 为任意常数）也是函数 $f(x)$ 的原函数；

(2) 函数 $f(x)$ 的任意两个原函数之间仅相差一个常数。

上述表明，若函数 $f(x)$ 有原函数，则它必有无穷多个原函数；若函数 $F(x)$ 是其中一个，则这无穷多个原函数都可以写成 $F(x)+C$ 的形式。

二、不定积分的概念

定义 2 函数 $f(x)$ 的所有原函数称为 $f(x)$ 的**不定积分**，记作 $\int f(x)\mathrm{d}x$，其中符号 $\int$ 为积分号，$f(x)$ 称为被积函数，$f(x)\mathrm{d}x$ 称为被积表达式，x 称为积分变量。

不定积分的概念

由定义可知，$f(x)$ 的不定积分是 $f(x)$ 的原函数的全体，是一族函数，即若 $F(x)$ 是函数 $f(x)$ 的一个原函数，则 $\int f(x)\mathrm{d}x = F(x)+C$，其中，$C$ 为任意实数，称为积分常数。

例如：$\int \cos x\mathrm{d}x = \sin x + C$，$\int 3x^2\mathrm{d}x = x^3 + C$。

例 1 求 $\int \sin x\mathrm{d}x$。

解 因为 $(-\cos x)'=\sin x$，即 $-\cos x$ 是 $\sin x$ 的一个原函数，所以

$$\int \sin x\mathrm{d}x = -\cos x + C$$

例 2 求 $\int x^{\alpha}\mathrm{d}x(\alpha \neq -1)$。

解 因为 $(x^{\alpha+1})'=(\alpha+1)x^{\alpha}$，所以 $\left(\frac{1}{\alpha+1}x^{\alpha+1}\right)'=x^{\alpha}$，于是

$$\int x^{\alpha}\mathrm{d}x = \frac{1}{\alpha+1}x^{\alpha+1} + C$$

由例 2 可得

$$\int x^3\mathrm{d}x = \frac{1}{3+1}x^{3+1} + C = \frac{1}{4}x^4 + C$$

$$\int \frac{1}{x^2}\mathrm{d}x = \int x^{-2}\mathrm{d}x = \frac{1}{-2+1}x^{-2+1} + C = -\frac{1}{x} + C$$

$$\int \sqrt{x}\,\mathrm{d}x = \int x^{\frac{1}{2}}\mathrm{d}x = \frac{1}{\frac{1}{2}+1}x^{\frac{1}{2}+1} + C = \frac{2}{3}x^{\frac{3}{2}} + C$$

$$\int \frac{1}{\sqrt{x}}\mathrm{d}x = \int x^{-\frac{1}{2}}\mathrm{d}x = \frac{1}{-\frac{1}{2}+1}x^{-\frac{1}{2}+1} + C = 2\sqrt{x} + C$$

例 3 求 $\int \frac{1}{x}\mathrm{d}x$。

解 当 $x>0$ 时，因为 $(\ln x)'=\frac{1}{x}$，所以 $\int \frac{1}{x}\mathrm{d}x = \ln x + C$；

当 $x<0$ 时，因为 $[(\ln(-x)]'=\frac{1}{-x}\cdot(-1)$，所以 $\int\frac{1}{x}\mathrm{d}x=\ln(-x)+C$。

将上面两式综合起来，当 $x\neq0$ 时，就有 $\int\frac{1}{x}\mathrm{d}x=\ln|x|+C$。

三、不定积分的几何意义

从几何上看，函数 $f(x)$ 的任意一个原函数 $F(x)$ 的图形是一条曲线，因此，不定积分 $\int f(x)\mathrm{d}x$ 是一族曲线，称为函数 $f(x)$ 的积分曲线族。这一族积分曲线可以由其中任一条沿着 y 轴平行移动而得到。在每一条积分曲线上横坐标相同的点 x 处作切线，切线互相平行，其斜率都是 $f(x)$（如图 4－1 所示）。

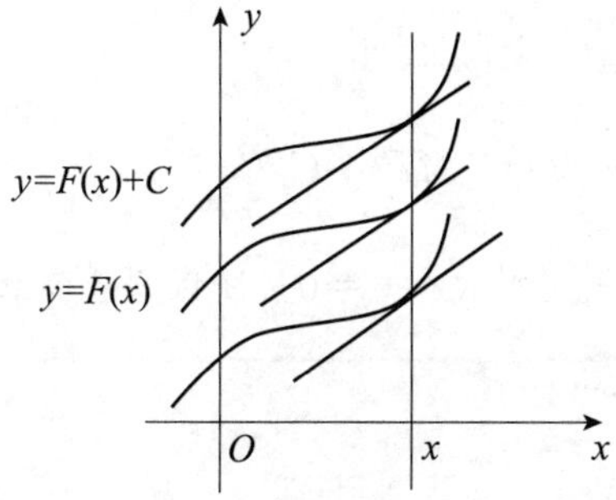

图 4－1

例 4 求过点 (1，2) 且在任意一点 $P(x，y)$ 处切线的斜率为 $2x$ 的曲线方程。

解 设所求的曲线方程为 $y=F(x)$。

由导数的几何意义有，$F'(x)=2x$，而 $\int2x\mathrm{d}x=x^2+C$，于是

$$y=F(x)=x^2+C$$

因为曲线过点 (1，2)，将 $x=1$，$y=2$ 代入上式可得 $C=1$。

所以所求的曲线方程为 $y=x^2+1$。

四、不定积分的性质

性质 1 求不定积分与求导数（或微分）互为逆运算。

(1) $\frac{\mathrm{d}}{\mathrm{d}x}\left[\int f(x)\mathrm{d}x\right]=f(x)$ 或 $\mathrm{d}\left[\int f(x)\mathrm{d}x\right]=f(x)\mathrm{d}x$；

(2) $\int F'(x)\mathrm{d}x=F(x)+C$ 或 $\int\mathrm{d}F(x)=F(x)+C$。

也就是说，不定积分的导数（或微分）等于被积函数（或被积表达式）。例如，$\left(\int\cos x\mathrm{d}x\right)'=(\sin x+C)'=\cos x$。

对一个函数的导数（或微分）求不定积分，其结果与此函数仅相差一个积分常数。例如，$\int\mathrm{d}(\sin x)=\int\cos x\mathrm{d}x=\sin x+C$。

性质 2 被积函数中不为零的常数因子 k 可以提到积分符号的前面，即

$$\int kf(x)\mathrm{d}x = k\int f(x)\mathrm{d}x(k \neq 0)$$

性质 3 两个函数代数和的不定积分等于它们的不定积分的代数和，即

$$\int[f(x) \pm g(x)]\mathrm{d}x = \int f(x)\mathrm{d}x \pm \int g(x)\mathrm{d}x$$

上式可以推广到任意有限多个函数的代数和的情形，即

$$\int[f_1(x) \pm f_2(x) \pm \cdots \pm f_n(x)]\mathrm{d}x = \int f_1(x)\mathrm{d}x \pm \int f_2(x)\mathrm{d}x \pm \cdots \pm \int f_n(x)\mathrm{d}x$$

案例解决

设自由落体的运动规律为 $s = s(t)$，则 $s'(t) = v(t) = gt$。

因为 $\left(\frac{1}{2}gt^2 + C\right)' = gt$，所以得出

$$s = \int v(t)\mathrm{d}t = \int gt\,\mathrm{d}t = \frac{1}{2}gt^2 + C$$

又由 $t=0$ 时 $s=0$，代入上式得 $C=0$，所以自由落体的运动规律为：$s=\frac{1}{2}gt^2$。

习题 4.1

1. 填空题。

(1) 若 $\int f(x)\mathrm{d}x = x\mathrm{e}^x + C$，则 $f(x) =$____________。

(2) 若 $f(x) = \sin x + \cos x$，则 $\int f'(x)\mathrm{d}x =$____________。

2. 判断下列各式或结论是否正确。

(1) 若 $F'(x) = f(x)$，则 $\int F(x)\mathrm{d}x = f(x) + C$。(　　)

(2) $\frac{\mathrm{d}}{\mathrm{d}x}\left[\int f(x)\mathrm{d}x\right] = f(x)$。(　　)

(3) $\int f'(x)\mathrm{d}x = f(x)$。(　　)

(4) 对于曲线 $y = \int f(x)\mathrm{d}x$ 在横坐标 x 处的切线，其斜率都是 $f'(x)$。(　　)

3. 单项选择题。

(1) 设 $f(x)$ 的一个原函数为 $\ln x$，则 $f'(x) =$ (　　)。

A. $\frac{1}{x}$　　B. $-\frac{1}{x^2}$　　C. $x\ln x$　　D. e^x

(2) 设 $F_1(x)$，$F_2(x)$ 是区间 I 内连续函数 $f(x)$ 的两个不同的原函数，且 $f(x) \neq 0$，则在区间 I 内必有 (　　)。

A. $F_1(x) + F_2(x) = C$　　B. $F_1(x) \cdot F_2(x) = C$

C. $F_1(x) = CF_2(x)$　　D. $F_1(x) - F_2(x) = C$

4. 求下列曲线方程 $y=f(x)$：

(1) 已知曲线通过点（0，1），且其上任意一点处的切线斜率等于该点横坐标的平方。

(2) 已知曲线在任意点 x 处的切线斜率为 $3x^2$，且曲线过点（1，2）。

(3) 已知曲线过点（e，2），且在任意一点处的切线斜率等于该点横坐标的倒数。

4.2 不定积分的基本公式和直接积分法

案例导入

列车快进站时必须减速。若列车减速后的速度为 $v(t)=1-\frac{1}{3}t$（千米/分钟），问：列车应该在离站台多远的地方开始减速？

案例分析

题目即求列车从进站减速到停下来所经过的路程。列车减速后作变速直线运动，由导数的物理意义可知，列车减速后的速度 $v(t)$ 为其所走路程 $s(t)$ 对时间 t 的导数，即 $v(t)=s'(t)$。下面我们通过进行不定积分计算解决这个问题。

一、基本积分公式

由于不定积分与求导互为逆运算，因此可以由导数的基本公式对应地得到不定积分的基本公式。列表如下（见表 4-1）：

表 4-1

$\int k\mathrm{d}x=kx+C$	$\int\frac{1}{x}\mathrm{d}x=\ln\|x\|+C$
$\int x^{\alpha}\mathrm{d}x=\frac{1}{\alpha+1}x^{\alpha+1}+C(\alpha\neq-1)$	$\int \mathrm{e}^{x}\mathrm{d}x=\mathrm{e}^{x}+C$
$\int a^{x}\mathrm{d}x=\frac{a^{x}}{\ln a}+C(a>0,\ a\neq1)$	$\int\cos x\mathrm{d}x=\sin x+C$
$\int\sin x\mathrm{d}x=-\cos x+C$	$\int\csc^2 x\mathrm{d}x=\int\frac{1}{\sin^2 x}\mathrm{d}x=-\cot x+C$
$\int\sec^2 x\mathrm{d}x=\int\frac{1}{\cos^2 x}\mathrm{d}x=\tan x+C$	$\int\csc x\cot x\mathrm{d}x=-\csc x+C$
$\int\sec x\tan x\mathrm{d}x=\sec x+C$	$\int\frac{1}{1+x^2}\mathrm{d}x=\arctan x+C=-\mathrm{arccot}x+C$
$\int\frac{1}{\sqrt{1-x^2}}\mathrm{d}x=\arcsin x+C=-\arccos x+C$	

这些公式是求不定积分的基础，请读者务必熟记。

二、直接积分法

直接积分法

在求积分问题时，直接用基本积分公式和不定积分的运算性质，有时须先将被积函数进行适当的恒等变形（包括代数变换和三角变换），便可求出一些函数的不定积分。通常把这种求不定积分的方法叫做直接积分法。

例 1 求 $\int\left(3x-\frac{2}{x}+4e^x-\cos x\right)dx$。

解 $\int\left(3x-\frac{2}{x}+4e^x-\cos x\right)dx=3\int xdx-2\int\frac{1}{x}dx+4\int e^x dx-\int\cos xdx$

$=\frac{3}{2}x^2-2\ln|x|+4e^x-\sin x+C$。

例 2 求 $\int\frac{(x-1)^2}{\sqrt{x}}dx$。

解 $\int\frac{(x-1)^2}{\sqrt{x}}dx=\int\frac{x^2-2x+1}{\sqrt{x}}dx=\int x^{\frac{3}{2}}dx-2\int x^{\frac{1}{2}}dx+\int x^{-\frac{1}{2}}dx$

$=\frac{2}{5}x^{\frac{5}{2}}-\frac{4}{3}x^{\frac{3}{2}}+2x^{\frac{1}{2}}+C$。

例 3 求 $\int\frac{2x^2}{1+x^2}dx$。

解 $\int\frac{2x^2}{1+x^2}dx=2\int\frac{(x^2+1)-1}{1+x^2}dx=2\int\left(1-\frac{1}{1+x^2}\right)dx=2(x-\arctan x)+C$。

例 4 求 $\int 3^x e^x dx$。

解 $\int 3^x e^x dx=\int(3e)^x dx=\frac{(3e)^x}{\ln 3e}+C=\frac{3^x e^x}{1+\ln 3}+C$。

例 5 求 $\int\tan^2 xdx$。

解 $\int\tan^2 xdx=\int(\sec^2 x-1)dx=\tan x-x+C$。

例 6 求 $\int\sin^2\frac{x}{2}dx$。

解 $\int\sin^2\frac{x}{2}dx=\int\frac{1-\cos x}{2}dx=\frac{1}{2}x-\frac{1}{2}\sin x+C$。

例 7 求 $\int\frac{1}{\sin^2 x\cos^2 x}dx$。

解 $\int\frac{1}{\sin^2 x\cos^2 x}dx=\int\frac{\sin^2 x+\cos^2 x}{\sin^2 x\cos^2 x}dx=\int\left(\frac{1}{\cos^2 x}+\frac{1}{\sin^2 x}\right)dx$

$=\tan x-\cot x+C$。

案例解决

当列车速度为 $v(t)=1-\frac{1}{3}t=0$ 时停下来，解出 $t=3$（分钟）。

由速度与路程的关系 $v(t)=s'(t)$ 知，路程 $s(t)$ 满足 $s'(t)=v(t)=1-\frac{1}{3}t$，且

$$s(0)=0$$

$$s(t)=\int v(t)\mathrm{d}t=\int\left(1-\frac{1}{3}t\right)\mathrm{d}t=t-\frac{1}{6}t^2+C$$

将 $s(0)=0$ 代入上式，得 $C=0$，故

$$s(t)=t-\frac{1}{6}t^2$$

列车从减速开始到停下来的3分钟内所经过的路程为 $s(3)=3-\frac{1}{6}\cdot 3^2=1.5$（千米），即列车在距站台1.5千米处开始减速。

习题 4.2

1. 求下列不定积分。

(1) $\int\left(3x^2-4-\frac{1}{x}+2^x\right)\mathrm{d}x$

(2) $\int(\mathrm{e}^x-3\cos x)\mathrm{d}x$

(3) $\int\left(\sin x+\frac{2}{\sqrt{1-x^2}}\right)\mathrm{d}x$

(4) $\int(3x^2-\sqrt[3]{x}+1)\mathrm{d}x$

(5) $\int(x-2)^2\mathrm{d}x$

(6) $\int\frac{(2x+1)^2}{\sqrt{x}}\mathrm{d}x$

(7) $\int(x^2+1)^2\mathrm{d}x$

(8) $\int\sqrt{x}(x^2-5)\mathrm{d}x$

(9) $\int 10^x\cdot 3^{2x}\mathrm{d}x$

(10) $\int\frac{1-x^2}{1+x^2}\mathrm{d}x$

(11) $\int\frac{x^4}{x^2+1}\mathrm{d}x$

(12) $\int\frac{1}{x^2(1+x^2)}\mathrm{d}x$

(13) $\int\cos^2\frac{x}{2}\mathrm{d}x$

(14) $\int\sec x(\sec x-\tan x)\mathrm{d}x$

(15) $\int\cot^2 x\mathrm{d}x$

(16) $\int\frac{\mathrm{d}x}{\cos 2x-1}$

(17) $\int\frac{\cos 2x}{\sin^2 x\cos^2 x}\mathrm{d}x$

(18) $\int\frac{\cos 2x}{\sin x+\cos x}\mathrm{d}x$

2. 一物体由静止开始运动，经 t 秒后的速度是 $3t^2$(m/s)，问：

(1) 在3秒后物体离开出发点的距离是多少？

(2) 物体走完360m需要多长时间？

3. 已知某质点在时刻 t 的速度为 $v=5t+2$，且当 $t=0$ 时路程 $s=8$，求此质点的运动方程。

4.3　换元积分法

案例导入

物体在空气中的冷却速度与物体和空气的温差成正比（服从冷却定律）。如果空气的温度为 20℃，一物体在 20min 内由 100℃冷却至 60℃，问：在多长时间内物体的温度冷却至 30℃？

案例分析

物体冷却速度为温度 T 对时间 t 的导数 $\frac{dT}{dt}$。冷却速度与物体和空气的温差成正比，即 $\frac{dT}{dt}=k(T-20)$。

利用直接积分法只能求出一些简单函数的不定积分，为解决更多的、较复杂的不定积分问题，需要进一步探讨求不定积分的其他方法。这一节和下一节中，我们将分别介绍求不定积分的两个主要方法：换元积分法和分部积分法。

换元积分法分为第一类换元积分法（凑微分法）和第二类换元积分法。

第一类换元积分法

一、第一类换元积分法

定理 1（第一类换元积分法） 设函数 $u=\varphi(x)$ 可导，若

$$\int f(u)\mathrm{d}u=F(u)+C$$

则

$$\int f(\varphi(x))\varphi'(x)\mathrm{d}x=\int f(\varphi(x))\mathrm{d}\varphi(x)=F(\varphi(x))+C \tag{4.1}$$

式（4.1）称为不定积分的第一类换元积分公式。利用第一类换元积分公式计算不定积分的方法称为**第一类换元积分法**。

第一类换元积分法的关键是能从被积函数中分离出因式 $\varphi'(x)$，使 $\varphi'(x)$ 与 $\mathrm{d}x$ 结合凑成微分 $\mathrm{d}[\varphi(x)]$，因此也称此换元法为**凑微分法**。可以用形象的式子表示如下：

$$\int f(\varphi(x))\varphi'(x)\mathrm{d}x \overset{\text{凑微分}}{=} \int f(\varphi(x))\mathrm{d}\varphi(x) \underset{\varphi(x)=u}{\overset{\text{换元}}{=}} \int f(u)\mathrm{d}u=F(u)+C \underset{u=\varphi(x)}{\overset{\text{变量还原}}{=}} F[\varphi(x)]+C$$

例 1　求 $\int \sin^3 x\cos x\mathrm{d}x$。

解 设 $u=\sin x$，则 $du=\cos x dx$。于是

$$\int \sin^3 x \cos x dx = \int \sin^3 x d\sin x = \int u^3 du = \frac{u^4}{4} + C = \frac{1}{4}\sin^4 x + C$$

例 2 求 $\int \frac{1}{x^2} e^{\frac{1}{x}} dx$。

解 设 $u=\frac{1}{x}$，则 $du=-\frac{1}{x^2}dx$。于是

$$\int \frac{1}{x^2} e^{\frac{1}{x}} dx = -\int e^{\frac{1}{x}} d\left(\frac{1}{x}\right) = -\int e^u du = -e^u + C = -e^{\frac{1}{x}} + C$$

变量替换的目的是便于使用不定积分的基本积分公式，当运算比较熟练时，就可以略去设中间变量的步骤。如例 2 的运算过程可以写为

$$\int \frac{1}{x^2} e^{\frac{1}{x}} dx = -\int e^{\frac{1}{x}} d\left(\frac{1}{x}\right) = -e^{\frac{1}{x}} + C$$

例 3 求 $\int x\sqrt{3+x^2}dx$。

解 $\int x\sqrt{3+x^2}dx = \frac{1}{2}\int \sqrt{3+x^2}d(3+x^2) = \frac{1}{2}\cdot\frac{2}{3}(3+x^2)^{\frac{3}{2}} + C = \frac{1}{3}(3+x^2)^{\frac{3}{2}} + C$。

例 4 求 $\int (1+2x)^3 dx$。

解 $\int (1+2x)^3 dx = \frac{1}{2}\int (1+2x)^3 d(1+2x) = \frac{1}{8}(1+2x)^4 + C$。

例 5 求 $\int \frac{\ln x + 1}{x}dx$。

解 $\int \frac{\ln x + 1}{x}dx = \int (\ln x + 1)d(\ln x + 1) = \frac{1}{2}(\ln x + 1)^2 + C$。

例 6 求 $\int \frac{\cos\sqrt{x}}{\sqrt{x}}dx$。

解 $\int \frac{\cos\sqrt{x}}{\sqrt{x}}dx = 2\int \cos\sqrt{x}\, d\sqrt{x} = 2\sin\sqrt{x} + C$。

例 7 求 $\int \tan x dx$。

解 $\int \tan x dx = \int \frac{\sin x}{\cos x}dx = -\int \frac{d(\cos x)}{\cos x} = -\ln|\cos x| + C$。

类似地可得：$\int \cot x dx = \ln|\sin x| + C$。

例 8 求 $\int \frac{1}{a^2+x^2}dx (a>0)$。

解 $\int \frac{1}{a^2+x^2}dx = \int \frac{1}{a^2\left(1+\frac{x^2}{a^2}\right)}dx = \frac{1}{a}\int \frac{d\left(\frac{x}{a}\right)}{1+\left(\frac{x}{a}\right)^2} = \frac{1}{a}\arctan\frac{x}{a} + C$。

类似地可得：$\int \frac{1}{\sqrt{a^2-x^2}}\mathrm{d}x=\arcsin\frac{x}{a}+C$。

例 9 求 $\int \frac{1}{a^2-x^2}\mathrm{d}x$。

解
$$\int \frac{1}{a^2-x^2}\mathrm{d}x=\int \frac{1}{(a+x)(a-x)}\mathrm{d}x=\frac{1}{2a}\int \frac{(a+x)+(a-x)}{(a+x)(a-x)}\mathrm{d}x$$
$$=\frac{1}{2a}\int\left(\frac{1}{a-x}+\frac{1}{a+x}\right)\mathrm{d}x$$
$$=\frac{1}{2a}\left[\int \frac{1}{a+x}\mathrm{d}(a+x)-\int \frac{1}{a-x}\mathrm{d}(a-x)\right]$$
$$=\frac{1}{2a}[\ln|a+x|-\ln|a-x|]+C$$
$$=\frac{1}{2a}\ln\left|\frac{a+x}{a-x}\right|+C。$$

由该例可知有：$\int \frac{1}{x^2-a^2}\mathrm{d}x=\frac{1}{2a}\ln\left|\frac{x-a}{x+a}\right|+C$。

例 10 求 $\int \sec x\mathrm{d}x$。

解
$$\int \sec x\mathrm{d}x=\int \frac{\sec x(\sec x+\tan x)}{\sec x+\tan x}\mathrm{d}x$$
$$=\int \frac{\mathrm{d}(\sec x+\tan x)}{\sec x+\tan x}=\ln|\sec x+\tan x|+C。$$

类似地可得：$\int \csc x\mathrm{d}x=\ln|\csc x-\cot x|+C$。

例 11 求 $\int \cos^2 x\mathrm{d}x$。

解
$$\int \cos^2 x\mathrm{d}x=\frac{1}{2}\int(1+\cos 2x)\mathrm{d}x=\frac{1}{2}x+\frac{1}{4}\int \cos 2x\mathrm{d}(2x)$$
$$=\frac{1}{2}x+\frac{1}{4}\sin 2x+C。$$

凑微分法是非常有用的，下面介绍一些常用的凑微分的等式。列表如下（见表 4－2）：

表 4－2

$\int f(ax+b)\mathrm{d}x=\frac{1}{a}\int f(ax+b)\mathrm{d}(ax+b)$	$u=ax+b$
$\int f(\ln x)\frac{1}{x}\mathrm{d}x=\int f(\ln x)\mathrm{d}(\ln x)$	$u=\ln x$
$\int f\left(\frac{1}{x}\right)\frac{1}{x^2}\mathrm{d}x=-\int f\left(\frac{1}{x}\right)\mathrm{d}\left(\frac{1}{x}\right)$	$u=\frac{1}{x}$

续表

$\int f(\sqrt{x})\frac{1}{\sqrt{x}}dx=2\int f(\sqrt{x})d(\sqrt{x})$	$u=\sqrt{x}$
$\int f(e^x)e^x dx=\int f(e^x)d(e^x)$	$u=e^x$
$\int f(\sin x)\cos x dx=\int f(\sin x)d(\sin x)$	$u=\sin x$
$\int f(\cos x)\sin x dx=-\int f(\cos x)d(\cos x)$	$u=\cos x$
$\int f(\arctan x)\frac{1}{1+x^2}dx=\int f(\arctan x)d(\arctan x)$	$u=\arctan x$
$\int f(\arcsin x)\frac{1}{\sqrt{1-x^2}}dx=\int f(\arcsin x)d(\arcsin x)$	$u=\arcsin x$

第一类换元积分法主要用于求复合函数的不定积分，实质上是复合函数求导法则的逆运算。

二、第二类换元积分法

第二类换元积分法

第一类换元积分法是将不定积分 $\int f(\varphi(x))\varphi'(x)dx$ 通过 $\varphi(x)=u$ 变换成不定积分 $\int f(u)du$ 。但有时也可将公式反过来使用，如果不定积分 $\int f(x)dx$ 不易直接应用基本积分公式计算，我们可以通过变量代换 $x=\varphi(t)$ ，将其转化为比较容易计算的不定积分 $\int f(\varphi(t))\varphi'(t)dt$ ，这就是第二类换元积分法。

定理 2（第二类换元积分法） 设函数 $f(x)$ 连续，$x=\varphi(t)$ 具有连续的导数 $\varphi'(t)$ ，且 $\varphi'(t)\neq 0$ ，$t=\varphi^{-1}(x)$ 是其反函数。若

$$\int f(\varphi(t))\varphi'(t)dt=F(t)+C$$

则

$$\int f(x)dx \overset{x=\varphi(t)}{=} \int f[\varphi(t)]\varphi'(t)dt=F[\varphi^{-1}(x)]+C \tag{4.2}$$

式（4.2）称为不定积分的**第二类换元积分公式**。

使用第二类换元积分法的关键是如何选择函数 $x=\varphi(t)$。下面通过例子说明。

例 12 求 $\int\frac{1}{1+\sqrt{x}}dx$。

解 被积函数中含有根式 $\sqrt{x}$，为去掉根式可设 $\sqrt{x}=t$，则 $x=t^2$，$dx=2tdt$。

$$\int\frac{1}{1+\sqrt{x}}dx=\int\frac{1}{1+t}d(t^2)=2\int\frac{t}{1+t}dt=2\int\frac{(t+1)-1}{1+t}dt$$

$$= 2\int\left(1-\frac{1}{1+t}\right)dt = 2(t-\ln|1+t|)+C$$
$$= 2(\sqrt{x}-\ln|1+\sqrt{x}|)+C$$

例 13 求 $\int\frac{1}{\sqrt{x}+\sqrt[3]{x}}dx$。

解 被积函数中含有两个根式 $\sqrt{x}$ 和 $\sqrt[3]{x}$，作变量替换 $\sqrt[6]{x}=t$，则 $x=t^6$，$dx=6t^5dt$。于是

$$\int\frac{1}{\sqrt{x}+\sqrt[3]{x}}dx=\int\frac{6t^5}{t^3+t^2}dt=6\int\frac{t^3}{1+t}dt=6\int\frac{(t^3+1)-1}{1+t}dt$$
$$=6\int\left(t^2-t+1-\frac{1}{1+t}\right)dt=2t^3-3t^2+6t-6\ln|1+t|+C$$
$$=2\sqrt{x}-3\sqrt[3]{x}+6\sqrt[6]{x}-6\ln(1+\sqrt[6]{x})+C$$

由例 12 和例 13 可以看出，如果被积函数中含有根式 $\sqrt[n]{ax+b}$（$a\neq0$），可作变量替换 $t=\sqrt[n]{ax+b}$ 去掉根式。

如果被积函数中含有 $\sqrt{a^2-x^2}$，$\sqrt{x^2+a^2}$，$\sqrt{x^2-a^2}$（$a>0$），可分别作 $x=a\sin t$，$x=a\tan t$，$x=a\sec t$ 的替换去掉根式，它们统称为三角代换。

例 14 求 $\int\sqrt{1-x^2}\,dx$。

解 设 $x=\sin t\left(-\frac{\pi}{2}\leqslant t\leqslant\frac{\pi}{2}\right)$，则 $\sqrt{1-x^2}=\sqrt{1-\sin^2 t}=\sqrt{\cos^2 t}=\cos t$，$dx=\cos t\,dt$。于是

$$\int\sqrt{1-x^2}\,dx=\int\sqrt{1-\sin^2 t}\cos t\,dt=\int\frac{1+\cos 2t}{2}dt$$
$$=\frac{1}{2}\left(t+\frac{1}{2}\sin 2t\right)+C=\frac{1}{2}(t+\sin t\cos t)+C$$
$$=\frac{1}{2}(\arcsin x+x\sqrt{1-x^2})+C$$

上面的计算过程在进行变量还原时，由所设的 $x=\sin t$，得到

$$t=\arcsin x,\cos t=\sqrt{1-\sin^2 t}=\sqrt{1-x^2}$$

也可用直角三角形边角之间的关系，由所设的 $x=\sin t$ 作出直角三角形（如图 4-2 所示），可知 $\cos t=\sqrt{1-x^2}$。

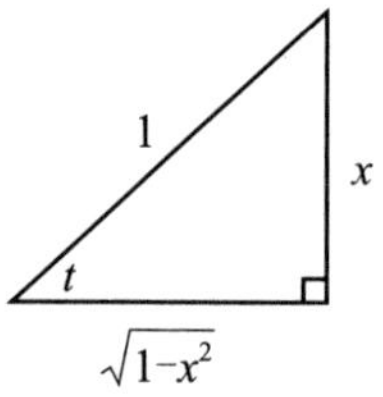

图 4-2

例 15 求 $\int\frac{1}{\sqrt{x^2+a^2}}dx$（$a>0$）。

解 设 $x=a\tan t$，则 $\sqrt{x^2+a^2}=\sqrt{a^2\tan^2 t+a^2}=\sqrt{a^2\sec^2 t}=a\sec t$，$dx=a\sec^2 t\,dt$。于是

$$\int\frac{1}{\sqrt{x^2+a^2}}dx=\int\frac{a\sec^2 t}{a\sec t}dt=\int\sec t\,dt=\ln|\sec t+\tan t|+C_1$$

$$= \ln\left|\frac{\sqrt{x^2+a^2}}{a}+\frac{x}{a}\right|+C_1$$

$$= \ln\left|x+\sqrt{x^2+a^2}\right|+C\ (C=C_1-\ln a)$$

上面的计算过程在进行变量还原时，由所设的 $x=a\tan t$，得 $\tan t=\frac{x}{a}$；由 $\sqrt{x^2+a^2}=a\sec t$，得 $\sec t=\frac{\sqrt{x^2+a^2}}{a}$。也可由所设的 $\tan t=\frac{x}{a}$ 作直角三角形（如图 4－3 所示）。

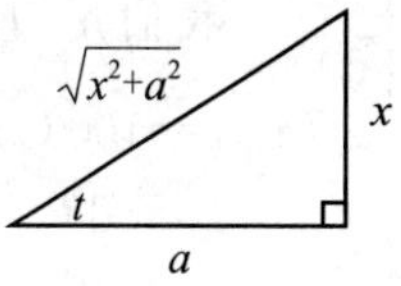

图 4－3

例 16 求 $\int\frac{1}{\sqrt{x^2-a^2}}\mathrm{d}x(a>0)$。

解 设 $x=a\sec t$，则 $\sqrt{x^2-a^2}=\sqrt{a^2\sec^2t-a^2}=\sqrt{a^2\tan^2t}=a\tan t$，$\mathrm{d}x=a\sec t\tan t\mathrm{d}t$。于是

$$\int\frac{1}{\sqrt{x^2-a^2}}\mathrm{d}x=\int\frac{a\sec t\tan t}{a\tan t}\mathrm{d}x=\int\sec t\mathrm{d}t$$

$$=\ln|\sec t+\tan t|+C_1$$

$$=\ln\left|\frac{x}{a}+\frac{\sqrt{x^2-a^2}}{a}\right|+C_1$$

$$=\ln\left|x+\sqrt{x^2-a^2}\right|+C$$

上面的计算过程在进行变量还原时，由所设的 $x=a\sec t$，得 $\sec t=\frac{x}{a}$；由 $\sqrt{x^2-a^2}=a\tan t$，得 $\tan t=\frac{\sqrt{x^2-a^2}}{a}$。也可由所设的 $\sec t=\frac{x}{a}$ 作直角三角形（如图 4－4 所示）。

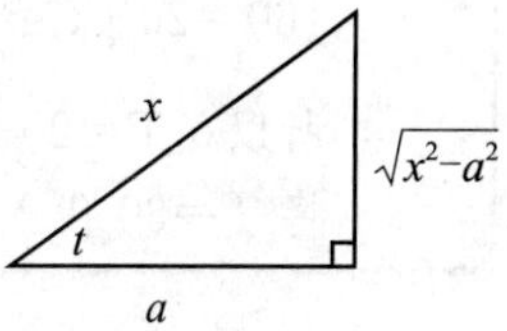

图 4－4

本节介绍了两类换元积分法。可见第一类换元积分法应先进行凑微分，然后再换元，可省略换元过程，而第二类换元积分法必须先换元，而且不可省略换元及回代过程，运算起来比第一类换元积分法更复杂。

在本节的例题中，有些不定积分的结果以后会经常用到，可作为基本积分公式的补充。列表如下（见表 4－3）：

表 4－3

$\int\tan x\mathrm{d}x=-\ln\|\cos x\|+C$	$\int\cot x\mathrm{d}x=\ln\|\sin x\|+C$
$\int\sec x\mathrm{d}x=\ln\|\sec x+\tan x\|+C$	$\int\csc x\mathrm{d}x=\ln\|\csc x-\cot x\|+C$
$\int\frac{1}{a^2+x^2}\mathrm{d}x=\frac{1}{a}\arctan\frac{x}{a}+C$	$\int\frac{1}{a^2-x^2}\mathrm{d}x=\frac{1}{2a}\ln\left\|\frac{a+x}{a-x}\right\|+C$
$\int\frac{1}{x^2-a^2}\mathrm{d}x=\frac{1}{2a}\ln\left\|\frac{x-a}{x+a}\right\|+C$	$\int\frac{1}{\sqrt{a^2-x^2}}\mathrm{d}x=\arcsin\frac{x}{a}+C$
$\int\frac{1}{\sqrt{x^2+a^2}}\mathrm{d}x=\ln\|x+\sqrt{x^2+a^2}\|+C$	$\int\frac{1}{\sqrt{x^2-a^2}}\mathrm{d}x=\ln\|x+\sqrt{x^2-a^2}\|+C$

案例解决

我们用 T 表示温度，用 t 表示时间，则物体冷却速度为 $\frac{dT}{dt}$。由题意可知：$T|_{t=0}=100℃$。$T|_{t=20}=60℃$。因为冷却速度与物体和空气的温差成正比，所以

$$\frac{dT}{dt}=k(T-20)$$

即

$$\frac{1}{T-20}dT=kdt$$

两端积分，得

$$\int\frac{1}{T-20}dT=\int kdt$$

$$\ln(T-20)=kt+C_1$$

$$T-20=e^{kt+C_1}$$

$$T=20+Ce^{kt}\text{（令 }C=e^{C_1}\text{）}$$

将 $T|_{t=0}=100℃$，$T|_{t=20}=60℃$ 代入上式，得

$$\begin{cases}100=20+Ce^0\\60=20+Ce^{20k}\end{cases}\Rightarrow\begin{cases}C=80\\k=-\frac{1}{20}\ln2\approx-0.035\end{cases}$$

所以，$T=20+80e^{-0.035t}$。

将 $T=30$ 代入上式，计算可得 $t=59.4\text{min}\approx1\text{h}$，即物体冷却至 30℃ 需要 1h。

习题 4.3

1. 单项选择题。

(1) 若 $\int f(x)e^{\frac{1}{x}}dx=-e^{\frac{1}{x}}+C$，则 $f(x)=$（　　）。

A. $\frac{1}{x}$　　B. $-\frac{1}{x}$　　C. $\frac{1}{x^2}$　　D. $-\frac{1}{x^2}$

(2) 若 $\int f(x)dx=F(x)+C$，则 $\int e^{-x}f(e^{-x})dx=$（　　）。

A. $F(e^x)+C$　　B. $F(e^{-x})+C$

C. $-F(e^x)+C$　　D. $-F(e^{-x})+C$

2. 求下列不定积分。

(1) $\int\cos3x\,dx$　　(2) $\int e^{-x}dx$

(3) $\int(3-2x)^4dx$　　(4) $\int\sin(2x+1)dx$

(5) $\int\frac{1}{(1-2x)^5}dx$　　(6) $\int10^{3x}dx$

(7) $\int \frac{x}{1+x^2}dx$

(8) $\int \frac{\ln^2 x}{x}dx$

(9) $\int \frac{\arctan x}{1+x^2}dx$

(10) $\int \frac{\ln x}{x}dx$

(11) $\int \frac{e^x}{e^x+1}dx$

(12) $\int \frac{1}{x^2}\sin\frac{1}{x}dx$

(13) $\int x\cos x^2 dx$

(14) $\int x\sqrt{3x^2-1}dx$

(15) $\int x e^{-x^2}dx$

(16) $\int \sin x\cos^3 x dx$

(17) $\int x^2\sqrt[4]{1+x^3}dx$

(18) $\int e^x \sin e^x dx$

(19) $\int \frac{4-\ln x}{x}dx$

(20) $\int \frac{1}{4+9x^2}dx$

(21) $\int \frac{1}{4-9x^2}dx$

(22) $\int \sin^2 x dx$

(23) $\int \cos^2 2x dx$

3. 求下列不定积分。

(1) $\int \frac{1}{1+\sqrt{2x}}dx$

(2) $\int \frac{1}{1+\sqrt[3]{x}}dx$

(3) $\int \frac{\sqrt{1+x}}{1+\sqrt{1+x}}dx$

(4) $\int \frac{1}{\sqrt{x}+\sqrt[4]{x}}dx$

(5) $\int \frac{\sqrt{x-1}}{x}dx$

(6) $\int \sqrt{4-x^2}dx$

(7) $\int \frac{x^2}{\sqrt{1-x^2}}dx$

(8) $\int \frac{\sqrt{x^2+1}}{x^2}dx$

(9) $\int \frac{\sqrt{x^2-a^2}}{x}dx\ (a>0)$

分部积分法

4.4 分部积分法

案例导入

工程师发现，一个新开发的天然气井 t 月的总产量 P（单位：$10^6\,m^3$）的变化率为 $0.084\,9te^{-0.02t}$，试求总产量函数 $P=P(t)$。

案例分析

t 月的总产量 P 的变化率即为 $\frac{dP}{dt}$，该问题实际上是求不定积分：$P=\int 0.0849te^{-0.02t}dt$。

换元法是通过换元的方式，将不易求解的积分转化为易求解的积分的方法，是一个重要的方法。本节将介绍另一种基本积分方法——分部积分法。

定理 设函数 $u=u(x)$，$v=v(x)$ 均具有连续的导数，根据乘积的微分公式有 $d(uv)=udv+vdu$，移项得 $udv=d(uv)-vdu$，两边积分得

$$\int udv=uv-\int vdu$$

这个公式称为不定积分的**分部积分公式**。

在使用时，应注意：

（1）分部积分公式主要解决被积函数是两类函数乘积的不定积分；

（2）使用分部积分公式的关键是恰当地选择 u 和 dv。一般地，dv 易求，且新积分 $\int vdu$ 比原积分 $\int udv$ 易求。

下面举例来说明其应用。

例 1 求 $\int x\cos x dx$。

解 设 $u=x$，$dv=\cos x dx=d(\sin x)$，于是 $du=dx$，$v=\sin x$，则

$$\int x\cos x dx=\int x d(\sin x)=x\sin x-\int \sin x dx=x\sin x+\cos x+C$$

如果令 $u=\cos x$，$dv=x dx=d\left(\frac{1}{2}x^2\right)$，则

$$\int x\cos x dx=\frac{1}{2}\int \cos x d(x^2)=\frac{1}{2}\left[x^2\cos x-\int x^2 d(\cos x)\right]$$
$$=\frac{1}{2}x^2\cos x+\frac{1}{2}\int x^2\sin x dx$$

可以看出计算变得更为复杂，这样选取 u 和 v 显然失效。

例 2 求 $\int xe^{2x}dx$。

解 $\int xe^{2x}dx=\int x d\left(\frac{1}{2}e^{2x}\right)=\frac{1}{2}xe^{2x}-\frac{1}{2}\int e^{2x}dx=\frac{1}{2}xe^{2x}-\frac{1}{4}e^{2x}+C$。

例 3 求 $\int \ln x dx$。

解 设 $u=\ln x$，$dv=dx$，则

$$\int \ln x \mathrm{d}x = x\ln x - \int \frac{x}{x}\mathrm{d}x = x\ln x - x + C$$

例 4 求 $\int \arcsin x \mathrm{d}x$。

解 $\int \arcsin x \mathrm{d}x = x\arcsin x - \int x \cdot \frac{1}{\sqrt{1-x^2}}\mathrm{d}x$

$$= x\arcsin x + \frac{1}{2}\int \frac{1}{\sqrt{1-x^2}}\mathrm{d}(1-x^2)$$

$$= x\arcsin x + \sqrt{1-x^2} + C。$$

例 5 求 $\int x\arctan x \mathrm{d}x$。

解 $\int x\arctan x \mathrm{d}x = \int \arctan x \mathrm{d}\left(\frac{x^2}{2}\right) = \frac{1}{2}x^2\arctan x - \frac{1}{2}\int \frac{x^2}{1+x^2}\mathrm{d}x$

$$= \frac{1}{2}x^2\arctan x - \frac{1}{2}\int \left(1 - \frac{1}{1+x^2}\right)\mathrm{d}x$$

$$= \frac{1}{2}x^2\arctan x - \frac{1}{2}(x - \arctan x) + C。$$

例 6 求 $\int \mathrm{e}^x \sin x \mathrm{d}x$。

解 设 $u=\sin x$，$\mathrm{d}v=\mathrm{e}^x\mathrm{d}x$，则

$$\int \mathrm{e}^x \sin x \mathrm{d}x = \int \sin x \mathrm{d}(\mathrm{e}^x) = \mathrm{e}^x\sin x - \int \mathrm{e}^x \mathrm{d}(\sin x)$$

$$= \mathrm{e}^x \sin x - \int \mathrm{e}^x \cos x \mathrm{d}x$$

$$= \mathrm{e}^x \sin x - \int \cos x \mathrm{d}(\mathrm{e}^x)$$

$$= \mathrm{e}^x \sin x - \mathrm{e}^x \cos x - \int \mathrm{e}^x \sin x \mathrm{d}x$$

上式可视为关于积分 $\int \mathrm{e}^x \sin x \mathrm{d}x$ 的方程，移项，得

$$2\int \mathrm{e}^x \sin x \mathrm{d}x = \mathrm{e}^x \sin x - \mathrm{e}^x \cos x + C_1$$

故

$$\int \mathrm{e}^x \sin x \mathrm{d}x = \frac{1}{2}\mathrm{e}^x(\sin x - \cos x) + C \left(C = \frac{1}{2}C_1\right)$$

在例 6 中，连续两次应用分部积分公式，而且第一次取 $u=\sin x$，第二次必须取 $u=\cos x$，即两次所取的 $u(x)$ 一定要是同类函数；假如第二次取 $u=\mathrm{e}^x$，则此时结果将回到原题。

分部积分法中，u，v 的选择方法有以下几种常用类型：

(1) $\int P_n(x)\mathrm{e}^x\mathrm{d}x$，$\int P_n(x)\sin x\mathrm{d}x$，$\int P_n(x)\cos x\mathrm{d}x$ 型。

一般选择 $u=P_n(x)$，$\mathrm{d}v$ 分别为：$\mathrm{d}v=\mathrm{e}^x\mathrm{d}x$，$\mathrm{d}v=\sin x\mathrm{d}x$，$\mathrm{d}v=\cos x\mathrm{d}x$，其中 $P_n(x)$ 为 n 次多项式。

(2) $\int P_n(x)\ln x\mathrm{d}x$，$\int P_n(x)\arcsin x\mathrm{d}x$，$\int P_n(x)\arctan x\mathrm{d}x$ 型。

一般选择 u 分别为：$u=\ln x$，$u=\arcsin x$，$u=\arctan x$，而 $\mathrm{d}v=P_n(x)\mathrm{d}x$，其中 $P_n(x)$ 为 n 次多项式。

(3) $\int \mathrm{e}^{ax}\sin bx\mathrm{d}x$，$\int \mathrm{e}^{ax}\cos bx\mathrm{d}x$ 型。

u，v 的选择可以是被积函数中两个因子的任何一个，注意“通过循环”，解方程求不定积分。

有的问题还可以结合变量代换来求解。

例 7 求 $\int \mathrm{e}^{\sqrt{x}}\mathrm{d}x$。

解 被积函数中含有根式 $\sqrt{x}$，先换元。

令 $\sqrt{x}=t$，则 $x=t^2$，$\mathrm{d}x=2t\mathrm{d}t$，于是

$$\begin{aligned}\int \mathrm{e}^{\sqrt{x}}\mathrm{d}x &= 2\int t\mathrm{e}^t\mathrm{d}t = 2\int t\mathrm{d}(\mathrm{e}^t) = 2t\mathrm{e}^t - 2\int \mathrm{e}^t\mathrm{d}t \\ &= 2t\mathrm{e}^t - 2\mathrm{e}^t + C \\ &= 2\sqrt{x}\mathrm{e}^{\sqrt{x}} - 2\mathrm{e}^{\sqrt{x}} + C\end{aligned}$$

案例解决

由已知条件可得：

$$\begin{aligned}P &= \int 0.0849t\mathrm{e}^{-0.02t}\mathrm{d}t \\ &= \int 0.0849t\mathrm{d}\left(-\frac{1}{0.02}\mathrm{e}^{-0.02t}\right) \\ &= 0.0849t\left(-\frac{1}{0.02}\mathrm{e}^{-0.02t}\right)+\int \frac{1}{0.02}\mathrm{e}^{-0.02t}\mathrm{d}(0.0849t) \\ &= -4.245t\mathrm{e}^{-0.02t}+4.245\int \mathrm{e}^{-0.02t}\mathrm{d}t \\ &= -4.245t\mathrm{e}^{-0.02t}-212.25\mathrm{e}^{-0.02t}+C\end{aligned}$$

依题意，当 $t=0$ 时，$P=0$，代入上式得 $C=212.25$，总产量函数为

$$P=P(t)=-4.245t\mathrm{e}^{-0.02t}-212.25\mathrm{e}^{-0.02t}+212.25$$

习题 4.4

1. 填空题。

(1) 已知等式 $\int xf(x)\mathrm{d}x = x\sin x - \int \sin x\mathrm{d}x$，则 $f(x)=$__________。

(2) $\int x f''(x)\mathrm{d}x=$__________。

2. 求下列不定积分。

(1) $\int x\sin x\mathrm{d}x$

(2) $\int x\mathrm{e}^{-x}\mathrm{d}x$

(3) $\int x\cos 4x\mathrm{d}x$

(4) $\int x\sin 2x\mathrm{d}x$

(5) $\int x^2\mathrm{e}^x\mathrm{d}x$

(6) $\int x\ln x\mathrm{d}x$

(7) $\int x^2\ln x\mathrm{d}x$

(8) $\int \sqrt{x}\ln x\mathrm{d}x$

(9) $\int \ln(1+x^2)\mathrm{d}x$

(10) $\int \arctan x\mathrm{d}x$

(11) $\int \mathrm{e}^x\cos x\mathrm{d}x$

(12) $\int \mathrm{e}^x\cos nx\mathrm{d}x$

(13) $\int \mathrm{e}^{-x}\sin 2x\mathrm{d}x$

(14) $\int x\sec^2 x\mathrm{d}x$

(15) $\int \cos\sqrt{x}\mathrm{d}x$

3. 设 $f(x)$ 的一个原函数是 $\ln^2 x$，求 $\int x f'(x)\mathrm{d}x$。

4.5 利用 Matlab 求不定积分

Matlab 中求不定积分的常用命令见表 4-4。

表 4-4

int(y)	求函数 y 对默认自变量 x 的不定积分
int(y, t)	求函数 y 对积分变量 t 的不定积分

注：1. y 是被积函数，是符号表达式；

2. t 是积分变量，是符号变量（若积分表达式中有多个符号变量，最好应指定其中某个积分变量，以免出错）；

3. 不定积分的输出结果是符号表达式。

例 1 求不定积分 $\int \mathrm{e}^x\cos x\mathrm{d}x$。

解： 利用 Matlab，在命令窗口中输入命令：

```
clear;symsx;f = exp(x)*cos(x);int(f)
```

按下回车键：

```
ans =
(exp(x)*(cos(x) + sin(x)))/2
```

即

$$\int e^x \cos x \mathrm{d}x = \frac{1}{2}e^x(\sin x + \cos x) + C$$

注意：运行结果中省略了任意常数 C，书写答案时应补上。

例 2 求不定积分 $\int \frac{1}{\sqrt{4t^2-9}}\mathrm{d}t$。

解： 该题积分变量为 t，利用 Matlab，在命令窗口中输入命令：

```
clear;symst;f = 1/sqrt(4 * t^2 - 9);int(f)
```

按下回车键：

```
ans =
log(2*t + (4*t^2 - 9)^(1/2))/2
```

即

$$\int \frac{1}{\sqrt{4t^2-9}}\mathrm{d}t = \frac{1}{2}\ln(2t + \sqrt{4t^2-9}) + C$$

习题 4.5

1. 利用 Matlab 求不定积分 $\int e^{\sin x}\cos x \mathrm{d}x$。

2. 利用 Matlab 求不定积分 $\int x\sin x \mathrm{d}x$。

拓展阅读

牛顿和莱布尼茨，谁才是真正的微积分之父？

微积分是数学的一个分支，它涉及变化率的研究。在发明微积分之前，所有的计算都是静态的，它只能计算静止不动的物体。但是，整个宇宙都处于变化之中，从宏观上的天体到微观上的粒子，没有任何东西总是处于静止状态。而微积分就是应用在这些需要动态计算的领域，包括物理学、工程学、经济学等学科。

现在，我们认为微积分是由牛顿和莱布尼茨共同发明的，因此，微积分的基本定理也被称为牛顿-莱布尼茨公式。但是，在 1907 年的时候，英国数学界和德国数学界却发起了一场争论：到底谁是第一个发明微积分的人？有趣的是，牛顿的朋友公开发表文章表示牛顿是第一个发明微积分的人；莱布尼茨的朋友也不甘示弱，也发表文章表示莱布尼茨才是第一个发明微积分的人。

历史学家发现，在 1665 年的时候牛顿就整理出了一份微积分的草稿，但是当时他害怕遭受人们的批评，就推迟了 20 多年才发表成果。这一现象在牛顿的许多著作中都能发现，只有另一位科学家撰写了类似的文章，牛顿才会发表自己的文章。例如他的著作《分析论》《De Analysi》也是直到 1711 年才发表。莱布尼茨独立于牛顿发明了一套微积分学说，并且是第一个发表该成果的人（莱布尼茨于 1684 年发表，牛顿于 1693 年发表）。莱布尼茨的演算和牛顿的演算的不同之处在于符号。有趣的是，今天使用微积分的时候人们偏爱莱布尼茨的表示方法。莱布尼茨用“dy/dx”来表示 y 对 x 的导数，并用 S 来表示积分；而牛顿则把点置于变量上来表示微分，但是没有固定的积分符号。

资料来源：万象经验．牛顿和莱布尼茨，谁才是真正的微积分之父？[EB/OL]．(2020-06-28) [2024-06-16]．https：//www.toutiao.com/article/6843261750578512396/.

复习题 4

一、填空题。

1. 设 $x\ln x - x$ 是 $f(x)$ 的一个原函数，则 $\int f(x)\mathrm{d}x=$______，$\int f'(x)\mathrm{d}x=$________。

2. 已知 $\int f(x)\mathrm{d}x=\sin^2 x+C$，则 $f(x)=$__________。

3. 设 $\int f(x)\mathrm{d}x=F(x)+C$，则 $\int f(ax+b)\mathrm{d}x=$__________。

4. 若 $F(x)$ 是 $f(x)$ 的一个原函数，则 $\int \cos x f(\sin x)\mathrm{d}x=$__________。

5. $\int f'(2x)\mathrm{d}x=$__________。

6. $\int \dfrac{1}{f(x)}f'(x)\mathrm{d}x=$__________。

7. 设 $f'(\cos^2 x)=\sin^2 x$，且 $f(0)=0$，则 $f(x)=$__________。

8. 如果 $f(x)=\mathrm{e}^{-x}$，则 $\int \dfrac{f'(\ln x)}{x}\mathrm{d}x=$__________。

9. 设 $f(x)$ 可导，且 $f'(x)\neq 0$，若下式成立：

$$\int \sin f(x)\mathrm{d}x = x\sin f(x)-\int \cos f(x)\mathrm{d}x$$

则 $f(x)=$__________。

10. 若函数 $F(x)$ 的导数 $f(x)=\arcsin x$，且 $F(0)=1$，则 $F(x)=$__________。

二、单项选择题。

1. 若 $F'(x)=\Phi'(x)$，则（　　）成立。

A. $F(x)-\Phi(x)=0$　　B. $F(x)-\Phi(x)=C$

C. $\int F(x)\mathrm{d}x=\int \Phi(x)\mathrm{d}x$　　D. $\dfrac{\mathrm{d}}{\mathrm{d}x}\left(\int F(x)\mathrm{d}x\right)=\dfrac{\mathrm{d}}{\mathrm{d}x}\left(\int \Phi(x)\mathrm{d}x\right)$

2. 设 C 是不为 1 的常数，则函数 $f(x)=\dfrac{1}{x}$ 的原函数不是（　　）。

A. $\ln|x|$　　B. $\ln|x|+C$

C. $\ln|Cx|$　　D. $C\ln|x|$

3. 设函数 $f(x)$ 的导数是 a^x，则 $f(x)$ 的全体原函数是（　　）。

A. $\dfrac{a^x}{\ln a}+C$

B. $\dfrac{a^x}{\ln^2 a}+C$

C. $\dfrac{a^x}{\ln^2 a}+C_1x+C_2$

D. $a^x\ln^2 a+C_1x+C_2$

4. 若 $\int f(x)\mathrm{d}x=x^2+C$，则 $\int xf(1-x^2)\mathrm{d}x=$（　　）。

A. $2(1-x^2)^2+C$

B. $-2(1-x^2)^2+C$

C. $\dfrac{1}{2}(1-x^2)^2+C$

D. $-\dfrac{1}{2}(1-x^2)^2+C$

5. $\int\left(\dfrac{1}{1+x^2}\right)'\mathrm{d}x=$（　　）。

A. $\dfrac{1}{1+x^2}$

B. $\dfrac{1}{1+x^2}+C$

C. $\arctan x$

D. $\arctan x+C$

6. 若 e^{-x} 是 $f(x)$ 的原函数，则 $\int xf(x)\mathrm{d}x=$（　　）。

A. $\mathrm{e}^{-x}(1-x)+C$

B. $\mathrm{e}^{-x}(x+1)+C$

C. $\mathrm{e}^{-x}(x-1)+C$

D. $-\mathrm{e}^{-x}(x+1)+C$

三、求下列不定积分。

1. $\int\sqrt[3]{x}(x^2-5)$

2. $\int\dfrac{3x^4+3x^2+1}{x^2+1}\mathrm{d}x$

3. $\int\dfrac{x-9}{\sqrt{x}+3}\mathrm{d}x$

4. $\int\dfrac{2x^2+1}{x^2(1+x^2)}\mathrm{d}x$

5. $\int\dfrac{\cos 2x}{\sin^2 x}\mathrm{d}x$

6. $\int(x-1)\mathrm{e}^{x^2-2x+1}\mathrm{d}x$

7. $\int\dfrac{\tan\sqrt{x}}{\sqrt{x}}\mathrm{d}x$

8. $\int\dfrac{(\arctan x)^2}{1+x^2}\mathrm{d}x$

9. $\int\sin^3 x\mathrm{d}x$

10. $\int\dfrac{1+x}{1+\sqrt{x}}\mathrm{d}x$

11. $\int\dfrac{1}{1+\sqrt[3]{1+x}}\mathrm{d}x$

12. $\int\dfrac{x^2}{\sqrt{4-x^2}}\mathrm{d}x$

13. $\int x\mathrm{e}^{-4x}\mathrm{d}x$

14. $\int\dfrac{\ln x}{x^3}\mathrm{d}x$

15. $\int x\ln(x-1)\mathrm{d}x$

16. $\int\ln(1-\sqrt{x})\mathrm{d}x$

四、设 $\int f(x)\mathrm{d}x=\sin x+C$，求 $\int\dfrac{f(\arcsin x)}{\sqrt{1-x^2}}\mathrm{d}x$。

五、设 $f(x)$ 的一个原函数为 $\dfrac{\sin x}{x}$，求 $\int xf'(x)\mathrm{d}x$。

第5章　定积分

定积分是高等数学的重要概念之一。它在实际问题中有着广泛的应用，许多几何、物理、经济学问题中的量都可以用定积分来描述和计算。本章将从实际问题出发引出定积分的概念，讨论定积分的性质与计算方法，并介绍定积分的简单应用。

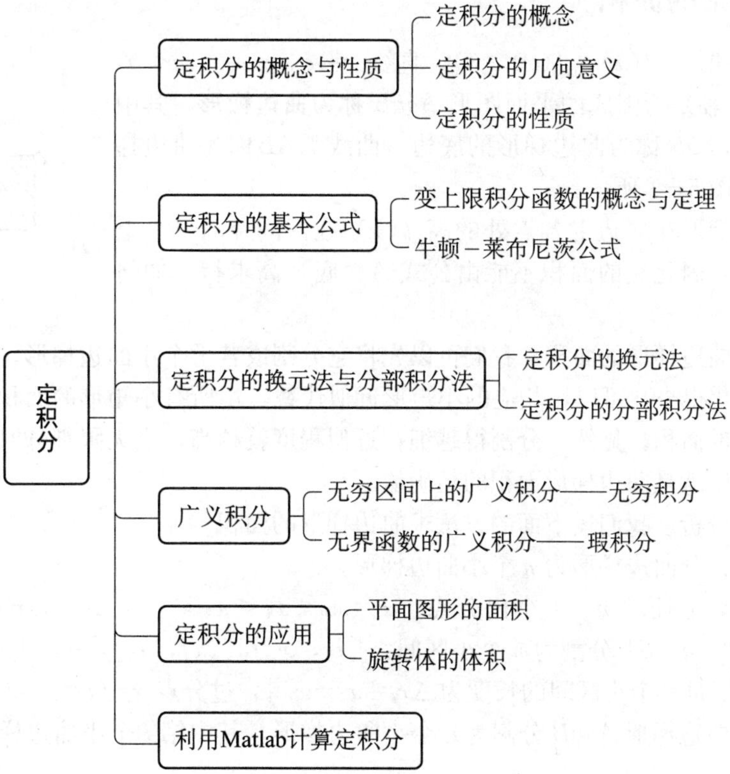

5.1　定积分的概念与性质

案例导入

设物体运动的速度 $v=v(t)$ 是时间区间 $[a, b]$ 上 t 的连续函数且 $v(t)\geqslant 0$，请思考从时刻 a 到时刻 b 该物体所走过的路程 s。

案例分析

为了计算路程，我们可以把整个时间分成若干个小时间段，以匀速直线运动的路程近似代替变速直线运动的路程，求出每个小时间段内的路程之和。时间分割得越细，近似程度越高，通过取极限的方式得到路程 s。

一、曲边梯形的面积

由连续曲线 $y=f(x)$（$f(x)\geqslant 0$），直线 $x=a$，$x=b$（$a<b$）及 $y=0$（即 x 轴）所围成的平面图形 $AabB$ 称为**曲边梯形**，其中在 x 轴上的线段 ab 称为曲边梯形的底边，曲线弧 $\overset{\frown}{AB}$ 称为曲边梯形的曲边，如图 5-1 所示。

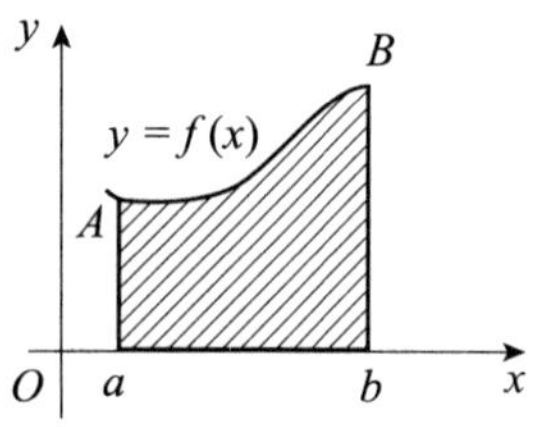

图 5-1

由于曲边梯形在底边上各点处的高 $f(x)$ 在区间 $[a, b]$ 上是不断变化的，因此它的面积不能由公式 $A=$底$\times$高求得。如何计算它的面积呢?

为了计算曲边梯形的面积，我们可以先将它分割成若干个小曲边梯形，在小曲边梯形中 $f(x)$ 的变化很小，可以用相应的小矩形近似代替，用所有小矩形的面积之和近似代替整个曲边梯形的面积。显然，分割得越细，近似程度就越高，当无限细分时，所有小矩形面积之和的极限就是曲边梯形面积的精确值。

根据以上分析，我们按下面的方法求曲边梯形的面积。

（1）**分割**：分曲边梯形为 n 个小曲边梯形。

在 $[a, b]$ 上任取 $n-1$ 个内分点：$a=x_0<x_1<x_2<\cdots<x_{i-1}<x_i<\cdots<x_{n-1}<x_n=b$，将区间 $[a, b]$ 分割为 n 个小区间：$[x_0, x_1]$，$[x_1, x_2]$，…，$[x_{i-1}, x_i]$，…，$[x_{n-1}, x_n]$，记每一个小区间的长度为 $\Delta x_i=x_i-x_{i-1}$，过分点 x_i（$i=1, 2, \cdots, n$）作 x 轴的垂线，将曲边梯形 $AabB$ 分割为 n 个小曲边梯形，其中第 i 个小曲边梯形的面积记为 ΔA_i（$i=1, 2, \cdots, n$）。

（2）**近似代替**：用小矩形的面积代替小曲边梯形的面积。

设 ΔA_i 表示第 i 个小曲边梯形的面积，则曲边梯形 $AabB$ 的面积为 $A=\sum\limits_{i=1}^{n}\Delta A_i$。在每个小区间 $[x_{i-1},\ x_i]$ $(i=1,\ 2,\ \cdots,\ n)$上任意取一点 ξ_i，以 Δx_i 为底边、$f(\xi_i)$ 为高的小矩形面积 $f(\xi_i)\Delta x_i$ 近似代替小曲边梯形的面积，如图 5－2 所示，则有 $\Delta A_i\approx f(\xi_i)\Delta x_i(i=1,\ 2,\ \cdots,\ n)$。

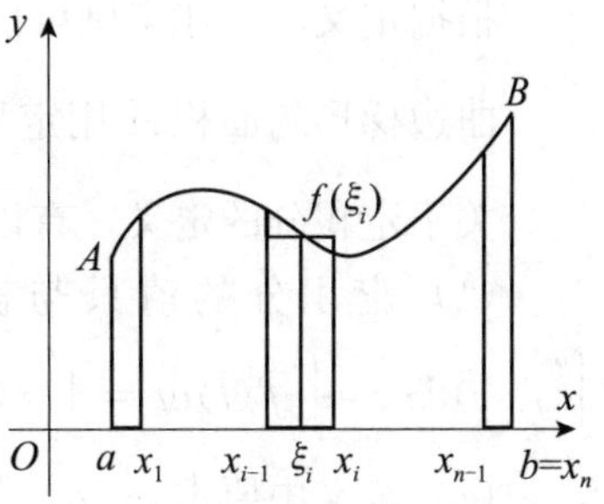

图 5－2

(3) **求和**：求 n 个小矩形面积之和。

n 个小矩形构成的面积和 $\sum\limits_{i=1}^{n}f(\xi_i)\Delta x_i$ 是原曲边梯形面积的一个近似值，即有 $A\approx\sum\limits_{i=1}^{n}f(\xi_i)\Delta x_i$。

(4) **取极限**：由近似值过渡到精确值。

分割得越细，$\sum\limits_{i=1}^{n}f(\xi_i)\Delta x_i$ 就越接近于曲边梯形的面积，若用 $\lambda=\max\limits_{1\leqslant i\leqslant n}\{\Delta x_i\}$ 来表示所有小区间中的最大区间长度，当分点数无限增大且 $\lambda\to 0$ 时，和式 $\sum\limits_{i=1}^{n}f(\xi_i)\Delta x_i$ 的极限就是曲边梯形 $AabB$ 的面积 A，即

$$A=\sum_{i=1}^{n}\Delta A_i=\lim_{\lambda\to 0}\sum_{i=1}^{n}f(\xi_i)\Delta x_i$$

综上所述，曲边梯形面积的计算采取分割、近似代替、求和、取极限的方法，而最后都归结为同一种结构的和式的极限。事实上，很多实际问题的解决都可以采取这种方法归结为这种结构和式的极限。现抛开问题的实际内容，只从数量关系上的共性加以概括总结，便得到了定积分的概念。

二、定积分的概念

定积分的概念

定义 设函数 $f(x)$ 在 $[a,\ b]$ 上有定义，任取分点

$$a=x_0<x_1<x_2<\cdots<x_{i-1}<x_i<\cdots<x_{n-1}<x_n=b$$

将 $[a,\ b]$ 分成 n 个小区间 $[x_{i-1},\ x_i]$ $(i=1,\ 2,\ \cdots,\ n)$。记 $\Delta x_i=x_i-x_{i-1}(i=1,\ 2,\ \cdots,\ n)$ 为区间长度，$\lambda=\max\limits_{1\leqslant i\leqslant n}\{\Delta x_i\}$，并在每个小区间上任取一点 $\xi_i(x_{i-1}\leqslant\xi_i\leqslant x_i)$，得出乘积 $f(\xi_i)\Delta x_i$ 的和式 $\sum\limits_{i=1}^{n}f(\xi_i)\Delta x_i$。若 $\lambda\to 0$时，和式的极限存在，且此极限值与区间 $[a,\ b]$ 的分法及点 ξ_i 的取法无关，则称这个极限值为函数 $f(x)$ 在 $[a,\ b]$ 上的定积分，记为 $\int_a^b f(x)\mathrm{d}x$，即

$$\int_a^b f(x)\mathrm{d}x=\lim_{\lambda\to 0}\sum_{i=1}^{n}f(\xi_i)\Delta x_i$$

这里，$f(x)$ 称为**被积函数**，$f(x)\mathrm{d}x$ 称为**被积表达式**，x 称为**积分变量**，$[a,\ b]$ 称为**积分区间**，a 称为**积分下限**，b 称为**积分上限**。若 $f(x)$ 在 $[a,\ b]$ 上的定积分存在，则称在 $[a,\ b]$ 上可积。

根据定义，上述实例可以写成定积分的形式，如下：

曲边梯形的面积 A 用定积分可以表示为：$A=\int_a^b f(x)\mathrm{d}x$ 。

关于定积分的定义，有以下**说明**：

（1）定积分的值只与被积函数、积分区间有关，与积分变量的符号无关。即 $\int_a^b f(x)\mathrm{d}x=\int_a^b f(t)\mathrm{d}t=\int_a^b f(u)\mathrm{d}u$ 。

（2）定义中要求 $a<b$，若 $a>b$，$a=b$，有如下规定：

当 $a>b$ 时，$\int_a^b f(x)=-\int_b^a f(x)$ ，即互换定积分的上、下限，定积分要变号。

当 $a=b$ 时，$\int_a^a f(x)\mathrm{d}x=0$ 。

（3）定积分是一个数，不定积分是一个函数的原函数的全体。因此，定积分和不定积分是两个完全不同的概念。

在怎样的条件下，$f(x)$ 在 $[a,b]$ 上的定积分一定存在呢？有下面的定理：

定理 1 如果函数 $f(x)$ 在闭区间 $[a,b]$ 上连续，则 $f(x)$ 在 $[a,b]$ 上可积。

由此可知，初等函数在其定义区间内都是可积的。在有限区间上，函数连续是可积的充分条件，但不是必要条件。

定理 2 如果 $f(x)$ 在 $[a,b]$ 上有界，且只有有限个间断点，则 $f(x)$ 在 $[a,b]$ 上可积。

如果函数 $f(x)$ 在闭区间 $[a,b]$ 上可积，则 $f(x)$ 在 $[a,b]$ 上有界。函数有界是可积的必要条件；无界函数一定不可积。

由此可知，初等函数在其定义区间内都是可积的。

三、定积分的几何意义

在闭区间 $[a,b]$ 上，若函数 $f(x)\geqslant 0$，则曲边梯形的图形在 x 轴的上方，此时 $\int_a^b f(x)\mathrm{d}x$ 在几何上表示由曲线 $y=f(x)$，直线 $x=a$，$x=b$ 和 x 轴围成的曲边梯形的面积。积分值是正的，即 $\int_a^b f(x)\mathrm{d}x=S\geqslant 0$ ，如图 5-3 所示。

特别地，在闭区间 $[a,b]$ 上，若函数 $f(x)\equiv 1$，则 $\int_a^b f(x)\mathrm{d}x=\int_a^b \mathrm{d}x=b-a$。

在闭区间 $[a,b]$ 上，若函数 $f(x)\leqslant 0$，则曲边梯形的图形在 x 轴的下方，此时 $\int_a^b f(x)\mathrm{d}x$ 在几何上表示由曲线 $y=f(x)$，直线 $x=a$，$x=b$ 和 x 轴围成的曲边梯形的面积的相反数。积分值是负的，即 $\int_a^b f(x)\mathrm{d}x=-S\leqslant 0$ ，如图 5-4 所示。

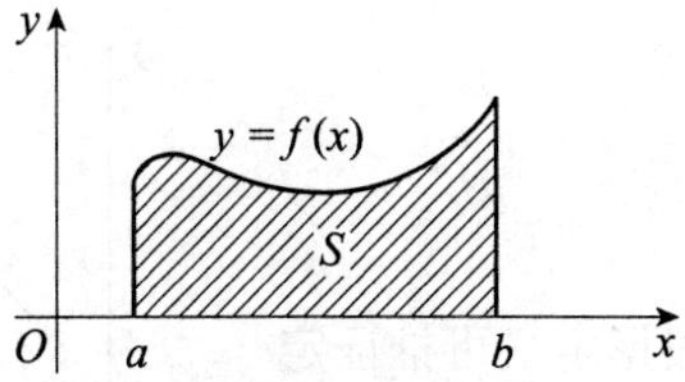

图 5-3

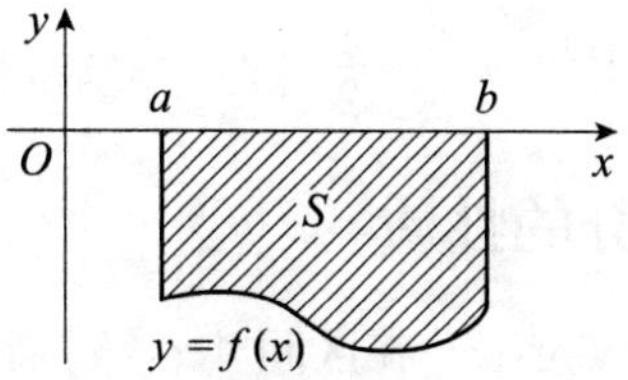

图 5-4

在闭区间 $[a, b]$ 上，若 $f(x)$ 有正有负，则积分值 $\int_a^b f(x)\mathrm{d}x$ 就表示曲线 $y=f(x)$ 在 x 轴上方和 x 轴下方的面积的**代数和**，如图 5-5 所示。

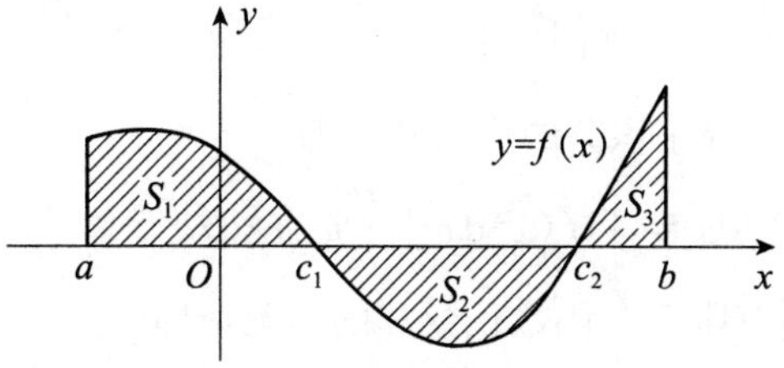

图 5-5

由图 5-5 可知：

$$S = S_1 + S_2 + S_3$$
$$= \int_a^{c_1} f(x)\mathrm{d}x - \int_{c_1}^{c_2} f(x)\mathrm{d}x + \int_{c_2}^{b} f(x)\mathrm{d}x$$

或

$$S = S_1 + S_2 + S_3 = \int_a^{c_1} f(x)\mathrm{d}x + \int_{c_1}^{c_2} |f(x)|\mathrm{d}x + \int_{c_2}^{b} f(x)\mathrm{d}x$$

综上所述，曲线 $y=f(x)$，直线 $x=a$，$x=b$ 及 x 轴所围成的平面图形的面积为：

$$S = \int_a^b |f(x)|\mathrm{d}x$$

例 1 用定积分表示图 5-6、图 5-7 中阴影部分的面积。

解 (1) $A = \int_1^2 x^2\mathrm{d}x$；(2) $A = \int_{-1}^{1} \sqrt{1-x^2}\mathrm{d}x$。

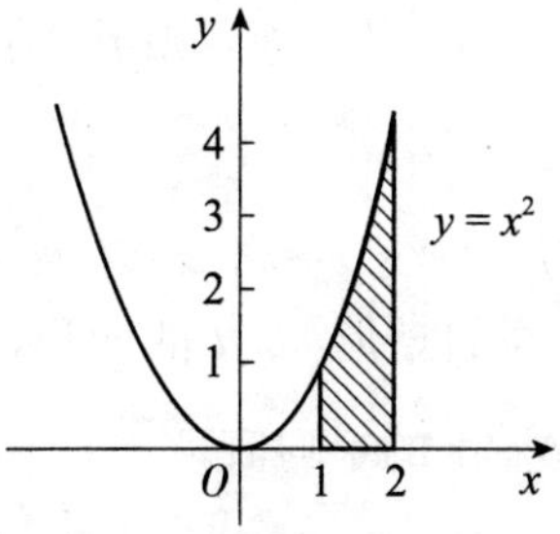

图 5-6

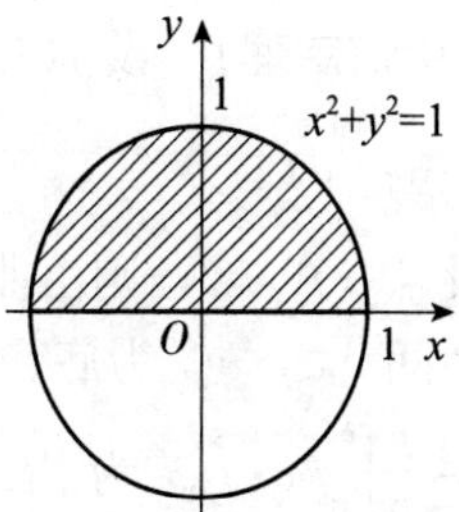

图 5-7

例 2 利用定积分的几何意义，证明等式 $\int_0^2 x\mathrm{d}x = 2$ 成立。

证 $\int_0^2 x\mathrm{d}x$ 的几何意义是由直线 $y=x$，$x=2$，$y=0$ 围成的图形的面积 S，如图 5-8

所示，求得面积为 $S=\frac{1}{2}\times2\times2=2$，故 $\int_0^2 x\mathrm{d}x=2$。

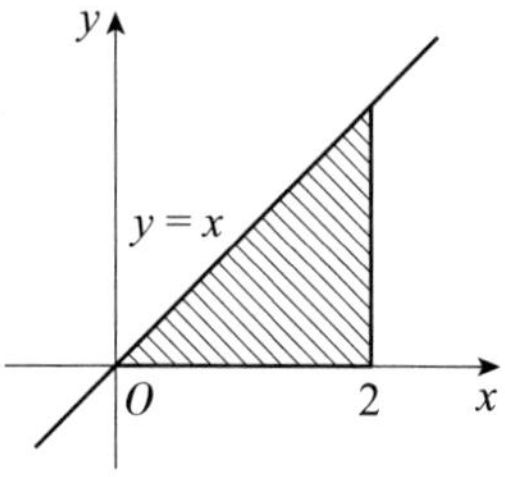

图 5－8

四、定积分的性质

设 $f(x)$，$g(x)$ 在区间 $[a,b]$ 上可积，则根据定义可推证定积分有以下性质：

性质 1 常数因子可直接提到积分符号前面。

$$\int_a^b kf(x)\mathrm{d}x=k\int_a^b f(x)\mathrm{d}x$$

特别地，若函数 $f(x)\equiv1$，则 $\int_a^b 1\mathrm{d}x=\int_a^b \mathrm{d}x=b-a$。

性质 2 代数和的积分等于积分的代数和，即

$$\int_a^b [f(x)\pm g(x)]\mathrm{d}x=\int_a^b f(x)\mathrm{d}x\pm\int_a^b g(x)\mathrm{d}x$$

这一结论可以推广到有限多个函数代数和的情况，即

$$\int_a^b [f_1(x)\pm f_2(x)\pm\cdots\pm f_n(x)]\mathrm{d}x=\int_a^b f_1(x)\mathrm{d}x\pm\int_a^b f_2(x)\mathrm{d}x\pm\cdots\pm\int_a^b f_n(x)\mathrm{d}x$$

性质 3（定积分区间可加性） 如果 $a<c<b$，那么

$$\int_a^b f(x)\mathrm{d}x=\int_a^c f(x)\mathrm{d}x+\int_c^b f(x)\mathrm{d}x$$

无论 $c\in[a,b]$ 还是 $c\notin[a,b]$，上式均成立。

性质 4 如果在 $[a,b]$ 上有 $f(x)\leqslant g(x)$，则 $\int_a^b f(x)\mathrm{d}x\leqslant\int_a^b g(x)\mathrm{d}x$。

注：

比较两个定积分的大小，必须在同一积分区间上比较两个被积函数的大小。

性质 5（估值定理） 若函数 $f(x)$ 在区间 $[a,b]$ 上的最大值与最小值分别为 M 和 m，则 $m(b-a)\leqslant\int_a^b f(x)\mathrm{d}x\leqslant M(b-a)$。

性质 6（积分中值定理） 设 $f(x)$ 在闭区间 $[a,b]$ 上连续，则至少存在一点 $\xi\in(a,b)$，使 $\int_a^b f(x)\mathrm{d}x=f(\xi)(b-a)$。

几何意义： 设 $f(x)\geqslant0$，则由曲线 $y=f(x)$，直线 $x=a$，$x=b$ 及 x 轴所围成的曲边梯形面积等于以区间 $[a,b]$ 为底、以 $f(\xi)$ 为高的矩形 $abcd$ 的面积，如图 5－9 所示。我们称 $f(\xi)=\frac{1}{b-a}\int_a^b f(x)\mathrm{d}x$ 为 $f(x)$ 在 $[a,b]$ 上的平均值。

例 3 比较下列各对积分值的大小。

(1) $\int_0^1 x^2\mathrm{d}x$ 与 $\int_0^1\sqrt{x}\mathrm{d}x$；(2) $\int_0^1 10^x\mathrm{d}x$ 与 $\int_0^1 5^x\mathrm{d}x$。

解 (1) 因为在 $[0,1]$ 上 $x^2\leqslant\sqrt{x}$，所以

$$\int_0^1 x^2 dx \leqslant \int_0^1 \sqrt{x} dx$$

(2) 因为在 $[0, 1]$ 上 $10^x \geqslant 5^x$，所以

$$\int_0^1 10^x dx \geqslant \int_0^1 5^x dx$$

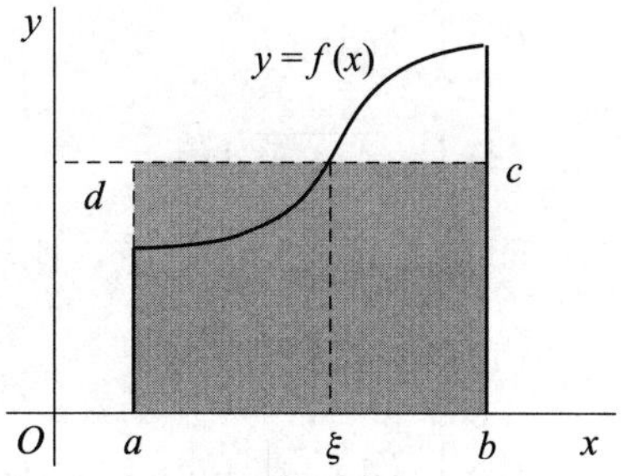

图 5-9

例 4 估计定积分 $\int_1^3 e^x dx$ 的值。

解 $f(x) = e^x$ 是指数函数，由指数函数的性质知，$f(x)$ 在 $[1, 3]$ 上的最大值为 e^3，最小值为 e，由性质 5 得

$$e(3-1) \leqslant \int_1^3 e^x dx \leqslant e^3(3-1)$$

即

$$2e \leqslant \int_1^3 e^x dx \leqslant 2e^3$$

案例解决

根据定积分的概念，变速直线运动的物体的路程可以表示为：$s = \int_a^b v(t) dt$。

习题 5.1

1. 函数 $f(x)$ 在闭区间 $[a, b]$ 上可积的必要条件是 $f(x)$ 在 $[a, b]$ 上（　　）。

A. 有界　　B. 无界
C. 单调　　D. 连续

2. 函数 $f(x)$ 在闭区间 $[a, b]$ 上连续是 $f(x)$ 在 $[a, b]$ 上可积的（　　）。

A. 必要非充分条件　　B. 充分非必要条件
C. 充要条件　　D. 无关条件

3. 设函数 $f(x)$ 在闭区间 $[a, b]$ 上连续，则曲线 $y=f(x)$，直线 $x=a$，$x=b(a<b)$ 及 $y=0$（即 x 轴）所围成的平面图形的面积等于（　　）。

A. $\int_a^b f(x) dx$　　B. $-\int_a^b f(x) dx$

C. $\left|\int_a^b f(x) dx\right|$　　D. $\int_a^b |f(x)| dx$

4. 用几何图形说明下列各式对否。

(1) $\int_0^\pi \sin x dx > 0$　　(2) $\int_0^\pi \cos x dx > 0$

(3) $\int_0^1 x dx = \frac{1}{2}$　　(4) $\int_0^a \sqrt{a^2 - x^2} dx = \frac{\pi a^2}{4}$

5. 利用定积分的几何意义，求下列定积分。

(1) $\int_{0}^{2} 3x\mathrm{d}x$　　(2) $\int_{-\frac{\pi}{2}}^{\frac{\pi}{2}} \sin x\mathrm{d}x$

(3) $\int_{0}^{2} \sqrt{4-x^2}\,\mathrm{d}x$

6. 利用定积分的性质，比较下列各式的大小。

(1) $\int_{0}^{1} x^2\mathrm{d}x$ 与 $\int_{0}^{1} x^3\mathrm{d}x$　　(2) $\int_{0}^{\frac{\pi}{4}} \sin x\mathrm{d}x$ 与 $\int_{0}^{\frac{\pi}{4}} \cos x\mathrm{d}x$

(3) $\int_{0}^{1} x\mathrm{d}x$ 与 $\int_{0}^{1} \ln(1+x)\mathrm{d}x$　　(4) $\int_{0}^{1} x\mathrm{d}x$ 与 $\int_{0}^{1} \sin x\mathrm{d}x$

7. 估计下列各积分值的大小。

(1) $\int_{2}^{4} x^2\mathrm{d}x$　　(2) $\int_{-1}^{1} \mathrm{e}^{-x}\mathrm{d}x$

5.2　定积分的基本公式

案例导入

弹簧在拉伸过程中，所需要的力与弹簧的伸长量成正比，即 $F=kx$（k 为比例系数）。已知弹簧拉长 0.01m 时，需要用力 10N，要使弹簧伸长 0.05m，计算外力所做的功。

案例分析

为了计算外力所做的功，我们可以从定积分的定义出发，利用求和式极限的方法，但这种方法难度较大而且只能计算极少函数的定积分。这就需要我们掌握计算定积分的简单方法，通过揭示导数与定积分的关系，引出定积分的基本公式，得出利用原函数计算定积分的方法。

一、变上限积分函数

设函数 $f(x)$ 在 $[a,b]$ 上连续，x 为 $[a,b]$ 上的任意一点，则积分 $\int_{a}^{x} f(x)\mathrm{d}x$ 存在。当 x 在区间 $[a,b]$ 上变化时，积分 $\int_{a}^{x} f(x)\mathrm{d}x$ 是上限 x 的函数，称为**变上限的定积分**，记作 $F(x)$。因为定积分与积分变量所用字母无关，为了避免混淆，将积分变量用 t 表示，即 $F(x)=\int_{a}^{x} f(t)\mathrm{d}t$，$x\in[a,b]$。

变上限积分函数

变上限积分函数的几何意义为：用 $F(x)$ 表示右侧一边可以变动的曲边梯形的面积，$F(x)$ 随着 x 的变化而变化，因而是 x 的函数，如图5-10所示。

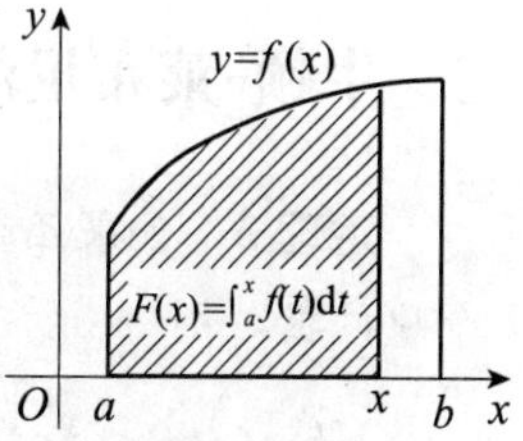

图5-10

变上限积分函数有下面两个重要定理。

定理1 设函数 $f(x)$ 在 $[a, b]$ 上连续，则变上限的定积分 $F(x)=\int_a^x f(t)\mathrm{d}t$ 在区间 $[a, b]$ 上可导，且 $F'(x)=\left[\int_a^x f(t)\mathrm{d}t\right]'=f(x)$。

这说明 $F(x)$ 是连续函数 $f(x)$ 的一个原函数，由此可得到原函数存在定理。

定理2 若函数 $f(x)$ 在 $[a, b]$ 上连续，则函数 $F(x)=\int_a^x f(t)\mathrm{d}t$ 是函数 $f(x)$ 在 $[a, b]$ 上的一个原函数。

这个定理既肯定了连续函数的原函数是存在的，又初步揭示了定积分与原函数之间的关系。变上限积分函数的重要性质不仅在证明微积分基本定理时有重要作用，在讨论函数 $F(x)$ 本身的性质时也很重要。

例1 已知 $F(x)=\int_a^x \sin t\mathrm{d}t$，求 $F'(x)$。

解 由定理1可知，$F'(x)=\left(\int_a^x \sin t\mathrm{d}t\right)'=\sin x$。

例2 求 $\frac{\mathrm{d}}{\mathrm{d}x}\int_0^{x^2}\cos t\mathrm{d}t$。

解 积分上限是 x 的函数，所以变上限积分函数是 x 的复合函数。由复合函数求导法则有

$$\frac{\mathrm{d}}{\mathrm{d}x}\int_0^{x^2}\cos t\mathrm{d}t=\cos x^2\cdot(x^2)'=2x\cos x^2$$

例3 求 $\lim\limits_{x\to 0}\frac{1}{x}\int_0^x \ln(1+t)\mathrm{d}t$。

解 当 $x\to 0$ 时，此极限为 $\frac{0}{0}$ 型未定式，利用洛必达法则，有

$$\begin{aligned}\lim_{x\to 0}\frac{1}{x}\int_0^x \ln(1+t)\mathrm{d}t&=\lim_{x\to 0}\frac{\left[\int_0^x \ln(1+t)\mathrm{d}t\right]'}{(x)'}\\&=\lim_{x\to 0}\ln(1+x)\\&=0\end{aligned}$$

一般地，如果 $g(x)$ 可导，则 $\left[\int_a^{g(x)} f(t)\mathrm{d}t\right]'=f[g(x)]\cdot g'(x)$。

二、牛顿-莱布尼茨公式

定理 3 如果函数 $f(x)$ 在 $[a, b]$ 上连续，且 $F(x)$ 是 $f(x)$ 在 $[a, b]$ 上的一个原函数，则

$$\int_a^b f(x)\mathrm{d}x = F(b) - F(a) \tag{5.1}$$

为了书写方便，通常用 $F(x)\Big|_a^b$ 来表示 $F(b)-F(a)$，即

$$\int_a^b f(x)\mathrm{d}x = F(x)\Big|_a^b = F(b) - F(a)$$

定理 3 称为**微积分基本定理**，它揭示了定积分与不定积分之间的联系。公式（5.1）称为牛顿-莱布尼茨公式，它为定积分的计算提供了有效的方法。计算函数 $f(x)$ 在 $[a, b]$ 上的定积分，就是计算 $f(x)$ 的任一原函数在 $[a, b]$ 上的增量，从而将计算定积分转化为求原函数。

例 4 求积分 $\int_2^5 \frac{\mathrm{d}x}{x}$。

解 $\int_2^5 \frac{\mathrm{d}x}{x} = \ln|x|\Big|_2^5 = \ln 5 - \ln 2 = \ln\frac{5}{2}$。

例 5 求积分 $\int_0^{\frac{\pi}{2}} \sin x\mathrm{d}x$。

解 $\int_0^{\frac{\pi}{2}} \sin x\mathrm{d}x = -\cos x\Big|_0^{\frac{\pi}{2}} = -\left(\cos\frac{\pi}{2} - \cos 0\right) = 1$。

例 6 求积分 $\int_{-1}^1 \frac{\mathrm{d}x}{1+x^2}$。

解 $\int_{-1}^1 \frac{\mathrm{d}x}{1+x^2} = \arctan x\Big|_{-1}^1 = \arctan 1 - \arctan(-1) = \frac{\pi}{4} - \left(-\frac{\pi}{4}\right) = \frac{\pi}{2}$。

例 7 求积分 $\int_{-4}^4 |x-3|\mathrm{d}x$。

解 此题只有先去掉绝对值符号后才能计算定积分。

因为 $|x-3| = \begin{cases} x-3, & x \geqslant 3 \\ 3-x, & x < 3 \end{cases}$，所以

$$\begin{aligned}\int_{-4}^4 |x-3|\mathrm{d}x &= \int_{-4}^3 (3-x)\mathrm{d}x + \int_3^4 (x-3)\mathrm{d}x \\ &= \left(3x - \frac{1}{2}x^2\right)\Big|_{-4}^3 + \left(\frac{1}{2}x^2 - 3x\right)\Big|_3^4 \\ &= 25\end{aligned}$$

案例解决

由题设，$x=0.01\text{m}$ 时，$F=10\text{N}$。代入 $F=kx$，得 $k=1\,000\text{N/m}$，从而变力为 $F=1\,000x$，则所求的功为

$$W=\int_0^{0.05}1\,000x\mathrm{d}x=500x^2\Big|_0^{0.05}=1.25\ (\text{J})$$

习题 5.2

1. 填空题。

(1) 设 $F(x)=\int_0^x \sin t\mathrm{d}t$，则 $F(0)=$________，$F\left(\frac{\pi}{2}\right)=$________，$F'(0)=$________，$F'(\pi)=$________。

(2) 设 $F(x)=\int_0^x t^2\sqrt{1+t}\,\mathrm{d}t$，则 $F'(x)=$________。

(3) 设 $F(x)=\int_x^{-1} t\mathrm{e}^{-t}\mathrm{d}t$，则 $F'(x)=$________。

(4) 设 $F(x)=\int_a^x f(t)\mathrm{d}t=\mathrm{e}^x-1$，则 $a=$________。

2. 计算下列定积分。

(1) $\int_1^2 x^3\mathrm{d}x$

(2) $\int_1^3\left(x^3+\frac{1}{x^2}\right)\mathrm{d}x$

(3) $\int_0^{\frac{\pi}{4}}\tan^2 x\mathrm{d}x$

(4) $\int_0^{\sqrt{3}a}\frac{1}{a^2+x^2}\mathrm{d}x$

(5) $\int_0^1\frac{1}{1+x^2}\mathrm{d}x$

(6) $\int_0^{\frac{\pi}{4}}\cos x\mathrm{d}x$

(7) $\int_{-1}^2 |1-x|\,\mathrm{d}x$

3. 求下列函数的导数。

(1) $F(x)=\int_2^x\sqrt{1+t^2}\,\mathrm{d}t$

(2) $F(x)=\int_x^3\frac{2t}{3+2t+t^2}\mathrm{d}t$

(3) $\frac{\mathrm{d}}{\mathrm{d}x}\int_0^x \mathrm{e}^t\cos t\mathrm{d}t$

4. 求下列极限。

(1) $\lim\limits_{x\to 0}\frac{1}{x^2}\int_0^x\arctan t\mathrm{d}t$

(2) $\lim\limits_{x\to 0}\frac{1}{2x}\int_0^x\cos t^2\mathrm{d}t$

5.3 定积分的换元法与分部积分法

案例导入

近年来，世界范围内每年的石油消耗率呈指数增长，增长指数大约为 0.07。1970 年年初，石油消耗量大约为 161 亿桶。设 $R(t)$ 表示从 1970 年起第 t 年的石油消耗率，已知 $R(t)=161e^{0.07t}$ 亿桶，试用此式计算从 1970 年到 1990 年间石油消耗的总量。

案例分析

由石油消耗率 $R(t)$ 求 20 年间石油消耗的总量，需要计算定积分 $\int_0^{20}161e^{0.07t}dt$ 。这就要求我们掌握更多的计算定积分的方法。

一、定积分的换元法

定理 1 设函数 $f(x)$ 在区间 $[a, b]$ 上连续，函数 $x=\varphi(t)$ 在区间 $[\alpha, \beta]$ 上单调且有连续导数 $\varphi'(t)$，当 t 在 $[\alpha, \beta]$ 上变化时，$x=\varphi(t)$ 在 $[a, b]$ 上变化，且 $a=\varphi(\alpha)$，$b=\varphi(\beta)$，则

$$\int_a^b f(x)dx=\int_\alpha^\beta f[\varphi(t)]\varphi'(t)dt$$

上式称为**定积分的换元公式**。

这个公式与不定积分换元法类似，它们的区别是：不定积分换元求出积分后，需要将变量还原为 x；而定积分在换元的同时，积分限也相应地变化，求出原函数后不需要将变量还原，直接根据新变量的积分限计算。

注：

换元必须换限。

例 1 计算 $\int_0^{\frac{\pi}{2}}\cos^3\varphi\sin\varphi d\varphi$ 。

解法 1 $\int_0^{\frac{\pi}{2}}\cos^3\varphi\sin\varphi d\varphi=-\int_0^{\frac{\pi}{2}}\cos^3\varphi d(\cos\varphi)=-\frac{1}{4}\cos^4\varphi\Big|_0^{\frac{\pi}{2}}=\frac{1}{4}$ 。

解法 2 令 $x=\cos\varphi$，则 $dx=-\sin\varphi d\varphi$。当 $\varphi=0$ 时，$x=1$；当 $\varphi=\frac{\pi}{2}$ 时，$x=0$。故

$$\int_0^{\frac{\pi}{2}}\cos^3\varphi\sin\varphi d\varphi=-\int_1^0 x^3dx=-\frac{1}{4}x^4\Big|_1^0=\frac{1}{4}$$

例 2 计算 $\int_1^e \frac{2+\ln x}{x}dx$ 。

解法 1 $\int_1^e \frac{2+\ln x}{x}dx = \int_1^e (2+\ln x)d\ln x = \left(2\ln x + \frac{1}{2}\ln^2 x\right)\Big|_1^e = 2+\frac{1}{2} = \frac{5}{2}$ 。

解法 2 令 $u=\ln x$，则 $x=e^u$，$dx=e^u du$。当 $x=1$ 时，$u=0$；当 $x=e$ 时，$u=1$。故

$$\int_1^e \frac{2+\ln x}{x}dx = \int_0^1 (2+u)du = \left(2u+\frac{1}{2}u^2\right)\Big|_0^1 = 2+\frac{1}{2} = \frac{5}{2}$$

例 3 计算 $\int_0^4 \frac{1}{1+\sqrt{x}}dx$ 。

解 令 $x=t^2(t>0)$，则 $dx=2tdt$。当 $x=0$ 时，$t=0$；当 $x=4$ 时，$t=2$。故

$$\int_0^4 \frac{1}{1+\sqrt{x}}dx = \int_0^2 \frac{2t}{1+t}dt = 2\int_0^2 \frac{t}{1+t}dt = 2\int_0^2 \left(1-\frac{1}{1+t}\right)dt$$

$$= 2[t-\ln(1+t)]\Big|_0^2 = 2(2-\ln 3)$$

例 4 计算 $\int_0^{\ln 2} \sqrt{e^x-1}\,dx$ 。

解 令 $\sqrt{e^x-1}=t$，则 $x=\ln(t^2+1)$，$dx=\frac{2t}{t^2+1}dt$。当 $x=0$ 时，$t=0$；当 $x=\ln 2$ 时，$t=1$。故

$$\int_0^{\ln 2} \sqrt{e^x-1}\,dx = \int_0^1 t\cdot\frac{2t}{t^2+1}dt = 2\int_0^1 \left(1-\frac{1}{t^2+1}\right)dt$$

$$=2(t-\arctan t)\Big|_0^1 = 2-\frac{\pi}{2}$$

例 5 计算 $\int_0^4 \sqrt{16-x^2}\,dx$ 。

解 令 $x=4\sin t$，则 $dx=4\cos t dt$。当 $x=0$ 时，$t=0$；当 $x=4$ 时，$t=\frac{\pi}{2}$。故

$$\int_0^4 \sqrt{16-x^2}\,dx = \int_0^{\frac{\pi}{2}} \sqrt{16-16\sin^2 t}\cdot 4\cos t dt$$

$$= \int_0^{\frac{\pi}{2}} \sqrt{(4\cos t)^2}\cdot 4\cos t dt = 16\int_0^{\frac{\pi}{2}} \cos^2 t dt$$

$$= 16\int_0^{\frac{\pi}{2}} \frac{1+\cos 2t}{2}dt = 8\left(t+\frac{1}{2}\sin 2t\right)\Big|_0^{\frac{\pi}{2}} = \frac{8\pi}{2} = 4\pi$$

二、定积分的分部积分法

定积分的分部积分法
定积分的分部积分法与不定积分的分部积分法有类似的公式。

例 6 计算 $\int_0^\pi x\cos x dx$ 。

解 先用分部积分法求 $x\cos x$ 的原函数：

$$\int x\cos x\mathrm{d}x = \int x\mathrm{d}(\sin x) = x\sin x - \int \sin x\mathrm{d}x = x\sin x + \cos x + C$$

$$\int_0^{\pi} x\cos x\mathrm{d}x = [x\sin x + \cos x]\Big|_0^{\pi} = -1-1=-2$$

分部与双重代换同时进行，即以下面方式完成：

$$\int_0^{\pi} x\cos x\mathrm{d}x = x\sin x\Big|_0^{\pi} - \int_0^{\pi}\sin x\mathrm{d}x = 0+\cos x\Big|_0^{\pi} = -2$$

定理 2 设函数 $u(x)$，$v(x)$ 在区间 $[a,b]$ 上有连续的导数 $u'(x)$，$v'(x)$，则有

$$\int_a^b uv'\mathrm{d}x = uv\Big|_a^b - \int_a^b u'v\mathrm{d}x \text{ 或} \int_a^b u\mathrm{d}v = vu\Big|_a^b - \int_a^b v\mathrm{d}u$$

上式称为**定积分的分部积分公式**。

使用定积分的分部积分公式与求不定积分的分部积分法相同。在使用时要注意：右式中的 $\int_a^b v\mathrm{d}u$ 应比所求积分 $\int_a^b u\mathrm{d}v$ 容易求得，或者右式中的 $\int_a^b v\mathrm{d}u$ 与所求积分 $\int_a^b u\mathrm{d}v$ 是相同的积分（循环积分），合并后再求出积分 $\int_a^b u\mathrm{d}v$。

例 7 计算 $\int_1^{\mathrm{e}} \ln x\mathrm{d}x$ 。

解 $\int_1^{\mathrm{e}} \ln x\mathrm{d}x = x\ln x\Big|_1^{\mathrm{e}} - \int_1^{\mathrm{e}} x\cdot\frac{1}{x}\mathrm{d}x = \mathrm{e} - x\Big|_1^{\mathrm{e}} = 1$。

例 8 计算 $\int_0^{\pi} x\sin x\mathrm{d}x$ 。

解
$$\begin{aligned}\int_0^{\pi} x\sin x\mathrm{d}x &= \int_0^{\pi} x\mathrm{d}(-\cos x) = x\cdot(-\cos x)\Big|_0^{\pi} - \int_0^{\pi}(-\cos x)\mathrm{d}x \\ &= \pi + \sin x\Big|_0^{\pi} = \pi\text{。}\end{aligned}$$

例 9 计算 $\int_0^{\frac{\pi}{2}} \mathrm{e}^x\cos x\mathrm{d}x$ 。

解
$$\begin{aligned}\int_0^{\frac{\pi}{2}} \mathrm{e}^x\cos x\mathrm{d}x &= \int_0^{\frac{\pi}{2}}\cos x\mathrm{d}\mathrm{e}^x = \mathrm{e}^x\cos x\Big|_0^{\frac{\pi}{2}} - \int_0^{\frac{\pi}{2}}\mathrm{e}^x\mathrm{d}\cos x \\ &= -1+\int_0^{\frac{\pi}{2}}\mathrm{e}^x\sin x\mathrm{d}x = -1+\int_0^{\frac{\pi}{2}}\sin x\mathrm{d}\mathrm{e}^x \\ &= -1+\mathrm{e}^x\sin x\Big|_0^{\frac{\pi}{2}} - \int_0^{\frac{\pi}{2}}\mathrm{e}^x\mathrm{d}\sin x \\ &= -1+\mathrm{e}^{\frac{\pi}{2}} - \int_0^{\frac{\pi}{2}}\mathrm{e}^x\cos x\mathrm{d}x\text{。}\end{aligned}$$

所以，$\int_0^{\frac{\pi}{2}} \mathrm{e}^x\cos x\mathrm{d}x = \frac{1}{2}(\mathrm{e}^{\frac{\pi}{2}}-1)$ 。

例 10 计算 $\int_0^{\frac{\sqrt{3}}{2}} \arcsin x\mathrm{d}x$ 。

解 $\int_0^{\frac{\sqrt{3}}{2}}\arcsin x\mathrm{d}x = x\arcsin x\Big|_0^{\frac{\sqrt{3}}{2}} - \int_0^{\frac{\sqrt{3}}{2}}\frac{x}{\sqrt{1-x^2}}\mathrm{d}x$

$$=\frac{\sqrt{3}}{2}\cdot\frac{\pi}{3}+\frac{1}{2}\int_0^{\frac{\sqrt{3}}{2}}(1-x^2)^{-\frac{1}{2}}\mathrm{d}(1-x^2)$$

$$=\frac{\sqrt{3}\pi}{6}+\sqrt{1-x^2}\Big|_0^{\frac{\sqrt{3}}{2}}=\frac{\sqrt{3}\pi}{6}+\frac{1}{2}-1=\frac{\sqrt{3}\pi}{6}-\frac{1}{2}。$$

案例解决

设 $T(t)$ 表示从1970年（$t=0$）起到第 t 年石油消耗的总量，$T'(t)$ 就是石油消耗率 $R(t)$，即 $T'(t)=R(t)$，于是由变化率求总改变量，得 $T(20)-T(0)=\int_0^{20}R(t)\mathrm{d}t=\int_0^{20}161\mathrm{e}^{0.07t}\mathrm{d}t=\frac{161}{0.07}\int_0^{20}\mathrm{e}^{0.07t}\mathrm{d}(0.07t)=2\,300\mathrm{e}^{0.07t}\Big|_0^{20}\approx 7\,027$（亿桶）。

习题 5.3

1. 利用换元积分法计算下列定积分。

(1) $\int_0^3\sqrt{1+x}\mathrm{d}x$　　(2) $\int_0^1\frac{x}{1+x^2}\mathrm{d}x$

(3) $\int_{-\frac{\pi}{2}}^{\frac{\pi}{2}}\sin^4 x\mathrm{d}x$

2. 利用分部积分法计算下列定积分。

(1) $\int_0^{\mathrm{e}}x\ln x\mathrm{d}x$　　(2) $\int_0^1 x\mathrm{e}^{-x}\mathrm{d}x$

(3) $\int_0^{\frac{\pi}{2}}x\sin^2 x\mathrm{d}x$

3. 计算下列定积分。

(1) $\int_0^3\frac{\sqrt{x}}{1+x}\mathrm{d}x$　　(2) $\int_0^2\frac{\mathrm{e}^x}{\mathrm{e}^{2x}+1}\mathrm{d}x$

(3) $\int_0^{\frac{\pi}{2}}\cos^2 x\sin x\mathrm{d}x$　　(4) $\int_1^{\mathrm{e}^3}\frac{1}{x\sqrt{1+\ln x}}\mathrm{d}x$

(5) $\int_0^1\mathrm{e}^x(\mathrm{e}^x-1)^4\mathrm{d}x$　　(6) $\int_1^{\mathrm{e}}\frac{1+\ln x}{x}\mathrm{d}x$

(7) $\int_0^1 x\sqrt{1-x^2}\mathrm{d}x$　　(8) $\int_1^2\frac{1}{x^2}\mathrm{e}^{\frac{1}{x}}\mathrm{d}x$

(9) $\int_1^{64}\frac{\mathrm{d}x}{\sqrt{x}+\sqrt[3]{x}}$　　(10) $\int_0^2 x^2\mathrm{e}^{2x}\mathrm{d}x$

(11) $\int_0^{\frac{\pi}{2}}\mathrm{e}^{2x}\cos x\mathrm{d}x$

4. 设函数 $f(x)$ 在区间 $[-a, a]$ 上连续，证明：

（1）若 $f(-x)=-f(x)$，则 $\int_{-a}^{a} f(x)\mathrm{d}x=0$；

（2）若 $f(-x)=f(x)$，则 $\int_{-a}^{a} f(x)\mathrm{d}x=2\int_{0}^{a} f(x)\mathrm{d}x$。

5.4　广义积分

案例导入

有一个大型投资项目，投资成本为 $A=10\ 000$（万元），投资年利率为 5%，每年的平均收入率为 $a=1\ 000$（万元），求该投资为无限期时纯收入的贴现值。

案例分析

按照年利率 $r=5\%$ 的复利计算，在 $[0,+\infty)$ 时间内得到的总收入现值为 $P=\int_{0}^{+\infty} a\mathrm{e}^{-rt}\mathrm{d}t$，此时函数的定义域是无穷区间 $[0,+\infty)$。

我们称上面的积分为无穷区间上的积分。在实际生活中我们还会遇到被积函数为无界的情况。一般地，我们把这两种情况下的积分称为广义积分。

无穷积分

一、无穷区间上的广义积分——无穷积分

定义 1　设函数 $f(x)$ 在区间 $[a,+\infty)$ 上连续，取 $b>a$，若极限 $\lim\limits_{b\to+\infty}\int_{a}^{b} f(x)\mathrm{d}x$ 存在，则称此极限为函数 $f(x)$ 在 $[a,+\infty)$ 上的**广义积分**，记作 $\int_{a}^{+\infty} f(x)\mathrm{d}x$，即 $\int_{a}^{+\infty} f(x)\mathrm{d}x=\lim\limits_{b\to+\infty}\int_{a}^{b} f(x)\mathrm{d}x$，此时也称广义积分 $\int_{a}^{+\infty} f(x)\mathrm{d}x$ **收敛**；如果上述极限不存在，就称 $\int_{a}^{+\infty} f(x)\mathrm{d}x$ **发散**。

类似地，定义 $f(x)$ 在区间 $(-\infty,b]$ 上的广义积分为：

$$\int_{-\infty}^{b} f(x)\mathrm{d}x=\lim_{a\to-\infty}\int_{a}^{b} f(x)\mathrm{d}x$$

定义 $f(x)$ 在 $(-\infty,+\infty)$ 上的广义积分为：

$$\int_{-\infty}^{+\infty} f(x)\mathrm{d}x=\int_{-\infty}^{a} f(x)\mathrm{d}x+\int_{a}^{+\infty} f(x)\mathrm{d}x$$

其中，a 为任意实数。当且仅当上式右端的两个积分同时收敛时，称广义积分 $\int_{-\infty}^{+\infty} f(x)\mathrm{d}x$ 收敛，否则称其发散。

从广义积分的定义可以直接得到广义积分的计算方法，即先求有限区间上的定积分，再取极限。

例 1 计算广义积分 $\int_0^{+\infty} \frac{1}{1+x^2}\mathrm{d}x$。

解 任取实数 $b>0$，则

$$\int_0^{+\infty} \frac{1}{1+x^2}\mathrm{d}x = \lim_{b\to+\infty}\int_0^b \frac{1}{1+x^2}\mathrm{d}x = \lim_{b\to+\infty}\arctan x\Big|_0^b$$

$$= \lim_{b\to+\infty}(\arctan b-\arctan 0) = \frac{\pi}{2}$$

例 2 计算 $\int_0^{+\infty} \frac{x}{1+x^2}\mathrm{d}x$ 。

解 $$\int_0^{+\infty} \frac{x}{1+x^2}\mathrm{d}x = \lim_{b\to+\infty}\int_0^b \frac{x}{1+x^2}\mathrm{d}x = \lim_{b\to+\infty}\frac{1}{2}\int_0^b \frac{1}{1+x^2}\mathrm{d}(1+x^2)$$

$$= \frac{1}{2}\lim_{b\to+\infty}\ln(1+x^2)\Big|_0^b = \frac{1}{2}\lim_{b\to+\infty}\ln(1+b^2) = +\infty。$$

所以，广义积分 $\int_0^{+\infty} \frac{x}{1+x^2}\mathrm{d}x$ 是发散的。

利用极限的性质，可以把定积分的分部积分法、换元积分法推广到广义积分。

例 3 计算 $\int_{-\infty}^0 x\mathrm{e}^x\mathrm{d}x$ 。

解 $$\int_{-\infty}^0 x\mathrm{e}^x\mathrm{d}x = \lim_{a\to-\infty}\int_a^0 x\mathrm{e}^x\mathrm{d}x = \lim_{a\to-\infty}\left[x\mathrm{e}^x\Big|_a^0 - \int_a^0 \mathrm{e}^x\mathrm{d}x\right]$$

$$= \lim_{a\to-\infty}\left[-a\mathrm{e}^a - \mathrm{e}^x\Big|_a^0\right] = \lim_{a\to-\infty}\left[-a\mathrm{e}^a - 1 + \mathrm{e}^a\right] = -1。$$

显然，这里的极限 $\lim_{a\to-\infty}(1-a)\mathrm{e}^a$ 是未定式，利用洛必达法则可得其结果为零。

例 4 讨论广义积分 $\int_a^{+\infty} \frac{1}{x^p}\mathrm{d}x(a>0)$ 的敛散性。

解 当 $p=1$ 时，

$$\int_a^{+\infty} \frac{1}{x^p}\mathrm{d}x = \int_a^{+\infty} \frac{1}{x}\mathrm{d}x = \lim_{b\to+\infty}\ln x\Big|_a^b = \lim_{b\to+\infty}[\ln b - \ln a] = +\infty\ (发散)$$

当 $p\neq1$ 时，

$$\int_a^{+\infty} \frac{1}{x^p}\mathrm{d}x = \lim_{b\to+\infty}\frac{x^{1-p}}{1-p}\Big|_a^b = -\frac{a^{1-p}}{1-p} + \lim_{b\to+\infty}\frac{b^{1-p}}{1-p} = \begin{cases} +\infty, & p<1(发散) \\ \frac{a^{1-p}}{p-1}, & p>1(收敛) \end{cases}$$

故 $p>1$ 时，该广义积分收敛，其值为 $\frac{a^{1-p}}{p-1}$；当 $p\leqslant1$ 时，该广义积分发散。此广义积分称为 p 积分，牢记它的敛散性，可以直接运用。

二、无界函数的广义积分——瑕积分

定义 2 设函数 $f(x)$ 在区间 $(a, b]$ 上连续，且 $\lim\limits_{x\to a^+} f(x)=\infty$。取 $A>a$，如果极限 $\lim\limits_{A\to a^+}\int_A^b f(x)\mathrm{d}x$ 存在，则称此极限为函数 $f(x)$ 在 $(a, b]$ 上的**广义积分**，记作 $\int_a^b f(x)\mathrm{d}x$，即 $\int_a^b f(x)\mathrm{d}x=\lim\limits_{A\to a^+}\int_A^b f(x)\mathrm{d}x$。

此时也称广义积分 $\int_a^b f(x)\mathrm{d}x$ 收敛，否则就称广义积分 $\int_a^b f(x)\mathrm{d}x$ 发散。

类似地，当 $x=b$ 为 $f(x)$ 的无穷间断点时，$f(x)$ 在 $[a, b)$ 上的广义积分 $\int_a^b f(x)\mathrm{d}x$ 为：取 $B<b$，$\int_a^b f(x)\mathrm{d}x=\lim\limits_{B\to b^-}\int_a^B f(x)\mathrm{d}x$。

当无穷间断点 $x=c$ 位于区间 $[a, b]$ 的内部时，则定义广义积分 $\int_a^b f(x)\mathrm{d}x$ 为：$\int_a^b f(x)\mathrm{d}x=\int_a^c f(x)\mathrm{d}x+\int_c^b f(x)\mathrm{d}x$。

注：

上式右端两个积分均为广义积分，当且仅当右端两个积分同时收敛时，称广义积分 $\int_a^b f(x)\mathrm{d}x$ 收敛，否则称其发散。

(1) 广义积分是常义积分（定积分）概念的扩充，收敛的广义积分与定积分具有类似的性质，但不能直接利用牛顿-莱布尼茨公式。

(2) 求广义积分就是求常义积分的一种极限，因此，首先计算一个常义积分，再求极限，定积分中换元积分法和分部积分法都可以推广到广义积分；在求极限时可以利用求极限的一切方法，包括洛必达法则。

(3) 为了方便，利用下列符号表示极限。

$$\lim_{a\to-\infty}F(x)\Big|_a^b=F(x)\Big|_{-\infty}^b;\quad \lim_{b\to+\infty}F(x)\Big|_a^b=F(x)\Big|_a^{+\infty};$$

$$\lim_{B\to a^+}F(x)\Big|_B^b=F(x)\Big|_a^b;\quad \lim_{B\to b^-}F(x)\Big|_a^B=F(x)\Big|_a^b$$

(4) 瑕积分与常义积分的记号一样，要注意判断和区别。

例 5 求 $\int_0^1\frac{1}{\sqrt{1-x}}\mathrm{d}x$。

解 因为函数 $f(x)=\frac{1}{\sqrt{1-x}}$ 在 $[0, 1)$ 上连续，且 $\lim\limits_{x\to1^-}\frac{1}{\sqrt{1-x}}=+\infty$，所以 $\int_0^1\frac{1}{\sqrt{1-x}}\mathrm{d}x$ 是广义积分，于是

$$\int_0^1 \frac{1}{\sqrt{1-x}}\mathrm{d}x = \lim_{B\to1^-}\int_0^B \frac{1}{\sqrt{1-x}}\mathrm{d}x = \lim_{B\to1^-}\left[-2\sqrt{1-x}\right]\Big|_0^B$$
$$= \lim_{B\to1^-}\left[2-2\sqrt{1-B}\right] = 2$$

例6 计算$\int_{-1}^1 \frac{1}{x^2}\mathrm{d}x$。

解 因为$\lim\limits_{x\to0}\frac{1}{x^2}=+\infty$，所以$\int_{-1}^1 \frac{1}{x^2}\mathrm{d}x$是广义积分，于是

$$\int_{-1}^1 \frac{1}{x^2}\mathrm{d}x = \int_0^1 \frac{1}{x^2}\mathrm{d}x + \int_{-1}^0 \frac{1}{x^2}\mathrm{d}x$$

由于$\int_{-1}^0 \frac{1}{x^2}\mathrm{d}x = +\infty$，即$\int_{-1}^0 \frac{1}{x^2}\mathrm{d}x$发散，因此$\int_{-1}^1 \frac{1}{x^2}\mathrm{d}x$发散。

对于例6，如果没有考虑到被积函数$\frac{1}{x^2}$在$x=0$处有无穷间断点的情况，仍然按定积分来计算，就会得出如下错误的结果：

$$\int_{-1}^1 \frac{1}{x^2}\mathrm{d}x = -\frac{1}{x}\Big|_{-1}^1 = -2$$

例7 讨论广义积分$\int_a^b \frac{\mathrm{d}x}{(x-a)^q}$的敛散性。

解 当$q=1$时，

$$\int_a^b \frac{\mathrm{d}x}{(x-a)^q} = \int_a^b \frac{\mathrm{d}x}{x-a} = \ln(x-a)\Big|_a^b$$
$$= \ln(b-a) - \lim_{x\to a^+}\ln(x-a) = +\infty \text{（发散）}$$

当$q\neq1$时，

$$\int_a^b \frac{\mathrm{d}x}{(x-a)^q} = \frac{(x-a)^{1-q}}{1-q}\Big|_a^b = \frac{(b-a)^{1-q}}{1-q} - \lim_{x\to a^+}\frac{(x-a)^{1-q}}{1-q}$$
$$= \begin{cases} \dfrac{(b-a)^{1-q}}{1-q}, & q<1\text{（收敛）} \\ +\infty, & q>1\text{（发散）} \end{cases}$$

故$q<1$时，该广义积分收敛，其值为$\frac{(b-a)^{1-q}}{1-q}$；当$q\geqslant1$时，该广义积分发散。此广义积分称为q积分，牢记它的敛散性，可以直接运用。

案例解决

按照年利率$r=5\%$的复利计算，在$[0, +\infty)$时间内得到的总收入现值为：

$$P = \int_0^{+\infty} a\mathrm{e}^{-rt}\mathrm{d}t = \int_0^{+\infty} 1\,000\mathrm{e}^{-0.05t}\mathrm{d}t = \lim_{b\to+\infty}\int_0^b 1\,000\mathrm{e}^{-0.05t}\mathrm{d}t$$
$$= \lim_{b\to+\infty}\frac{1\,000}{0.05}\left[1-\mathrm{e}^{-0.05b}\right] = 1\,000\times\frac{1}{0.05} = 20\,000\text{（万元）}$$

因此该投资为无限期时纯收入的贴现值为：

$$R = P - A = 20\,000 - 10\,000 = 10\,000\text{（万元）}$$

习题 5.4

1. 求下列广义积分。

(1) $\int_{-\infty}^{0} e^{x} dx$　　(2) $\int_{1}^{+\infty} \frac{1}{x^2} dx$

(3) $\int_{-\infty}^{+\infty} \frac{1}{1+x^2} dx$　　(4) $\int_{e}^{+\infty} \frac{\ln x}{x} dx$

(5) $\int_{0}^{+\infty} e^{-ax} \sin bx \, dx (a>0)$　　(6) $\int_{1}^{+\infty} \frac{\arctan x}{1+x^2} dx$

2. 判断下列瑕积分的敛散性，如果收敛，则计算积分值。

(1) $\int_{0}^{1} \frac{1}{\sqrt{x}} dx$　　(2) $\int_{0}^{1} \frac{dx}{\sqrt{1-x^2}}$

(3) $\int_{1}^{2} \frac{1}{x\ln x} dx$　　(4) $\int_{\frac{\pi}{4}}^{\frac{\pi}{2}} \frac{1}{\cos^2 x} dx$

(5) $\int_{0}^{2} \frac{dx}{(1-x)^2}$　　(6) $\int_{-1}^{1} \frac{1}{x^2} e^{\frac{1}{x}} dx$

5.5　定积分的应用

由于定积分的概念和理论是在解决实际问题的过程中产生和发展起来的，因此它的应用非常广泛。

案例导入

在机械制造中，某凸轮横截面的轮廓线是由极坐标方程 $r=a(1+\cos\theta)(a>0)$ 确定的，请计算该凸轮的面积。

案例分析

要计算凸轮的面积，也就是计算心形线 $r=a(1+\cos\theta)(a>0)$ 所围图形的面积。

一、定积分应用的微元法

为了说明定积分的微元法，我们先回顾求曲边梯形面积 A 的方法和步骤：

(1) 将区间 $[a, b]$ 分成 n 个小区间，相应得到 n 个小曲边梯形，小曲边梯形的面积记为 $\Delta A_i (i=1, 2, \cdots, n)$；

(2) 计算 ΔA_i 的近似值，即 $\Delta A_i \approx f(\xi_i)\Delta x_i$（其中，$\Delta x_i = x_i - x_{i-1}$，$\xi_i \in [x_{i-1}, x_i]$）；

(3) 求和得 A 的近似值，即 $A \approx \sum_{i=1}^{n} f(\xi_i)\Delta x_i$ ；

(4) 对和取极限得 $A = \lim_{\lambda \to 0} \sum_{i=1}^{n} f(\xi_i)\Delta x_i = \int_a^b f(x)\mathrm{d}x$ 。

下面对上述四个步骤进行具体分析：

步骤 (1) 指明了所求量（面积 A）具有的特性，即 A 在区间 $[a, b]$ 上具有可分割性和可加性。

步骤 (2) 是关键，这一步确定的 $\Delta A_i \approx f(\xi_i)\Delta x_i$ 是被积表达式 $f(x)\mathrm{d}x$ 的雏形。这可以从以下过程来理解：由于分割的任意性，在实际应用中，为了简便起见，对 $\Delta A_i \approx f(\xi_i)\Delta x_i$省略下标，得 $\Delta A \approx f(\xi)\Delta x$，用 $[x, x+\mathrm{d}x]$ 表示 $[a, b]$ 内的任一小区间，并取小区间的左端点 x 为 ξ，则 ΔA 的近似值就是以 $\mathrm{d}x$ 为底、$f(x)$ 为高的小矩形的面积，如图 5-11 所示的阴影部分，即 $\Delta A \approx f(x)\mathrm{d}x$。

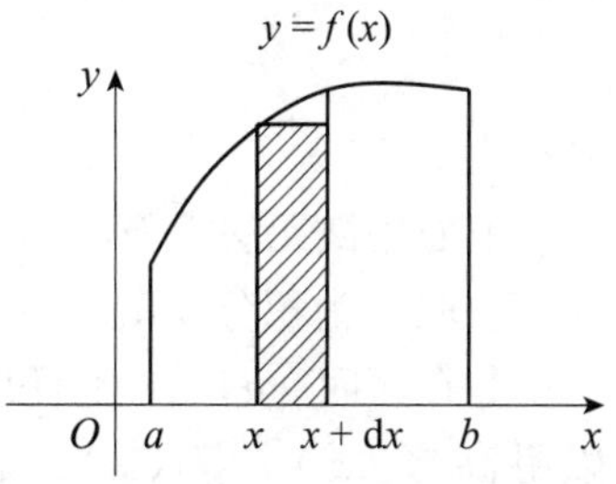

图 5-11

通常称 $f(x)\mathrm{d}x$ 为面积元素，记为：$\mathrm{d}A = f(x)\mathrm{d}x$。

将步骤 (3)、步骤 (4) 合并，即将这些面积元素在 $[a, b]$ 上“无限累加”，就得到面积 A，即 $A = \int_a^b f(x)\mathrm{d}x$ 。

一般来说，用定积分解决实际问题时，通常按以下步骤来进行：

(1) 确定积分变量 x，并求出相应的积分区间 $[a, b]$；

(2) 在区间 $[a, b]$ 上任取一个小区间 $[x, x+\mathrm{d}x]$，并在小区间上找出所求量 F 的微元 $\mathrm{d}F = f(x)\mathrm{d}x$；

(3) 写出所求量 F 的积分表达式 $F = \int_a^b f(x)\mathrm{d}x$ ，然后计算它的值。

利用定积分按上述步骤解决实际问题的方法叫做**定积分的微元法**。

注：

能够用微元法求出结果的量 F 一般应满足以下两个条件：

(1) F 是与变量 x 的变化范围 $[a, b]$ 有关的量；

(2) F 对于 $[a, b]$ 具有可加性，即如果把区间 $[a, b]$ 分成若干个部分区间，则 F 相应地分成若干个分量。

二、定积分的几何应用

1. 直角坐标系下面积的计算

直角坐标系下面积的计算

(1) 由曲线 $y=f(x)$ 和直线 $x=a$，$x=b$，$y=0$ 所围成曲边梯形的面积的求法前面已经介绍，此处不再叙述。

(2) 求由两条曲线 $y=f(x)$，$y=g(x)$ ($f(x) \geqslant g(x)$) 及直线 $x=a$，$x=b$ 所围成平面的面积 A，如图 5-12 所示。

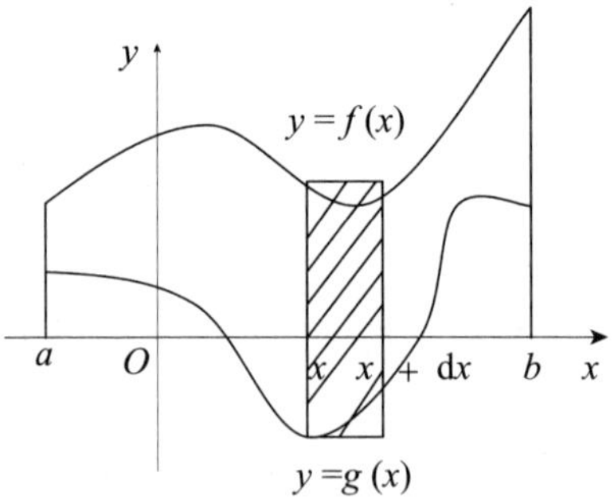

图 5－12

下面用微元法求面积 A。

①取 x 为积分变量，$x\in[a,\ b]$。

②在区间 $[a,\ b]$ 上任取一小区间 $[x,\ x+\mathrm{d}x]$，该区间上小曲边梯形的面积 $\mathrm{d}A$ 可以用高 $f(x)-g(x)$、底边为 $\mathrm{d}x$ 的小矩形的面积近似代替，从而得面积元素：$\mathrm{d}A=[f(x)-g(x)]\,\mathrm{d}x$。

③写出积分表达式，即 $A=\int_a^b[f(x)-g(x)]\mathrm{d}x$ 。

（3）求由两条曲线 $x=\psi(y)$，$x=\varphi(y)$（$\psi(y)\leqslant\varphi(y)$）及直线 $y=c$，$y=d$ 所围成平面图形的面积 A，如图 5－13 所示。这里取 y 为积分变量，$y\in[c,\ d]$，用类似（2）的方法可以推出：$A=\int_c^d[\varphi(y)-\psi(y)]\mathrm{d}y$ 。

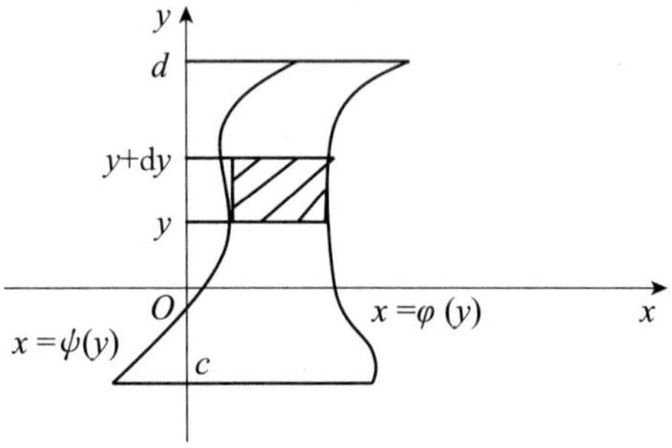

图 5－13

例 1 求由曲线 $y=x^2$ 与 $y=2x-x^2$ 所围图形的面积。

解 画出所围的图形，如图 5－14 所示，由方程组 $\begin{cases}y=x^2\\y=2x-x^2\end{cases}$ 得两条曲线的交点为 $O(0,\ 0)$，$A(1,\ 1)$，取 x 为积分变量，$x\in[0,\ 1]$。由公式得

$$A=\int_0^1(2x-x^2-x^2)\mathrm{d}x=\left(x^2-\frac{2}{3}x^3\right)\Big|_0^1=\frac{1}{3}$$

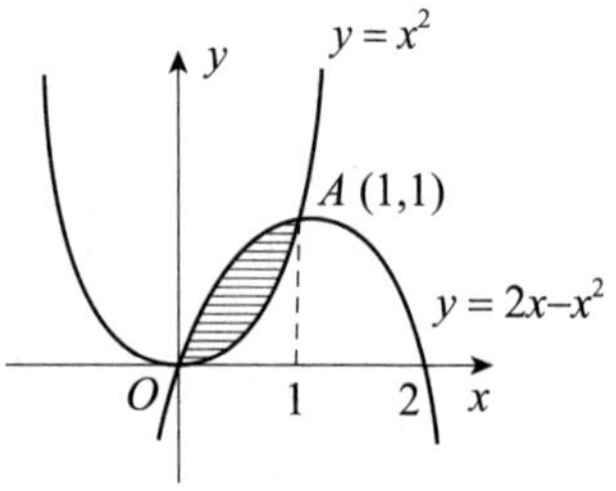

图 5－14

例 2 求由曲线 $y^2=2x$ 与 $y=x-4$ 所围图形的面积。

解 画出所围的图形，如图5-15所示。由方程组 $\begin{cases}y^2=2x\\y=x-4\end{cases}$ 得两条曲线的交点坐标为 $A(2,-2)$，$B(8,4)$，取 y 为积分变量，$y\in[-2,4]$。将两条曲线方程分别改写为 $x=\frac{1}{2}y^2$ 及 $x=y+4$，得所求面积为

$$A=\int_{-2}^{4}\left(y+4-\frac{1}{2}y^2\right)\mathrm{d}y=\left(\frac{1}{2}y^2+4y-\frac{1}{6}y^3\right)\Big|_{-2}^{4}=18$$

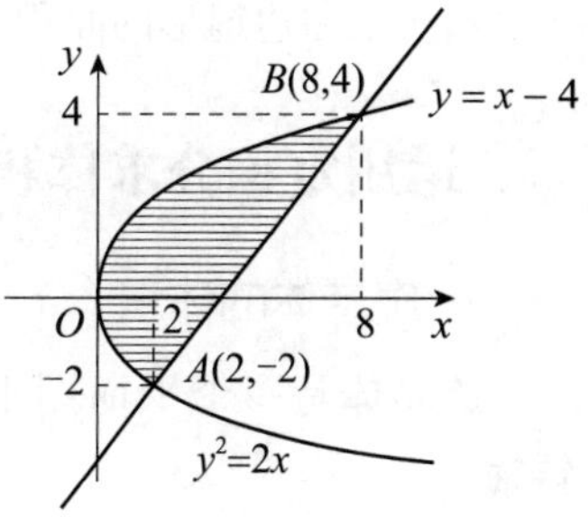

图 5-15

注：

本题若以 x 为积分变量，由于图形在 $[0,2]$ 和 $[2,8]$ 两个区间上的构成情况不同，因此需要分成两部分来计算，其结果应为：

$$A=2\int_0^2\sqrt{2x}\,\mathrm{d}x+\int_2^8[\sqrt{2x}-(x-4)]\mathrm{d}x$$
$$=\frac{4\sqrt{2}}{3}x^{\frac{3}{2}}\Big|_0^2+\left(\frac{2\sqrt{2}}{3}x^{\frac{3}{2}}-\frac{1}{2}x^2+4x\right)\Big|_2^8=18$$

显然，对于例2，选取 x 作为积分变量，不如选取 y 作为积分变量计算简便。可见，适当选取积分变量，可使计算简化。

例3 求由曲线 $y=\cos x$ 与 $y=\sin x$ 在区间 $[0,\pi]$ 上所围平面图形的面积。

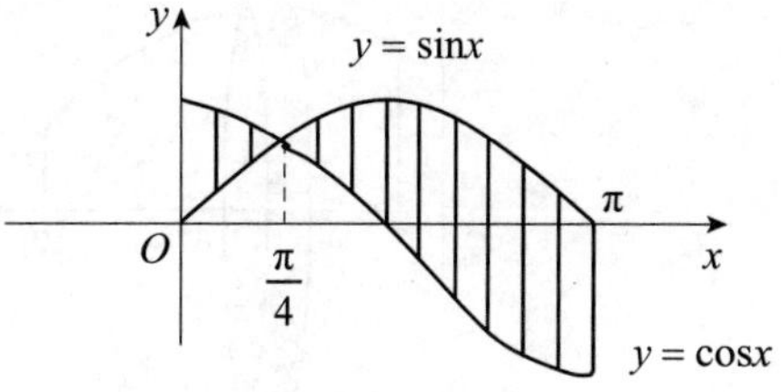

图 5-16

解 如图5-16所示，曲线 $y=\cos x$ 与 $y=\sin x$ 的交点坐标为 $\left(\frac{\pi}{4},\frac{\sqrt{2}}{2}\right)$，选取 x 作为积分变量，$x\in[0,\pi]$，于是，所求面积为

$$A=\int_0^{\frac{\pi}{4}}(\cos x-\sin x)\mathrm{d}x+\int_{\frac{\pi}{4}}^{\pi}(\sin x-\cos x)\mathrm{d}x$$
$$=(\sin x+\cos x)\Big|_0^{\frac{\pi}{4}}+(-\cos x-\sin x)\Big|_{\frac{\pi}{4}}^{\pi}=2\sqrt{2}$$

2. 极坐标系下面积的计算

设曲边扇形由极坐标方程 $\rho=\rho(\theta)$ 与射线 $\theta=\alpha$，$\theta=\beta$ $(\alpha<\beta)$ 所围成，如图5-17所示，下面用微元法求它的面积 A。

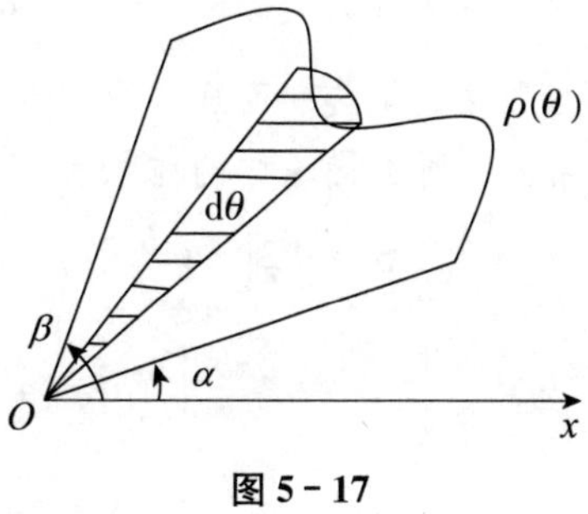

图 5-17

以极角 θ 为积分变量，它的变化区间是 $[\alpha,\beta]$，相应的小曲边扇形的面积近似于等于半径为 $\rho(\theta)$、中心角为 $\mathrm{d}\theta$ 的圆扇形的面积，从而得到面积微元为 $\mathrm{d}A=\frac{1}{2}[\rho(\theta)]^2\mathrm{d}\theta$。

于是，所求曲边扇形的面积为 $A=\int_{\alpha}^{\beta}\frac{1}{2}[\rho(\theta)]^2\mathrm{d}\theta$ 。

三、运用定积分求体积

1. 旋转体的体积

旋转体是一个平面图形绕着平面内的一条直线旋转而成的立体。这条直线叫做**旋转轴**。

设旋转体是由连续曲线 $y=f(x)$ 和直线 $x=a$，$x=b$ 及 x 轴所围成的曲边梯形绕 x 轴旋转一周而成，如图 5-18 所示。

取 x 为积分变量，它的变化区间为 $[a,b]$，在 $[a,b]$ 上任取一小区间 $[x,x+\mathrm{d}x]$，相应薄片的体积近似于以 $f(x)$ 为底面圆半径、$\mathrm{d}x$ 为高的小圆柱体的体积，从而得到体积元素为 $\mathrm{d}V=\pi[f(x)]^2\mathrm{d}x$，于是，所求旋转体体积为 $V_x=\pi\int_a^b[f(x)]^2\mathrm{d}x$ 。

类似地，设旋转体是由曲线 $x=\varphi(y)$ 和直线 $y=c$，$y=d$ 及 y 轴所围成的曲边梯形绕 y 轴旋转一周而成，如图 5-19 所示，所得旋转体的体积为：$V_y=\pi\int_c^d[\varphi(y)]^2\mathrm{d}y$。

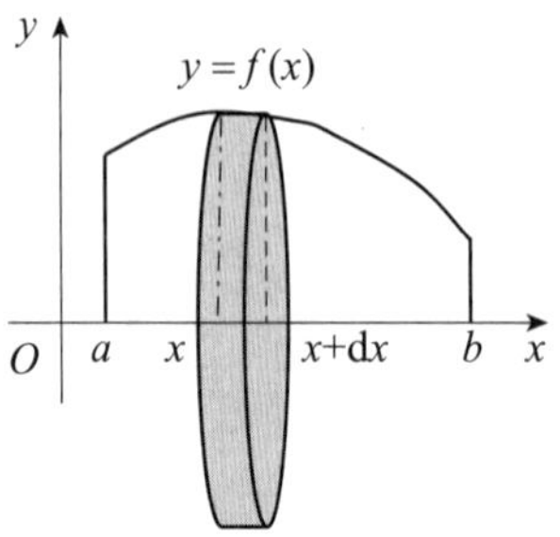

图 5-18

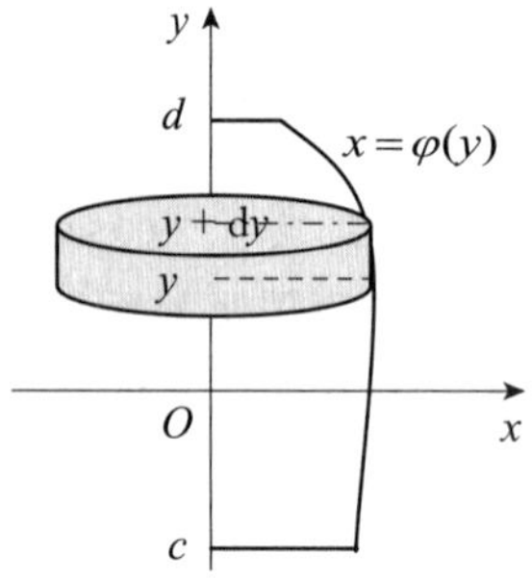

图 5-19

例 4 求由椭圆 $\frac{x^2}{a^2}+\frac{y^2}{b^2}=1$ 绕 x 轴及 y 轴旋转而成的椭球体的体积。

解 （1）绕 x 轴旋转的椭球体如图 5-20 所示，它可看作是由上半椭圆 $y=\frac{b}{a}\sqrt{a^2-x^2}$ 与 x 轴围成的平面图形绕 x 轴旋转而成。取 x 为积分变量，$x\in[-a,a]$，由公式所求椭球体的体积为

$$V_x=\pi\int_{-a}^{a}\left(\frac{b}{a}\sqrt{a^2-x^2}\right)^2\mathrm{d}x$$
$$=\frac{2\pi b^2}{a^2}\int_0^a(a^2-x^2)\mathrm{d}x$$
$$=\frac{2\pi b^2}{a^2}\left(a^2x-\frac{x^3}{3}\right)\Big|_0^a$$

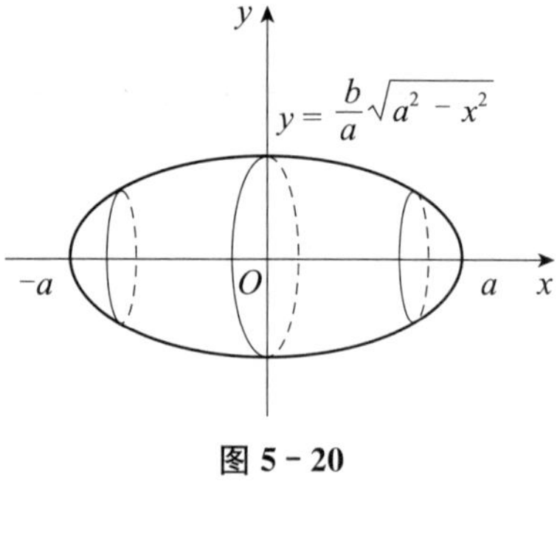

图 5-20

$$= \frac{4}{3}\pi ab^2$$

(2) 绕 y 轴旋转的椭球体如图 5－21 所示，它可看作由右半椭圆 $x=\frac{a}{b}\sqrt{b^2-y^2}$ 与 y 轴围成的平面图形绕 y 轴旋转而成，取 y 为积分变量，$y\in[-b,\ b]$，由公式所求椭球体的体积为

$$V_y = \pi\int_{-b}^{b}\left(\frac{a}{b}\sqrt{b^2-y^2}\right)^2\mathrm{d}y$$
$$= \frac{2\pi a^2}{b^2}\int_0^b (b^2-y^2)\mathrm{d}y$$
$$= \frac{2\pi a^2}{b^2}\left(b^2y-\frac{y^3}{3}\right)\Bigg|_0^b$$
$$= \frac{4}{3}\pi a^2 b$$

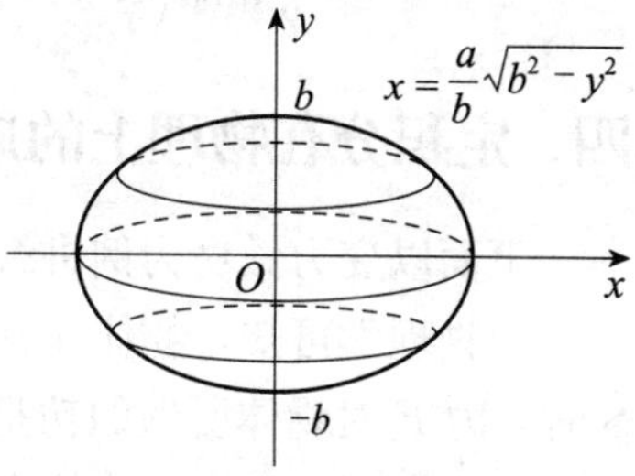

图 5－21

当 $a=b=R$ 时，上述结果为 $V=\frac{4}{3}\pi R^3$，这就是大家所熟悉的球体的体积公式。

2. 平行截面面积为已知的立体体积

设一物体被垂直于某直线的平面所截的面积可求，则该物体可用定积分求其体积。

不妨设直线为 x 轴，则在 x 处的截面面积 $A(x)$ 是 x 的已知连续函数，求该物体介于 $x=a$ 和 $x=b(a<b)$ 之间的体积，如图 5－22 所示。

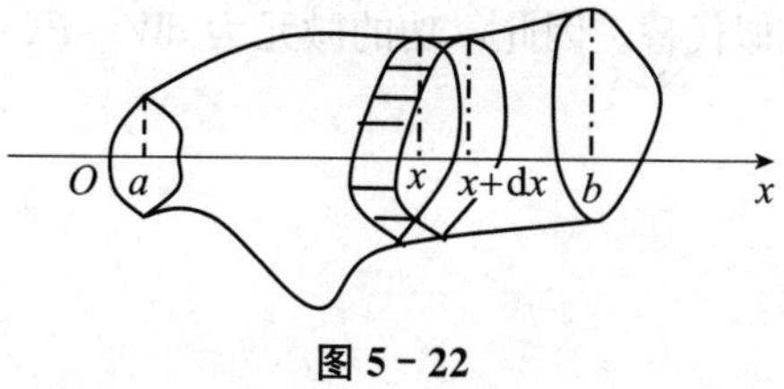

图 5－22

取 x 为积分变量，它的变化区间为 $[a,\ b]$，在微小区间 $[x,\ x+\mathrm{d}x]$ 上 $A(x)$ 近似不变，即把 $[x,\ x+\mathrm{d}x]$ 上的立体薄片近似看作以 $A(x)$ 为底、$\mathrm{d}x$ 为高的柱片，从而得到体积元素 $\mathrm{d}V=A(x)\mathrm{d}x$。

于是该物体的体积为 $V=\int_a^b A(x)\mathrm{d}x$ 。

例 5 一平面经过半径为 R 的圆柱体的底圆中心，并与底面交成角 α，计算该平面截圆柱体所得立体的体积。

解 取这一平面与圆柱体的底面交线为 x 轴，建立如图 5－23 所示的直角坐标系，则底面圆的方程为 $x^2+y^2=R^2$。

立体中过点 x 且垂直于 x 轴的截面是一个直角三角形，它的直角边分别为 y，$y\tan\alpha$，即 $\sqrt{R^2-x^2}$，$\sqrt{R^2-x^2}\tan\alpha$，因此截面面积为

$$A(x)=\frac{1}{2}(R^2-x^2)\tan\alpha$$

故所求立体体积为

$$V=\int_{-R}^{R}\frac{1}{2}(R^2-x^2)\tan\alpha\mathrm{d}x$$

$$=\frac{1}{2}\tan\alpha\left(R^2x-\frac{1}{3}x^3\right)\Big|_{-R}^{R}=\frac{2}{3}R^3\tan\alpha$$

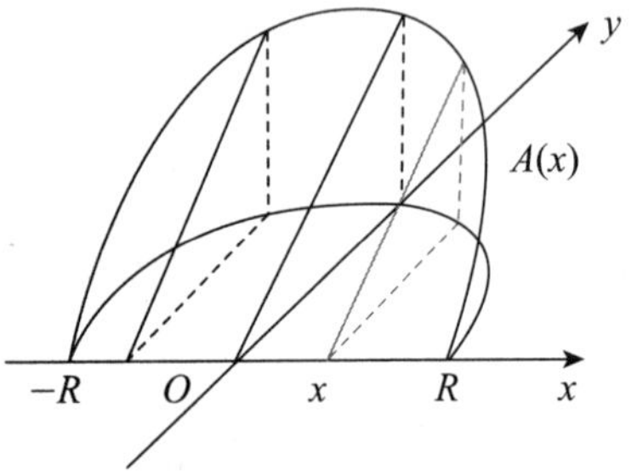

图 5－23

四、定积分在物理上的应用举例

下面以变力做功为例讲解定积分在物理上的应用。

由物理学可知，物体在常力 F 的作用下，沿力的方向作直线运动，当物体发生了位移 S 时，力 F 对物体所做的功是 $W=FS$。

但在实际问题中，物体在发生位移的过程中所受到的力常常是变化的，这就需要考虑变力做功的问题。由于所求的功是一个整体量，且对于区间具有可加性，因此可以用微元法来求这个量。

设物体在变力 $F=F(x)$ 的作用下，沿 x 轴由点 a 移动到点 b，如图 5－24 所示，且变力方向与 x 轴方向一致。

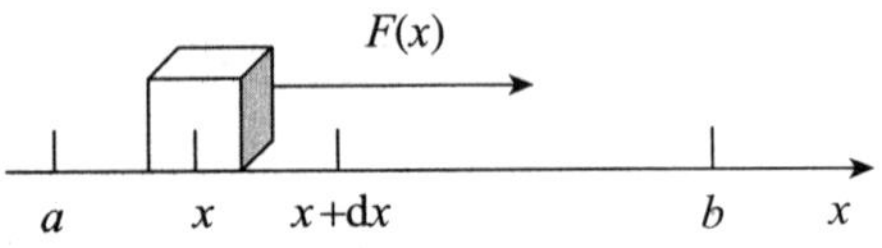

图 5－24

取 x 为积分变量，$x\in[a,b]$，在区间 $[a,b]$ 上任取一小区间 $[x,x+\mathrm{d}x]$，该区间上各点处的力可以用点 x 处的力 $F(x)$ 近似代替。因此，功的微元为 $\mathrm{d}W=F(x)\mathrm{d}x$，从 a 到 b 这一段位移上变力 $F(x)$ 所做的功为

$$W=\int_a^b F(x)\mathrm{d}x$$

案例解决

心形线对称于极轴（如图 5－25 所示），因此所求图形的面积 A 是极轴上方部分图形面积 A_1 的两倍。对于极轴上方部分图形，取 θ 为积分变量，$\theta\in[0,\pi]$，凸轮横截面的面积为：

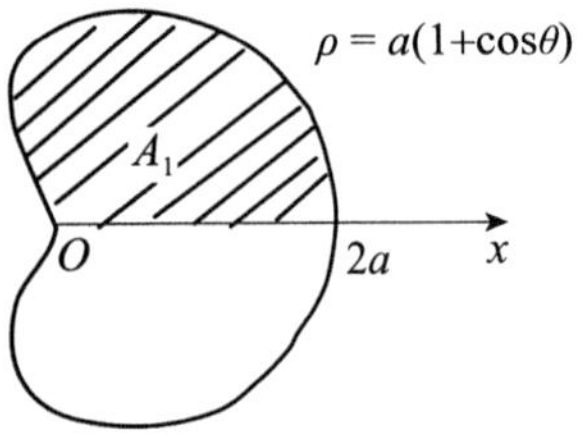

图 5－25

$$A=2A_1=2\times\frac{1}{2}\int_0^{\pi}a^2(1+\cos\theta)^2\mathrm{d}\theta$$

$$=a^2\int_0^{\pi}(1+2\cos\theta+\cos^2\theta)\mathrm{d}\theta$$

$$=a^2\int_0^{\pi}\left(\frac{3}{2}+2\cos\theta+\frac{1}{2}\cos2\theta\right)\mathrm{d}\theta$$

$$=a^2\left[\frac{3}{2}\theta+2\sin\theta+\frac{1}{4}\sin2\theta\right]\Big|_0^{\pi}=\frac{3}{2}\pi a^2$$

习题 5.5

1. 求下列曲线围成平面图形的面积。

（1）$y=\frac{1}{x}$，$y=x$，$y=2$

（2）$y=\sin x$，$y=\cos x$，$x=0$，$x=\frac{\pi}{2}$

（3）$y=x^2$，$y=\sqrt{x}$

（4）$y=4-x^2$，$y=0$

（5）$y^2=4+x$，$x+2y=4$

（6）$y=x^2$，$y=(x-2)^2$，$y=0$

2. 求由直线 $y=0$ 与曲线 $y=x^2$ 及它在点（1，1）处的法线所围成平面图形的面积。

3. 求下列平面图形分别绕 x 轴、y 轴旋转所产生的立体的体积。

（1）$y+2x=1$，$x=0$ 及 $y=0$

（2）$y=\sqrt{2x}$，$x=1$，$x=2$ 及 $y=0$

4. 有一个弹簧，用 10N 的力可以把它拉长 0.005m，求把弹簧拉长 0.03m 时力所做的功。

5. 有一个圆柱形贮水桶，高 2m，底圆半径为 0.8m，桶内装 1m 深的水，试问：要将桶内的水全部吸出要做多少功？

6. 求曲线 $r=2a\cos\theta$ 所围成图形的面积。

7. 已知物体作变速直线运动的速度为 $v(t)=2t^2+t$(m/s)，求该物体在前 5s 内经过的路程。

8. 设一沿 x 轴运动的物体所受的外力是 $\left|\cos\frac{\pi}{3}x\right|$ 牛顿，试问当此物体从 $x=1$ 米处移到 $x=2$ 米处时外力所做的功。

9. 某一水库闸门的形状为直角梯形，上底为 6m，下底为 2m，高为 10m，求当水面与上底相齐时，闸门一侧所受的压力。

10. 一个喇叭可视为由曲线 $y=x^2$、直线 $x=1$ 以及 x 轴所围成的图形绕 x 轴旋转所成的旋转体，求此喇叭的体积。

11. 某人正在用计算机设计一台机器的底座，它在第一象限的图形由 $y=8-x^3$，$y=2$ 以及 x 轴、y 轴围成，底座由此图形绕 y 轴旋转一周而成，试求此底座的体积。

5.6 利用 Matlab 计算定积分

Matlab 计算定积分的常用命令见表 5-1。

表 5-1

int (function, variable, a, b)	求函数 f 在 a 到 b 的定积分

例 1 计算 $\int_0^1 e^{2x}dx$ 。

解 输入命令：

```
int(exp(2*x),0,1)
```

得结果：

```
ans = exp(1)/2 - 1/2
```

这与我们前面的运算结果是一致的.

例 2 判断广义积分 $\int_1^{+\infty}\frac{1}{x^p}dx$ 的敛散性，收敛时计算其积分值。

解 输入命令：

```
syms p real;int(1/x^p,x,1,inf)
```

得结果：

```
ans = piecewise([1<p,1/(p-1)],[p<=1,Inf])
```

piecewise 表示生成分段函数。

习题 5.6

利用 Matlab 软件计算下列定积分。

(1) $\int_0^2 e^{-x}dx$　　(2) $\int_0^{+\infty}\frac{1}{1+x^2}dx$

(3) $\int_{-\infty}^{+\infty}\frac{1}{x^2+2x^2+2}dx$　　(4) $\int_{\frac{\pi}{4}}^{\frac{\pi}{3}}\frac{x}{\sin^2 x}dx$

拓展阅读

数学天才：莱布尼茨

莱布尼茨（Gottfried Wilhelm Leibniz，1646—1716）

莱布尼茨是 17、18 世纪之交德国著名的数学家、物理学家和哲学家，一个举世罕见的天才。他博览群书，涉猎百科，对丰富人类的科学知识宝库做出了不可磨灭的贡献。

莱布尼茨出生于德国东部莱比锡的一个书香之家，父亲是莱比锡大学的哲学教授，母亲出生在一个教授家庭。莱布尼茨的父亲在他年仅 6 岁时就去世了，但给他留下了丰富的藏书。莱布尼茨因此得以广泛接触古希腊罗马文化，阅读了许多著名学者的著作，由此而获得了坚实的文化功底和明确的学术目标。15 岁时，他进入莱比锡大学学习法律，一进校便跟上了大学二年级标准的人文学科的课程，还广泛阅读了培根、开普勒、伽利略等人的著作。在听教授讲授欧几里得（Euclid）的《几何原本》的课程后，莱布尼茨对数学产生了浓厚的兴趣。20岁时，莱布尼茨转入阿尔特多夫大学。这一年，他发表了第一篇数学论文《论组合的艺术》。这是一篇关于数理逻辑的文章，其基本思想是把理论的真理性论证归结于一种计算的结果。这篇论文虽然不够成熟，但却闪耀着创新的智慧和数学才华。1673年，莱布尼茨被推荐为英国皇家学会会员。此时，他的兴趣已明显地朝向了数学和自然科学，开始了对无穷小算法的研究，独立地创立了微积分的基本概念与算法，和牛顿并蒂双辉共同奠定了微积分学。1700年，莱布尼茨被选为巴黎科学院院士，促成建立了柏林科学院并任首任院长。1716年11月14日，莱布尼茨在汉诺威逝世，终年70岁。

17世纪下半叶，欧洲科学技术迅猛发展，经各国科学家的努力与历史的积累，建立在函数与极限概念基础上的微积分理论应运而生。微积分思想最早可以追溯到古希腊由阿基米德等人提出的计算面积和体积的方法。1665年牛顿创立了微积分，莱布尼茨在1673—1676年间也发表了有关微积分的论著。以前，微分和积分作为两种数学运算、两类数学问题，是分别加以研究的。卡瓦列利（Bonaventura Cavalieri）、巴罗（Isaac Barrow）、沃利斯（John Wallis）等人得到了一系列求面积（积分）、求切线斜率（导数）的重要结果，但这些结果都是孤立的、不连贯的。只有莱布尼茨和牛顿将积分和微分真正沟通起来，明确地找到了两者内在的直接联系：微分和积分是互逆的两种运算。而这是建立微积分学的关键所在。只有确立了这一基本关系，才能在此基础上构建系统的微积分学，并从对各种函数的微分和求积公式中，总结出共同的算法程序，使微积分方法普遍化，发展成用符号表示的微积分运算法则。然而关于微积分是谁先创立的，数学上曾掀起一场激烈的争论。实际上，牛顿在微积分方面的研究虽然早于莱布尼茨，但莱布尼茨成果的发表早于牛顿。后来人们公认牛顿和莱布尼茨是各自独立地创立微积分的。牛顿从物理学出发，运用集合方法研究微积分，其应用上更多地结合了运动学。莱布尼茨则从几何问题出发，运用分析学方法引进微积分概念、得出运算法则。莱布尼茨认识到好的数学符号能节省思维劳动，运用符号的技巧是数学成功的关键之一。因此，他发明了一套适用的符号系统，如引入 $\mathrm{d}x$ 表示 x 的微分，$\int$ 表示积分，d_x^n 表示 n 阶微分等。这些符号进一步促进了微积分学的发展。1713年，莱布尼茨发表了《微积分的历史和起源》一文，总结了自己创立微积分学的思路，说明了自己成就的独立性。

资料来源：发明微积分的哲学家——莱布尼茨（1646—1716年）[EB/OL].（2023-10-12）[2024-06-16]. https://www.xuexi.cn/local/normalTemplate.html?itemId=14412327543137265225&audio_id=14412327543137265225.

复习题 5

一、填空题。

1. 曲线 $y=\cos x$ 与直线 $x=0$，$x=\pi$，$y=0$ 所围成平面图形的面积等于__________。

2. 函数 $f(x)$ 在 $[-1, 2]$ 上连续且其平均值为 $-\frac{5}{6}$，则 $\int_{-1}^{2} f(x)\mathrm{d}x=$__________。

3. 若 $\int_0^1 (2x+k)\mathrm{d}x = 2$，则 $k=$__________。

4. 设可导函数 $f(x)$ 满足条件 $f(0)=1$，$f(2)=3$，$f'(2)=5$，则 $\int_0^1 xf''(2x)\mathrm{d}x =$

__________。

二、单项选择题。

1. $\frac{\mathrm{d}}{\mathrm{d}x}\int_a^x \frac{\sin t}{t}\mathrm{d}t =$（　　）。

A. $\frac{\sin x}{x}$　　B. $\frac{\cos x}{x}$

C. $\frac{\sin a}{a}$　　D. $\frac{\sin t}{t}$

2. $\left[\int_x^b f(t)\mathrm{d}t\right]' =$（　　）。

A. 0　　B. $f(b)-f(x)$

C. $f(a)$　　D. $-f(x)$

3. 设 $f(x)$ 在 $[a, b]$ 上连续，$F(x) = \int_a^x f(t)\mathrm{d}t$，则（　　）。

A. $F(x)$ 是 $f(x)$ 在 $[a, b]$ 上的一个原函数

B. $f(x)$ 是 $F(x)$ 在 $[a, b]$ 上的一个原函数

C. $F(x)$ 是 $f(x)$ 在 $[a, b]$ 上唯一的原函数

D. $f(x)$ 是 $F(x)$ 在 $[a, b]$ 上唯一的原函数

4. 设 $f(x)$ 为连续函数，则 $\int_0^1 f(x)\mathrm{d}x =$（　　）。

A. $\int_0^{\frac{\pi}{2}} \cos x f(\sin x)\mathrm{d}x$　　B. $-\int_0^{\frac{\pi}{2}} \sin x f(\cos x)\mathrm{d}x$

C. $\int_0^{\frac{\pi}{2}} \cos x f(\cos x)\mathrm{d}x$　　D. $\int_0^{\frac{\pi}{2}} \sin x f(\sin x)\mathrm{d}x$

5. 设 $f(x)$ 在 $[a, b]$ 上连续，则下列各式中不成立的是（　　）。

A. $\int_a^b f(x)\mathrm{d}x = \int_a^b f(t)\mathrm{d}t$　　B. $\int_a^b f(x)\mathrm{d}x = -\int_b^a f(t)\mathrm{d}t$

C. $\int_a^a f(x)\mathrm{d}x = 0$　　D. 若 $\int_a^b f(x)\mathrm{d}x = 0$，则 $f(x) = 0$

三、解答下列各题。

1. 求下列极限。

(1) $\lim\limits_{x\to 0}\frac{\int_0^x \sin t\mathrm{d}t}{x^2}$　　(2) $\lim\limits_{x\to 0}\frac{\int_0^{x^2} \arctan\sqrt{t}\,\mathrm{d}t}{x^2}$

(3) $\lim\limits_{x\to \frac{\pi}{2}}\frac{\int_{\frac{\pi}{2}}^x \sin^2 t\mathrm{d}t}{x-\frac{\pi}{2}}$

2. 求下列定积分。

(1) $\int_1^2\left(x+\frac{1}{x}\right)\mathrm{d}x$

(2) $\int_0^{\frac{\pi}{4}}(\sin x+\cos x)\mathrm{d}x$

(3) $\int_0^{\frac{\pi}{2}}\left|\frac{1}{2}-\sin x\right|\mathrm{d}x$

(4) $\int_0^{\frac{\pi}{2}}\sin x\cos^2 x\mathrm{d}x$

(5) $\int_0^{\ln 2}\frac{\mathrm{e}^x}{1+\mathrm{e}^{2x}}\mathrm{d}x$

(6) $\int_1^{\mathrm{e}^2}\frac{\mathrm{d}x}{x\sqrt{1+\ln x}}$

(7) $\int_1^{\sqrt{3}}\frac{1}{\sqrt{4-x^2}}\mathrm{d}x$

(8) $\int_0^3\frac{x}{1+\sqrt{x+1}}\mathrm{d}x$

(9) $\int_0^2 x^2\sqrt{4-x^2}\,\mathrm{d}x$

(10) $\int_0^1\frac{x\sqrt{1-x^2}}{2-x^2}\mathrm{d}x$

(11) $\int_1^2\frac{\sqrt{x^2-1}}{x}\mathrm{d}x$

(12) $\int_0^{\ln 2}\sqrt{\mathrm{e}^x-1}\,\mathrm{d}x$

(13) $\int_0^{\sqrt{\ln 2}}x^3\mathrm{e}^{x^2}\mathrm{d}x$

(14) $\int_{\frac{1}{\mathrm{e}}}^{\mathrm{e}}|\ln x|\,\mathrm{d}x$

(15) $\int_0^{\ln 2}\sqrt{1-\mathrm{e}^{-2x}}\,\mathrm{d}x$

四、试求函数 $f(x)=\int_0^x \mathrm{e}^{-t}\cos t\mathrm{d}t$ 在区间 $[0,\pi]$ 上的最大值点。

五、设函数 $f(x)$ 在 $[0,a]$ 上连续，证明 $\int_0^a f(x)\mathrm{d}x=\int_0^a f(a-x)\mathrm{d}x$ 。

六、设 $S_1(t)$ 是曲线 $x=\sqrt{y}$ 与直线 $x=0$ 及 $y=t(0<t<1)$ 所围图形的面积，$S_2(t)$ 是曲线 $x=\sqrt{y}$ 与直线 $x=1$ 及 $y=t(0<t<1)$ 所围图形的面积，试求：t 为何值时 $S_1(t)+S_2(t)$ 最小？最小值是多少？

七、求由抛物线 $y=-x^2+4x-3$ 及其在点（0，−3）和点（3，0）处的切线所围成的平面图形的面积。

八、抛物线 $y=ax^2+bx+c$ 通过点（0，0），且当 $0<x<1$ 时，$y>0$，它和直线 $x=1$ 及 $y=0$ 所围成的平面图形面积是 $\frac{4}{9}$。问：当这个图形绕 x 轴旋转所得的旋转体体积为最小时，a，b 与 c 的值应是多少？

九、已知物体运动的速度与时间的算术平方根成正比，时间从 $t=0$ 至 $t=4$ 秒时，物体经过的距离是 32 厘米，求距离 s 与时间 t 的函数关系式。

十、一根粗细均匀的绳子，长为 50 米，已知每米长的重量是 0.5 千克，若拉着绳子的一端将其扯到 120 米的高处放好，试求所做的功。

第 6 章　常微分方程

常微分方程是高等数学的一个重要组成部分，在科学研究和实际生产中，很多问题可以归结为用微分方程表示的数学模型。本章将介绍微分方程的基本概念和几种常见的微分方程的解法。

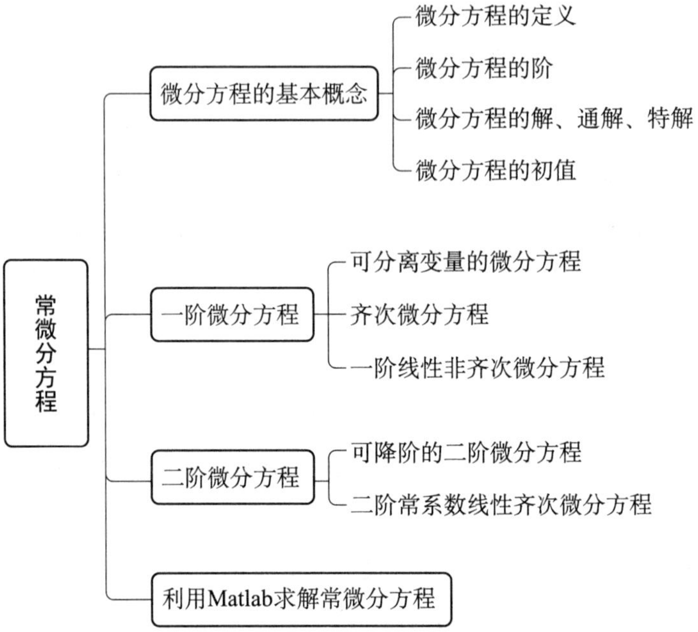

6.1 微分方程的基本概念

案例导入

设子弹在枪膛内受的推力满足 $F=400-\frac{4}{3}\times10^5t$（单位：N）的规律变化，已知子弹的质量为2g，射击前子弹的速度为 $v_0=0$，那么子弹出枪口时的速度为多少（单位：m/s）？

案例分析

先求子弹在枪膛内的运动速度，再求子弹出枪口时的速度。

我们通过例题来说明微分方程的一些基本概念。

例1 一条曲线经过点（0，1），且曲线上任意点 $M(x, y)$ 处的切线斜率等于该点横坐标的平方，求这条曲线的方程。

解 设所求曲线方程为 $y=f(x)$，由导数的几何意义及已知条件，得

$$\frac{dy}{dx}=x^2 \tag{6.1}$$

两边积分，得

$$y=\frac{1}{3}x^3+C \tag{6.2}$$

式中，C 为任意常数。由于所求曲线过点（0，1），即 $y|_{x=0}=1$ 代入式（6.2），得 $C=1$，因此所求曲线方程为

$$y=\frac{1}{3}x^3+1 \tag{6.3}$$

例2 一个质量为 m 的物体在重力作用下作自由落体运动，假设 $t=0$ 时，初始位移和初速度分别为 S_0，v_0，求该物体的运动规律。

解 设物体的运动方程为 $S=S(t)$，则

$$\frac{d^2S}{dt^2}=g \tag{6.4}$$

且未知函数 $S=S(t)$ 满足条件

$$\begin{cases} S|_{t=0}=S_0 \\ \frac{dS}{dt}|_{t=0}=v_0 \end{cases} \tag{6.5}$$

将式（6.4）两边积分一次，得

$$v=\frac{dS}{dt}=gt+C_1 \tag{6.6}$$

再积分一次，得

$$S=\frac{1}{2}gt^2+C_1t+C_2 \tag{6.7}$$

其中，C_1，C_2 是任意常数。

将式（6.5）代入式（6.6）、（6.7），得 $C_1=v_0$，$C_2=S_0$。

因此，所求运动规律为

$$S=\frac{1}{2}gt^2+v_0t+S_0 \tag{6.8}$$

定义 1 含有未知函数的导数（或微分）的方程称为**微分方程**，未知函数是一元函数的微分方程称为**常微分方程**。

我们只讨论常微分方程，以下简称为微分方程。

例 1 中的方程（6.1）和例 2 中的方程（6.4）都是微分方程。

定义 2 微分方程中所含未知函数的导数的最高阶阶数，称为**微分方程的阶**。

例如，方程（6.1）是一阶微分方程，方程（6.4）是二阶微分方程，而方程

$$\frac{d^3y}{dx^3}+\left(\frac{dy}{dx}\right)^2+y^4=e^x$$

是三阶微分方程。

n 阶微分方程的一般形式是 $F(x, y, y', y'', \cdots, y^{(n)})=0$。

其中，x 是自变量，y 是未知函数，最高阶导数 $y^{(n)}$ 是 n 阶。

二阶和二阶以上的微分方程称为**高阶微分方程**。

定义 3 如果把某个函数及其各阶导数代入微分方程，能使方程成为恒等式，则称这个函数为**微分方程的解**。

例如，函数（6.2）和函数（6.3）都是方程（6.1）的解，函数（6.7）和函数（6.8）都是方程（6.4）的解。

在例 1 中，一阶微分方程（6.1）的解式（6.2）中含有一个任意常数；在例 2 中，二阶微分方程（6.4）的解式（6.7）中含有两个任意常数。像这样，若微分方程的解中所含独立的任意常数的个数与方程的阶数相等，则称此解为**方程的通解**。例如，函数（6.2）和函数（6.7）分别是方程（6.1）和方程（6.4）的通解。给通解中的任意常数以特定值的解，称为**方程的特解**。例如，函数（6.3）和函数（6.8）分别是方程（6.1）和方程（6.4）的特解。

用以确定通解中任意常数的条件称为**初始条件**。

一般地，一阶微分方程的初始条件为：$y|_{x=x_0}=y_0$；二阶微分方程的初始条件为：$y|_{x=x_0}=y_0$，$y'|_{x=x_0}=y_1$。

例 3 验证函数 $y=C_1e^{2x}+C_2e^{-2x}$ 是微分方程 $y''-4y=0$ 的通解，并求满足初始

条件$y|_{x=0}=0$，$y'|_{x=0}=1$的特解。

解 求$y=C_1e^{2x}+C_2e^{-2x}$的一阶导数和二阶导数，得

$$y'=2C_1e^{2x}-2C_2e^{-2x}$$

$$y''=4C_1e^{2x}+4C_2e^{-2x}$$

将y，y''代入原方程，有

$$y''-4y=4C_1e^{2x}+4C_2e^{-2x}-4(C_1e^{2x}+C_2e^{-2x})=0$$

因此，$y=C_1e^{2x}+C_2e^{-2x}$是微分方程$y''-4y=0$的解，又因为其中含有两个独立的任意常数，且与方程的阶数相等，所以它是方程的通解。

将初始条件$y|_{x=0}=0$，$y'|_{x=0}=1$代入y和y'的表达式中，得

$$\begin{cases}C_1+C_2=0\\2C_1-2C_2=1\end{cases}$$

解得$C_1=\frac{1}{4}$，$C_2=-\frac{1}{4}$。

所以满足初始条件的特解为$y=\frac{1}{4}(e^{2x}-e^{-2x})$。

求微分方程满足某初始条件的解的问题，称为微分方程的初值问题。

案例解决

设子弹在枪膛内沿水平方向运动，其运动方向规定为正方向，则子弹在枪膛内沿水平方向只受到推力F的作用。由牛顿第二定律$F=m\frac{dv}{dt}$，得

$$400-\frac{4}{3}\times10^5t=2\times10^{-3}\frac{dv}{dt}$$

因此，子弹在枪膛内的运动速度应满足微分方程

$$\frac{dv}{dt}=2\times10^5-\frac{2}{3}\times10^8t$$

初始条件为$v_0=0$，即$v(0)=0$ (m/s)。

将上述微分方程两边积分，得方程通解

$$v=2\times10^5t-\frac{1}{3}\times10^8t^2+C$$

将初始条件$v(0)=0$代入上式，得$C=0$。

子弹在枪膛内的运动速度为：$v=2\times10^5t-\frac{1}{3}\times10^8t^2$。

设子弹在枪膛内的运行时间为T，且在时间T后子弹受到的推力F为0，即

$$F=400-\frac{4}{3}\times10^5t=0$$

解得$T=3\times10^{-3}$s。将$T=3\times10^{-3}$代入$v=2\times10^5t-\frac{1}{3}\times10^8t^2$中，得

$$v=2\times10^5\times3\times10^{-3}-\frac{1}{3}\times10^8\times(3\times10^{-3})^2=300\ \text{(m/s)}$$

因此，子弹出枪口时的速度为300m/s。

习题 6.1

1. 下列等式中是微分方程的是（　　）。

A. $u'v+uv'=(uv)'$　　B. $y=e^x+\sin x$

C. $y^2-3y+2=0$　　D. $y''+3y'+4y=0$

2. 设函数 $y=Ce^{-x}$ 是微分方程 $y'+y=0$ 的通解，则满足 $y|_{x=0}=-2$ 的特解是（　　）。

A. $y=e^{-x}$　　B. $y=2e^{-x}$

C. $y=-2e^{-x}$　　D. $y=\frac{1}{2}e^{-x}$

3. 判断下列各题中的函数是否为所给微分方程的解。若是，试指出是通解还是特解（其中 C 为常数）。

(1) $y'=-\frac{x}{y}$，$x^2+y^2=C(C>0)$

(2) $y''-2y'+y=0$，$y=x^2e^x$

(3) $y''+3y'+y=0$，$y=e^x+e^{-x}$

(4) $xy'=2y$，$y=5x^2$

4. 验证 $y=Cx^3$ 是方程 $3y-xy'=0$ 的通解（C 为任意常数），并求满足初始条件 $y|_{x=1}=\frac{1}{3}$ 的特解。

6.2　可分离变量的微分方程

案例导入

放射性元素铀由于不断地有原子放射出微粒子而变成其他元素，铀的含量就不断减少，这种现象叫做衰变。由原子物理学可知，铀的衰变速度与当时未衰变的铀原子的含量 M 成正比。已知 $t=0$ 时铀的含量为 M_0，求在衰变过程中铀含量 $M(t)$ 随时间 t 变化的规律。

案例分析

铀的含量 $M(t)$ 对时间 t 的导数 $\frac{dM}{dt}$ 就是铀的衰变速度。由铀的衰变速度与含量 M 成正比，可得微分方程 $\frac{dM}{dt}=-\lambda M$，题目即求这个微分方程满足初始条件 $M|_{t=0}=M_0$ 的特解。

本节至 6.4 节我们介绍几种常见形式的一阶微分方程的基本类型及其解法。本节介绍可分离变量的微分方程。

一阶微分方程的一般形式是 $F(x, y, y')=0$ 或 $y'=F(x, y)$。

可分离变量的微分方程

形如

$$\frac{\mathrm{d}y}{\mathrm{d}x}=f(x)g(y) \tag{6.9}$$

的微分方程，称为**可分离变量的微分方程**。其中，函数 $f(x)$ 和 $g(y)$ 都是连续函数。

该类方程的求解方法如下。

第一步：分离变量。

若 $g(y)\neq 0$，可将其化为

$$\frac{\mathrm{d}y}{g(y)}=f(x)\mathrm{d}x \tag{6.10}$$

的形式，式（6.10）称为**变量已分离的微分方程**。

第二步：两边分别对各自的自变量积分，得

$$\int\frac{\mathrm{d}y}{g(y)}=\int f(x)\mathrm{d}x$$

若设 $G(y)$，$F(x)$ 分别是 $\frac{1}{g(y)}$ 和 $f(x)$ 的一个原函数。于是有

$$G(y)=F(x)+C$$

可以证明，$G(y)=F(x)+C$ 就是方程（6.9）的通解。

例 1 求微分方程 $\frac{\mathrm{d}y}{\mathrm{d}x}=-\frac{x}{y}$ 的通解。

解 分离变量，得 $y\mathrm{d}y=-x\mathrm{d}x$。

两边积分，得 $\int y\mathrm{d}y=\int(-x)\mathrm{d}x$，即

$$\frac{1}{2}y^2=-\frac{1}{2}x^2+C_1$$

所以通解为 $x^2+y^2=C(2C_1=C)$。其中，C 为任意常数。

例 2 求微分方程 $\mathrm{d}y=x(2y\mathrm{d}x-x\mathrm{d}y)$ 满足初始条件 $y|_{x=1}=4$ 的特解。

解 原方程可化为 $(1+x^2)\mathrm{d}y=2xy\mathrm{d}x$，它是可分离变量的微分方程。

分离变量，得 $\frac{\mathrm{d}y}{y}=\frac{2x\mathrm{d}x}{1+x^2}$。

两边积分，得 $\int\frac{\mathrm{d}y}{y}=\int\frac{2x\mathrm{d}x}{1+x^2}$，即

$$\ln|y|=\ln|1+x^2|+C_1$$

若记 $C_1=\ln C$（C 为大于零的任意常数），则有

$$\ln|y|=\ln|1+x^2|+\ln C$$

因此，原方程的通解是 $y=C(1+x^2)$。

将初始条件 $y|_{x=1}=4$ 代入上式得 $C=2$。

于是，原方程满足初始条件 $y|_{x=1}=4$ 的特解是 $y=2(1+x^2)$。

案例解决

铀的衰变速度就是 $M(t)$ 对时间 t 的导数 $\frac{dM}{dt}$。由于铀的衰变速度与其含量成正比，故得微分方程 $\frac{dM}{dt}=-\lambda M$。

其中，λ（$\lambda>0$）是常数，叫做衰变系数，λ 前置负号是因为当 t 增加时 M 单调递减，即 $\frac{dM}{dt}<0$ 的缘故。

按题意，初始条件为 $M|_{t=0}=M_0$。

方程是可分离变量的，分离变量后得 $\frac{dM}{M}=-\lambda dt$。

两边积分得 $\int\frac{dM}{M}=\int(-\lambda)dt$。

以 $\ln C$ 表示任意常数，考虑到 $M>0$，得

$$\ln M=-\lambda t+\ln C，\text{即 } M=Ce^{-\lambda t}$$

这就是方程的通解。以初始条件代入上式，得

$$M_0=Ce^0=C$$

所以 $M=M_0e^{-\lambda t}$。

这就是所求铀的衰变规律。由此可见，铀的含量随着时间的增加而按指数规律衰减，如图 6－1 所示。

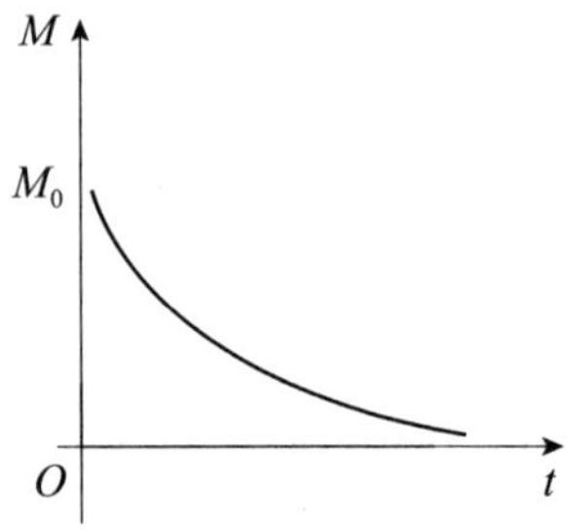

图 6－1

习题 6.2

1. 求下列微分方程的通解。

(1) $xy'-y\ln y=0$

(2) $(e^{x+y}-e^x)dx+(e^{x+y}+e^y)dy=0$

(3) $x^2dx+(x^3+5)dy=0$

(4) $\cos x\sin y dx+\sin x\cos y dy=0$

2. 求下列微分方程满足所给初始条件的特解。

(1) $xdy+2ydx=0$，$y|_{x=2}=1$

(2) $y'\sin x=y\ln y$，$y|_{x=\frac{\pi}{2}}=e$

(3) $\cos y dx+(1+e^{-x})\sin y dy=0$，$y\Big|_{x=0}=\frac{\pi}{4}$

3. 镭的衰变有如下规律：镭的衰变速度与它的现存量 R 成正比。由经验材料得知，镭经过 1 600 年后，只剩余原始量 R_0 的一半。试求镭的现存量 R 与时间 t 的函数关系。

4. 质量为 1g 的质点受外力作用作直线运动，这一外力和时间成正比，和质点运动的速度成反比。在 $t=10$s 时，速度等于 50cm/s，外力为 4g·cm/s^2。问：从运动开始经过 1 分钟后该质点的速度是多少？

6.3 齐次微分方程

案例导入

探照灯的聚光镜的镜面是一张旋转曲面，它的形状由 xOy 坐标面上的一条曲线 L 绕 x 轴旋转而成。按聚光镜性能的要求，由其旋转轴（x 轴）上一点 O 处发出的一切光线，经它反射后都与旋转轴平行，求曲线 L 的方程。

案例分析

由点 O 处发出的光线，经旋转曲面反射后都与 x 轴平行，将光源所在的 O 点取作坐标原点，且曲线 L 位于 $y\geqslant 0$ 范围内。

形如

$$\frac{\mathrm{d}y}{\mathrm{d}x}=f\left(\frac{y}{x}\right) \tag{6.11}$$

的一阶微分方程，称为**齐次微分方程**。这种方程可通过变量替换化为可分离变量的微分方程。

齐次微分方程

在方程（6.11）中作变换 $\frac{y}{x}=u$，则 $y=ux$，两边同时对 x 求导，得

$$\frac{\mathrm{d}y}{\mathrm{d}x}=u+x\frac{\mathrm{d}u}{\mathrm{d}x}$$

将 $\frac{y}{x}=u$ 及上式代入方程（6.11），得 $u+x\frac{\mathrm{d}u}{\mathrm{d}x}=f(u)$。

这是可分离变量的微分方程，因此可求其通解，进而可求得方程（6.11）的解。

例 1 求微分方程 $xy'=y(1+\ln y-\ln x)$ 的通解。

解 将方程化为齐次微分方程的形式 $\frac{\mathrm{d}y}{\mathrm{d}x}=\frac{y}{x}\left(1+\ln\frac{y}{x}\right)$。

令 $u=\frac{y}{x}$，则方程化为 $u+x\frac{\mathrm{d}u}{\mathrm{d}x}=u(1+\ln u)$。

分离变量，得 $\frac{\mathrm{d}u}{u\ln u}=\frac{1}{x}\mathrm{d}x$。

两边积分，得 $\ln\ln u=\ln x+\ln C$，即 $\ln u=Cx$ 或 $u=\mathrm{e}^{Cx}$（C 为大于零的任意常数）。

代回 $u=\frac{y}{x}$，得通解 $y=x\mathrm{e}^{Cx}$。

例 2 求微分方程 $x\mathrm{d}y=\left(2x\tan\frac{y}{x}+y\right)\mathrm{d}x$ 满足初始条件 $y\big|_{x=2}=\frac{\pi}{2}$ 的特解。

解 原方程可改写为$\frac{dy}{dx}=2\tan\frac{y}{x}+\frac{y}{x}$，这是齐次微分方程。

先求所给方程的通解。设 $y=vx$，则$\frac{dy}{dx}=v+x\frac{dv}{dx}$。

将其代入上述微分方程，得 $v+x\frac{dv}{dx}=2\tan v+v$，即 $x\frac{dv}{dx}=2\tan v$。

这是可分离变量的方程。分离变量，得 $\cot v dv=\frac{2}{x}dx$。

两边积分，得 $\ln\sin v=2\ln x+\ln C$，即 $\sin v=Cx^2$。

将 $v=\frac{y}{x}$代入上式，得所给方程的通解 $\sin\frac{y}{x}=Cx^2$。

再求满足条件 $y\Big|_{x=2}=\frac{\pi}{2}$的特解。

将 $x=2$，$y=\frac{\pi}{2}$代入通解中得

$$\sin\frac{\pi}{4}=4C，C=\frac{\sqrt{2}}{8}$$

于是，所求的特解为 $\sin\frac{y}{x}=\frac{\sqrt{2}}{8}x^2$，或 $y=x\arcsin\left(\frac{\sqrt{2}}{8}x^2\right)$。

案例解决

如图 6－2 所示，设点 $M(x,y)$ 为 L 上的任一点，由点 O 处发出的某条光线经点 M 反射后是一条与 x 轴平行的直线 MS。又设过点 M 的切线 AT 与 x 轴的夹角为 α。根据题意，$\angle SMT=\alpha$。另外，$\angle OMA$ 是入射角的余角，$\angle SMT$ 是反射角的余角，于是由光学中的反射定律有$\angle OMA=\angle SMT=\alpha$，从而 $AO=OM$，但

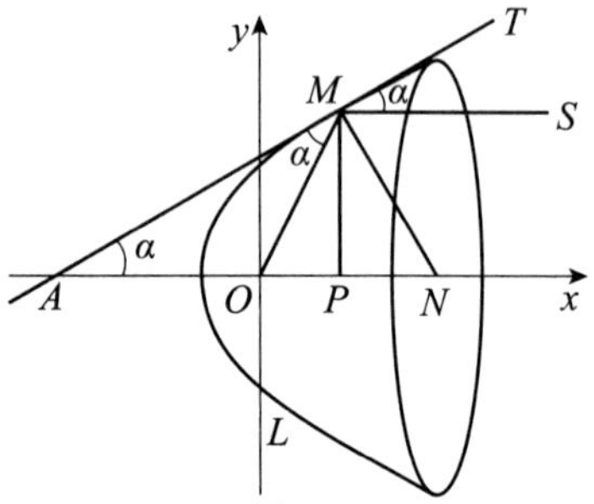

图 6－2

$$AO=AP-OP=PM\cot\alpha-OP=\frac{y}{y'}-x$$

而 $OM=\sqrt{x^2+y^2}$。于是得微分方程$\frac{y}{y'}-x=\sqrt{x^2+y^2}$。

把 x 看作因变量，y 看作自变量，当 $y>0$ 时，上式即为$\frac{dx}{dy}=\frac{x}{y}+\sqrt{\left(\frac{x}{y}\right)^2+1}$。

这是齐次微分方程。令$\frac{x}{y}=v$，则 $x=yv$，$\frac{dx}{dy}=v+y\frac{dv}{dy}$，代入上式，得 $v+y\frac{dv}{dy}=v+\sqrt{v^2+1}$，即 $y\frac{dv}{dy}=\sqrt{v^2+1}$。分离变量，得 $\frac{dv}{\sqrt{v^2+1}}=\frac{dy}{y}$。

两端积分，得 $\ln(v+\sqrt{v^2+1})=\ln y-\ln C$，即 $v+\sqrt{v^2+1}=\frac{y}{C}$。

则 $\left(\frac{y}{C}-v\right)^2=v^2+1$，即 $\frac{y^2}{C^2}-\frac{2yv}{C}=1$。

将 $yv=x$ 代入上式，得 $y^2=2C\left(x+\frac{C}{2}\right)$。

这就是曲线 L 的方程，可见它是以 x 轴为对称轴、焦点在原点的抛物线。

习题 6.3

1. 求下列微分方程的通解。

(1) $xy'=y+\sqrt{y^2-x^2}$ (2) $(x^2+y^2)\mathrm{d}x-xy\mathrm{d}y=0$

(3) $x\frac{\mathrm{d}y}{\mathrm{d}x}=y\ln\frac{y}{x}$ (4) $y'=\mathrm{e}^{-\frac{y}{x}}+\frac{y}{x}$

2. 求下列微分方程满足所给初始条件的特解。

(1) $y'=\frac{x}{y}+\frac{y}{x}$，$y|_{x=-1}=2$ (2) $\frac{\mathrm{d}y}{\mathrm{d}x}=\frac{y}{x}+\tan\frac{y}{x}$，$y|_{x=6}=\pi$

6.4 一阶线性微分方程

案例导入

一名跳伞队员质量为 m，降落时空气的阻力与伞下降的速度成正比。设跳伞队员离开飞机时的速度为零，求伞下降的速度关于时间 t 的函数。

案例分析

降落伞在空中下落时，同时受到重力 P 与阻力 R 的作用，重力的方向与下落方向一致，阻力的方向与下落方向相反。

形如

$$\frac{\mathrm{d}y}{\mathrm{d}x}+P(x)y=Q(x) \tag{6.12}$$

的微分方程，称为**一阶线性微分方程**。其中，$P(x)$，$Q(x)$ 都是已知的连续函数，“线性”是指未知函数 y 和其导数 y' 都是一次的，$Q(x)$ 称为自由项。

一阶线性
微分方程

当 $Q(x)=0$ 时，方程（6.12）即为

$$\frac{\mathrm{d}y}{\mathrm{d}x}+P(x)y=0 \tag{6.13}$$

称为**一阶线性齐次微分方程**。相应地，当 $Q(x)\neq 0$ 时，方程（6.12）称为**一阶线性非齐次微分方程**。

不难看出，一阶线性齐次微分方程是可分离变量的微分方程。

下面我们先求一阶线性齐次微分方程（6.13）的解。

分离变量，得

$$\frac{\mathrm{d}y}{y}=-P(x)\mathrm{d}x$$

两边积分，得

$$\ln y=-\int P(x)\mathrm{d}x+\ln C$$

于是，方程（6.13）的通解为

$$y=C\mathrm{e}^{-\int P(x)\mathrm{d}x} \tag{6.14}$$

其中，C 为任意常数。

其次，求线性非齐次微分方程（6.12）的解。

我们采用微分方程中常用的“常数变易法”，即将（6.14）中的常数 C 用函数 $C(x)$ 代替，这里 $C(x)$ 是待定函数，并设方程（6.12）有如下形式的解

$$y=C(x)\mathrm{e}^{-\int P(x)\mathrm{d}x} \tag{6.15}$$

上式对 x 求导，得

$$y'=C'(x)\mathrm{e}^{-\int P(x)\mathrm{d}x}-C(x)P(x)\mathrm{e}^{-\int P(x)\mathrm{d}x} \tag{6.16}$$

将式（6.15）和式（6.16）代入微分方程（6.12）中，得

$$C'(x)\mathrm{e}^{-\int P(x)\mathrm{d}x}-C(x)P(x)\mathrm{e}^{-\int P(x)\mathrm{d}x}+P(x)C(x)\mathrm{e}^{-\int P(x)\mathrm{d}x}=Q(x)$$

即

$$C'(x)\mathrm{e}^{-\int P(x)\mathrm{d}x}=Q(x),C'(x)=Q(x)\mathrm{e}^{\int P(x)\mathrm{d}x}$$

两边积分，得

$$C(x)=\int Q(x)\mathrm{e}^{\int P(x)\mathrm{d}x}\mathrm{d}x+C$$

于是，一阶线性非齐次微分方程（6.12）的通解是

$$y=\mathrm{e}^{-\int P(x)\mathrm{d}x}\left(\int Q(x)\mathrm{e}^{\int P(x)\mathrm{d}x}\mathrm{d}x+C\right) \tag{6.17}$$

或

$$y=C\mathrm{e}^{-\int P(x)\mathrm{d}x}+\mathrm{e}^{-\int P(x)\mathrm{d}x}\int Q(x)\mathrm{e}^{\int P(x)\mathrm{d}x}\mathrm{d}x \tag{6.18}$$

上式右端第一项是对应的齐次微分方程（6.13）的通解，第二项是非齐次微分方程（6.12）的一个特解。由此可知，一阶线性非齐次微分方程的通解等于对应的齐次微分方程的通解与非齐次微分方程的一个特解之和。

例1 求微分方程$\frac{dy}{dx}+2xy=2xe^{-x^2}$的通解。

解 这是一阶线性非齐次微分方程，其中$P(x)=2x$，$Q(x)=2xe^{-x^2}$。

首先，求与所给方程对应的线性齐次微分方程$\frac{dy}{dx}+2xy=0$的通解。

分离变量，得$\frac{dy}{y}=-2xdx$。

两边积分，得$\ln y=-x^2+\ln C$，即$y=Ce^{-x^2}$。

其次，求所给微分方程的通解。设其有如下形式的解$y=C(x)e^{-x^2}$，则

$$\frac{dy}{dx}=-2xe^{-x^2}C(x)+e^{-x^2}\frac{dC(x)}{dx}$$

将y与y'的表示式代入原方程中，有

$$e^{-x^2}\frac{dC(x)}{dx}=2xe^{-x^2}$$

消去e^{-x^2}，分离变量，积分得$C(x)=x^2+C$。

于是，原方程的通解是$y=(x^2+C)e^{-x^2}$。

例2 求微分方程$(1+x^2)dy=(1+2xy+x^2)dx$满足初始条件$y|_{x=0}=1$的一个特解。

解 原方程可化为$\frac{dy}{dx}-\frac{2x}{1+x^2}y=1$。

这是一阶线性非齐次微分方程，其中$P(x)=-\frac{2x}{1+x^2}$，$Q(x)=1$。

用通解公式（6.17）求解，得

$$e^{-\int P(x)dx}=e^{\int\frac{2x}{1+x^2}dx}=1+x^2$$

即

$$e^{\int P(x)dx}=e^{-\int\frac{2x}{1+x^2}dx}=\frac{1}{1+x^2}$$

又

$$\int Q(x)e^{\int P(x)dx}dx=\int\frac{1}{1+x^2}dx=\arctan x$$

所以原方程的通解为$y=(1+x^2)(\arctan x+C)$。

将初始条件$y|_{x=0}=1$代入上式可得$C=1$。

所以，所求的特解为

$$y=(1+x^2)(\arctan x+1)$$

案例解决

设跳伞队员离开飞机 t 秒时，其速度为 $v=v(t)$，则该时刻所受阻力 $R=kv$（k 为比例系数），方向与 v 相反。此时，受重力为 $P=mg$，方向与 v 一致，如图 6-3 所示，从而所受外力为

$$F=mg-kv$$

根据牛顿第二定律 $F=ma$（其中，a 为加速度），得函数 $v=v(t)$ 应满足的微分方程为

$$m\frac{\mathrm{d}v}{\mathrm{d}t}=mg-kv$$

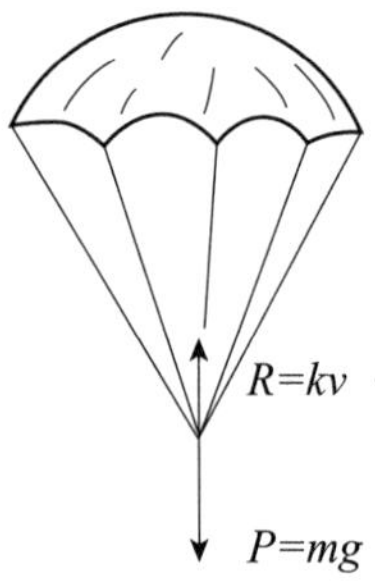

图 6-3

且由跳伞队员离开飞机时的速度为零得 $v(0)=0$，所以此问题化为求解下面的初值问题

$$\begin{cases}\dfrac{\mathrm{d}v}{\mathrm{d}t}+\dfrac{k}{m}v=g\\ v|_{t=0}=0\end{cases}$$

方程 $\frac{\mathrm{d}v}{\mathrm{d}t}+\frac{k}{m}v=g$ 为一阶线性非齐次微分方程，其通解为 $v=C\mathrm{e}^{-\frac{k}{m}t}+\frac{mg}{k}$，将条件 $v|_{t=0}=0$ 代入可得 $C=-\frac{mg}{k}$，故所求函数为

$$v=\frac{mg}{k}(1-\mathrm{e}^{-\frac{k}{m}t})$$

由此我们可分析出：队员离开飞机后，开始阶段是做加速运动，经过一段时间后逐渐趋近于匀速运动。

习题 6.4

1. 求下列微分方程的通解。

(1) $(1+x^2)y'-2xy=(1+x^2)^2$　　(2) $xy'+y=x^2+3x+2$

(3) $y'+y\cos x=\mathrm{e}^{-\sin x}$　　(4) $y'+y=\mathrm{e}^{-x}$

2. 求下列微分方程满足所给初始条件的特解。

(1) $y'+\frac{y}{x}=\frac{\sin x}{x}$，$y|_{x=\pi}=1$　　(2) $\frac{\mathrm{d}y}{\mathrm{d}x}+3y=8$，$y|_{x=0}=2$

(3) $x^2+xy'=y$，$y|_{x=1}=0$

3. 求一曲线的方程，这一曲线通过原点，并且它在点 (x, y) 处的切线斜率等于 $2x+y$。

6.5 可降阶的二阶微分方程

案例导入

设有一质量为 m 的物体，在空中由静止开始下落，如果空气阻力为 $R=cv$（其中，c 为常数，v 为物体运动的速度），试求物体下落的距离 s 与时间 t 的函数关系。

案例分析

物体在空中下落时，同时受到重力与阻力的作用。

二阶微分方程的一般形式是

$$F(x,\ y,\ y',\ y'')=0 \text{ 或 } y''=F(x,\ y,\ y')$$

本节介绍几种常见的可用降阶法求解的二阶微分方程。

一、$y''=f(x)$ 型微分方程

这种二阶微分方程不显含未知函数 y 及其一阶导数，是最简单的二阶微分方程，通过两次积分便可得到通解。

例1 求微分方程 $y''=x+\sin x$ 的通解。

解 方程两边积分，得

$$y'=\frac{1}{2}x^2-\cos x+C_1$$

再积分，得方程通解

$$y=\frac{1}{6}x^3-\sin x+C_1x+C_2$$

其中，C_1，C_2 为任意常数。

二、$y''=f(x,\ y')$ 型微分方程

这类微分方程不显含未知函数 y，可以通过变量代换，降为一阶微分方程求解。

令 $y'=p(x)$，则 $y''=p'(x)$，代入原方程得到一个关于未知函数 p 与自变量 x 的一阶微分方程

$$\frac{\mathrm{d}p}{\mathrm{d}x}=f(x,\ p)$$

用一阶微分方程的解法求出它的解，设其通解为

$$p=\varphi(x,\ C_1) \text{ 或 } y'=\varphi(x,\ C_1)$$

两边积分得原方程的通解为

$$y=\int\varphi(x, C_1)\mathrm{d}x+C_2$$

例 2 求微分方程 $y''=\frac{1}{x}y'+x$ 的通解。

解 令 $y'=p$，则 $y''=p'$，代入原方程有 $p'-\frac{1}{x}p=x$。

这是一阶线性非齐次微分方程，其通解为

$$\begin{aligned}p&=\mathrm{e}^{-\int-\frac{1}{x}\mathrm{d}x}\left[\int x\mathrm{e}^{\int-\frac{1}{x}\mathrm{d}x}\mathrm{d}x+C_1\right]\\&=x\left(\int\mathrm{d}x+C_1\right)=x(x+C_1)\\&=x^2+C_1x\end{aligned}$$

即 $y'=x^2+C_1x$。

再次积分得到方程的通解为 $y=\frac{1}{3}x^3+\frac{C_1}{2}x^2+C_2$。

案例解决

根据牛顿第二定律，有关系式

$$m\frac{\mathrm{d}^2s}{\mathrm{d}t^2}=mg-c\frac{\mathrm{d}s}{\mathrm{d}t}$$

依据题设条件，得初值问题为

$$\frac{\mathrm{d}^2s}{\mathrm{d}t^2}=g-\frac{c}{m}\frac{\mathrm{d}s}{\mathrm{d}t},\ s|_{t=0}=0,\ \frac{\mathrm{d}s}{\mathrm{d}t}|_{t=0}=0$$

令 $\frac{\mathrm{d}s}{\mathrm{d}t}=v$，方程化为

$$\frac{\mathrm{d}v}{\mathrm{d}t}=g-\frac{c}{m}v$$

分离变量后积分 $\int\frac{\mathrm{d}v}{g-\frac{c}{m}v}=\int\mathrm{d}t$，得

$$\ln\left(g-\frac{c}{m}v\right)=-\frac{c}{m}t+C_1$$

代入初始条件 $v|_{t=0}=0$，得 $C_1=\ln g$。

于是有 $v=\frac{\mathrm{d}s}{\mathrm{d}t}=\frac{mg}{c}(1-\mathrm{e}^{-\frac{c}{m}t})$，积分得

$$s=\frac{mg}{c}\left(t+\frac{m}{c}\mathrm{e}^{-\frac{c}{m}t}\right)+C_2$$

代入初始条件 $s|_{t=0}=0$，得 $C_2=-\frac{m^2g}{c^2}$。

故所求特解（即为下落的距离与时间的关系）为

$$s=\frac{mg}{c}\left(t+\frac{m}{c}\mathrm{e}^{-\frac{c}{m}t}-\frac{m}{c}\right)$$

习题 6.5

求下列各微分方程的通解或特解。

1. $y''=\frac{1}{1+x^2}$　　2. $y''=\sin 2x$

3. $y''=y'+x$　　4. $y''=2y'$

5. $y''-ay'^2=0$，$y|_{x=0}=0$，$y'|_{x=0}=-1$

6.6　二阶常系数线性齐次微分方程

案例导入

一个单位质量的质点在数轴上运动，开始时质点在原点 O 处且速度为 v_0，在运动过程中，它受到一个力的作用，这个力的大小与质点到原点的距离成正比（比例系数 $k_1>0$），而方向与初速度一致。另外，介质的阻力与速度成正比（比例系数 $k_2>0$）。求反映该质点的运动规律的函数。

案例分析

由导数的物理意义可知，质点的运动速度 $v(t)$ 为其运动位移 $x(t)$ 对时间 t 的导数，即$v(t)=x'(t)$。根据题意，再由牛顿第二定律可得质点的受力关系为 $x''=k_1x-k_2x'$，这是二阶常系数线性齐次微分方程。

一、二阶常系数线性微分方程解的结构定理

二阶常系数线性微分方程的一般形式是

$$y''+py'+qy=f(x) \tag{6.19}$$

其中，y''，y'和 y 都是一次的；p，q 为常数；$f(x)$ 是 x 的已知连续函数，称为方程的自由项。

当 $f(x)\neq 0$ 时，称方程（6.19）为**二阶常系数线性非齐次微分方程**。

当 $f(x)\equiv 0$ 时，方程变为

$$y''+py'+qy=0 \tag{6.20}$$

称方程（6.20）为**二阶常系数线性齐次微分方程**。通常称方程（6.20）是方程（6.19）对应的齐次方程。

定理1　若函数 y_1，y_2 是线性齐次微分方程（6.20）的两个解，则函数 $y=C_1y_1+C_2y_2$（C_1，C_2 为任意常数）也是方程（6.20）的解。

定理 2 若函数 y_1，y_2 是线性齐次微分方程（6.20）的两个线性无关的特解，则函数 $y=C_1y_1+C_2y_2$（C_1，C_2 为任意常数）是方程（6.20）的通解。

求二阶常系数线性齐次微分方程（6.20）通解的关键是求它的两个线性无关的特解。

定理 3 设 y^* 是二阶常系数线性非齐次微分方程（6.19）的一个特解，Y 是对应的齐次方程（6.20）的通解，则 $y=y^*+Y$ 是方程（6.19）的通解。

求非齐次微分方程（6.19）通解的关键是先求出对应的齐次方程的通解，再求它本身的一个特解。

定理 4 设线性非齐次微分方程（6.19）的右端 $f(x)$ 是两个函数之和，即 $y''+py'+qy=f_1(x)+f_2(x)$，而 y_1^* 与 y_2^* 分别是 $y''+py'+qy=f_1(x)$ 与 $y''+py'+qy=f_2(x)$ 的特解，则 $y_1^*+y_2^*$ 就是原方程的特解。

这一定理通常称为线性微分方程的解的**叠加定理**。

二、二阶常系数线性齐次微分方程的解法

二阶常系数线性齐次微分方程

设二阶常系数线性齐次微分方程为

$$y''+py'+qy=0 \tag{6.20}$$

在方程中，由于 p 和 q 都是常数，因此函数 y 只有满足求一、二阶导数后函数形式不变，最多相差常系数，代入方程左端整理后才可能为零。

我们已经知道，函数 $y=e^{rx}$ 具有这一特性。由此，设函数 $y=e^{rx}$ 是方程（6.20）的解，其中 r 是待定的常数。

将 $y=e^{rx}$，$y'=re^{rx}$，$y''=r^2e^{rx}$ 代入方程（6.20）中，得

$$(r^2+pr+q)\ e^{rx}=0$$

因为 $e^{rx}\neq0$，所以

$$r^2+pr+q=0 \tag{6.21}$$

这是关于 r 的二次代数方程，若函数 $y=e^{rx}$ 是方程（6.20）的解，则 r 必须满足方程（6.21）。

我们称方程（6.21）为方程（6.20）的**特征方程**，特征方程的根称为**特征根**。

方程（6.20）的通解有下面三种情况。

（1）当 $\Delta>0$ 时，特征根为相异实根：$r_1\neq r_2$。

通解为：$y=C_1e^{r_1x}+C_2e^{r_2x}$（$C_1$，$C_2$ 是任意常数）。

（2）当 $\Delta=0$ 时，特征根为重根：$r=r_1=r_2$。

通解为：$y=(C_1+C_2x)e^{rx}$（C_1，C_2 是任意常数）。

（3）当 $\Delta<0$ 时，特征根为共轭复根：$r_1=\alpha+i\beta$，$r_2=\alpha-i\beta$。

通解为：$y=e^{\alpha x}(C_1\cos\beta x+C_2\sin\beta x)$（$C_1$，$C_2$ 是任意常数）。

例1 求微分方程 $y''+5y'+6y=0$ 的通解。

解 方程所对应的特征方程为 $r^2+5r+6=0$，即

$$(r+2)(r+3)=0$$

其根为 $r_1=-2$，$r_2=-3$，故原方程的通解为：$y=C_1e^{-2x}+C_2e^{-3x}$。

例2 求微分方程 $y''+4y'+4y=0$ 满足初始条件 $y|_{x=0}=1$，$y'|_{x=0}=1$ 的特解。

解 方程所对应的特征方程为 $r^2+4r+4=0$，即

$$(r+2)^2=0$$

其根为 $r_1=r_2=-2$，故原方程的通解为 $y=(C_1+C_2x)e^{-2x}$。

将 $y|_{x=0}=1$，$y'|_{x=0}=1$ 代入通解，得 $C_1=1$，$C_2=3$。

故满足初始条件的特解为：$y=(1+3x)e^{-2x}$。

例3 求微分方程 $y''-4y'+5y=0$ 的通解。

解 方程所对应的特征方程为 $r^2-4r+5=0$。

它有一对共轭复根：$r_1=2+i$，$r_2=2-i$。

故原方程的通解为：$y=e^{2x}(C_1\cos x+C_2\sin x)$。

案例解决

设质点的位置函数为 $x=x(t)$。由题意得

$$x''=k_1x-k_2x'$$

即

$$x''+k_2x'-k_1x=0，且\ x|_{t=0}=0，x'|_{t=0}=v_0$$

解特征方程 $r^2+k_2r-k_1=0$，得

$$r_{1,2}=\frac{-k_2\pm\sqrt{k_2^2+4k_1}}{2}$$

故有通解 $x=C_1e^{r_1t}+C_2e^{r_2t}$，且有 $x'=r_1C_1e^{r_1t}+r_2C_2e^{r_2t}$。

代入初始条件 $x|_{t=0}=0$，$x'|_{t=0}=v_0$，得

$$\begin{cases}C_1+C_2=0\\ r_1C_1+r_2C_2=v_0\end{cases}$$

解得

$$\begin{cases}C_1=\dfrac{-v_0}{r_2-r_1}=\dfrac{v_0}{\sqrt{k_2^2+4k_1}}\\ C_2=\dfrac{v_0}{r_2-r_1}=-\dfrac{v_0}{\sqrt{k_2^2+4k_1}}\end{cases}$$

故 $x=\dfrac{v_0}{\sqrt{k_2^2+4k_1}}\left(e^{\frac{-k_2+\sqrt{k_2^2+4k_1}}{2}t}-e^{-\frac{k_2+\sqrt{k_2^2+4k_1}}{2}t}\right)$。

习题 6.6

1. 求下列微分方程的通解。

(1) $y''+y'-2y=0$　　(2) $y''-4y'=0$

(3) $y''+y=0$　　(4) $4\frac{d^2x}{dt^2}-20\frac{dx}{dt}+25x=0$

(5) $y''-4y'+5y=0$

2. 求下列微分方程满足所给初始条件的特解。

(1) $y''-3y'-4y=0$，$y|_{x=0}=0$，$y'|_{x=0}=-5$

(2) $y''+25y=0$，$y|_{x=0}=2$，$y'|_{x=0}=5$

(3) $y''+2y'+2y=0$，$y|_{x=0}=1$，$y'|_{x=0}=-1$

(4) $y''+4y'+29y=0$，$y|_{x=0}=0$，$y'|_{x=0}=15$

3. 设底面直径为 0.5m 的圆柱形浮筒铅直地放在水中，当稍向下压后突然放开，浮筒在水中上下振动的周期为 2s，求浮筒的质量。

6.7　利用 Matlab 求解常微分方程

一、Matlab 求解常微分方程常用命令

Matlab 求解常微分方程常用命令见表 6－1。

表 6－1

dsolve('eq')	求出微分方程的解析解，表示为 t 的函数
dsolve('eq','cond')	求出微分方程初值问题的解，表示为 t 的函数
dsolve('eq','x')	求出微分方程的解析解，表示为 x 的函数
dsolve('eq','cond','x')	求出微分方程初值问题的解，表示为 x 的函数

注：r=dsolve（'eq1，eq2，...','cond1，cond2，...','v'）。

'eq1，eq2，...'为微分方程，'cond1，cond2，...'为初始条件，默认的自变量是't'，如果要指定自变量'x'，则在方程组及初始条件后面加'x'，并用逗号分开。

在常微分方程（组）的表达式中，大写字母 D 表示对自变量（默认为 t）的微分算子：D=d/dt，D2=d^2/dt^2，…。算子 D 后面的字母则表示因变量，即待求解的未知函数。返回的结果中可能会出现任意常数 C1，C2 等。

二、求解一阶微分方程

微分方程在输入时，y' 应输入 Dy，y'' 应输入 D2y 等，D 应大写。

例 1 求微分方程 $y'+2xy=xe^{-x^2}$ 的通解。

解 利用 Matlab，在命令窗口中输入命令：

```
clear;dsolve('Dy+2*x*y=x*exp(-x^2)','x')
```

按下回车键，便得到微分方程的通解：

```
ans =
(1/2*x^2+C1)*exp(-x^2)
```

其中，C1 是任意常数。

例 2 求微分方程 $x^2+xy'=y$ 满足初始条件 $y|_{x=1}=0$ 的特解。

解 利用 Matlab，在命令窗口中输入命令：

```
clear;dsolve('x^2+x*Dy=y','y(1)=0','x')x
```

按下回车键，便得到微分方程的特解：

```
ans =
(-x+1)*x
```

三、求解二阶微分方程

例 3 求微分方程的特解：

$$\begin{cases}\dfrac{d^2y}{dx^2}-4\dfrac{dy}{dx}+3y=0\\ y(0)=6,\ y'(0)=10\end{cases}$$

解 利用 Matlab，在命令窗口中输入命令：

```
clear;dsolve('D2y-4*Dy+3*y=0','y(0)=6,Dy(0)=10','x')
```

按下回车键，便得到微分方程的特解：

```
ans =
4*exp(x)+2*exp(3*x)
```

习题 6.7

1. 求微分方程 $y'-2xy=2xe^{x^2}$ 的通解。
2. 求微分方程 $y'+y\cos x=\cos x$ 满足初始条件 $y|_{x=0}=1$ 的特解。
3. 求微分方程 $y''+y'-2y=0$ 的通解。

拓展阅读

林群：从事数学研究 69 年，让更多人了解微积分

林群，1935 年出生，福建连江人，中国科学院数学与系统科学研究院研究员、中国科学院院士。在计算数学，特别是微分方程的高性能解法方面，林群进行了长期的深入研

究。他热爱科普和教育事业，著有《画中漫游微积分——著名科学家谈微积分》《微分方程与三角测量》《微积分快餐》等科普读物，被评为2019年十大科学传播人物。

“学习也好，研究也好，一定要有刨根问底的决心”

从1952年考入厦门大学数学系算起，林群已经在数学的海洋里摸爬滚打了69年。数学，在普通人看来，晦涩难懂、推理复杂，林群却说：“数学领域十分奇妙，你能从一行行公式和一串串数字中，找到乐趣与挑战。”

读高中时，林群的数学老师常常用一节课中一半的时间讲公式定理，另一半时间讲数学家的故事。牛顿、柯西、黎曼……这些数学家的故事，让林群陷入了对数学的向往与着迷。1956年，厦门大学毕业的林群走入了中国科学院数学研究所的大门，进入了泛函分析和计算数学的研究领域。

那时的数学研究所，聚集了华罗庚、关肇直、陈景润、吴文俊等一批著名的数学家。林群师从关肇直。那时，关肇直工作繁忙，林群就在快下班时，到老师办公室门口静静等候。“我曾经计算过，老先生从办公室走回家，大约有20分钟路程，和老先生这20分钟的交流，让我收获很多。”刚接触泛函分析，林群觉得十分抽象，他问关先生怎么办，关肇直回答得简单利落：“你试着按照平面几何的思路去想。”

按照关老提示的思路，林群把泛函分析重新梳理了一遍，豁然开朗，“学习也好，研究也好，一定要有刨根问底的决心”。

“每取得一个阶段性成功，就会化作下一次奋斗的动力”

泛函分析中的相关算法，因为计算量大、操作难度大，一直以来都是数学界难啃的硬骨头之一。在老师关肇直的提示下，林群开始将有限元方法结合起来深入研究。“那段时间，就把自己关在一个小屋子里面，桌面上摆着厚厚的稿纸，用掉的钢笔墨水一瓶又一瓶，不分日夜、埋头计算。”林群回忆，有时候沿着一种计算方法不断前进，但是算到后来结果不对，这时候就会自我怀疑、自我否定……

探索的过程，虽然艰辛、孤独，但通过努力，林群最终找到了有限元的加速方法，即迭代伽辽金方法。同样的计算量，普通算法需要8个小时，采用迭代伽辽金方法只需要1个小时。这一算法被广泛运用到核电站和堆石坝等项目的计算中，使计算速度大大提高。

刚解完一个难题，另一个难题又摆在林群面前：有限元解能否通过外推，提高计算精度？经过日夜攻坚，林群联合四川大学吕涛、苏州大学沈树民，共同提出了有限元外推法，大幅提高了计算精度。“有限元外推技术”1989年获得中国科学院自然科学奖一等奖。

“这便是数学的魅力，刚翻过一座高峰，就会看到下一座；每取得一个阶段性成功，就会化作下一次奋斗的动力。”

“为青少年的成长出一份力，是我们义不容辞的责任”

画漫画、开慕课、做直播、写博客……林群年逾八旬，新潮的玩意儿却样样精通。林群说，自己还有一个愿望，就是把晦涩难懂的微积分，通过科普等生动形象的方式，讲给更多中小学生听。1993年，林群当选为中国科学院院士。此后，他一头“扎”进了科普的世界里。

“微积分向大众宣传，就得用大家懂的语言体系来比喻。”20世纪90年代，林群随团旅游时参观一棵古树。导游说，古树年年都在长高，怎么测量树高？有人说把树砍倒了量，有人说爬到树上量。林群立刻想到了可由斜率求树高，而不必砍树或爬树。这不就是微积分的基本公式吗？回到房间，林群马上将这个故事写下来，并配上图画，在媒体上发表后，有好几本教科书用了这幅画。此后，林群就开始用图配文的方式来讲授数学知识。

“为青少年的成长出一份力，是我们义不容辞的责任。”林群总是这么说。他希望，到 90 岁的时候，能让微积分普及到中小学生和家长，普及到各行各业。

资料来源：施芳．让更多人了解微积分（讲述·一辈子一件事）[EB/OL].（2021-01-14）[2024-06-05]. https://www.peopleapp.com/column/30035597306-500005071097.

复习题 6

一、单项选择题。

1. 下列方程中，不是微分方程的是（　　）。

A. $\left(\frac{\mathrm{d}y}{\mathrm{d}x}\right)^2-3y=0$　　B. $\mathrm{d}y+\frac{1}{x}\mathrm{d}x=0$

C. $y'=\mathrm{e}^{x-y}$　　D. $x^2+y^2=k$

2. 已知 $r_1=0$，$r_2=-3$ 是微分方程 $y''+py'+qy=0$（p 和 q 为实常数）的特征方程的两个根，则该微分方程是（　　）。

A. $y''+3y'=0$　　B. $y''-3y'=0$

C. $y''+3y=0$　　D. $y''-3y=0$

3. 下列微分方程中是线性微分方程的是（　　）。

A. $y'+y^3=0$　　B. $y'-y\cos y=x$

C. $y'+xy=x^2$　　D. $y'-\cos y+y=x$

4. 下列微分方程中是可分离变量微分方程的是（　　）。

A. $(xy^2+x)\mathrm{d}x+(x^2y-y)\mathrm{d}y=0$　　B. $\frac{\mathrm{d}y}{\mathrm{d}x}=x^2+y^2$

C. $x\mathrm{d}y+y\mathrm{d}x+1=0$　　D. $\frac{\mathrm{d}y}{\mathrm{d}x}=x^3-y^3$

5. 微分方程 $y''+2y'+y=0$ 的两个线性相关的特解是（　　）。

A. e^x 与 e^{-x}　　B. e^{-x} 与 $2\mathrm{e}^{-x}$

C. e^{-x} 与 e^{2x}　　D. e^x 与 $x\mathrm{e}^{-x}$

6. 函数 $y=c_1\mathrm{e}^{\frac{5}{2}x}+c_2x\mathrm{e}^{\frac{5}{2}x}$（$c_1$，$c_2$ 是任意常数）是方程（　　）的通解。

A. $y''-20y'+25y=0$　　B. $4y''-y'+25y=0$

C. $4y''-20y'+25y=0$　　D. $4y''-20y'+y=0$

二、填空题。

1. 微分方程 $x^3(y'')^4+2y'-y^2=0$ 是__________阶微分方程。

2. 微分方程 $xy'-y\ln y=0$ 的通解是________________。

3. $x^2+y^2=R^2$ 是方程 $y'=-\frac{x}{y}$ 的__________解。

4. 方程 $y''-4y=0$ 的通解是________________。

5. 设二阶常系数线性齐次微分方程的特征方程为 $r^2-3r-10=0$，则该微分方程的通解为________________。

三、求下列微分方程的通解。

1. $(y+1)^2y'+x^3=0$

2. $xy'-y=x\tan\dfrac{y}{x}$

3. $xy'\ln x+y=x(\ln x+1)$

4. $xy''+y'=0$

5. $y''-4y'+3y=0$

6. $y''+6y'+13y=0$

四、求下列微分方程满足初始条件的特解。

1. $\dfrac{dy}{dx}=2xy$，$y|_{x=0}=1$

2. $\dfrac{dy}{dx}=-\dfrac{x(1+y^2)}{y(1+x^2)}$，$y|_{x=1}=1$

3. $y\ln y dx+(x-\ln y)dy$，$y|_{x=1}=e$

4. $4y''+4y'+y=0$，$y|_{x=0}=2$，$y'|_{x=0}=0$

第 7 章　向量代数与空间解析几何

本章先引入向量的概念，根据向量的线性运算建立空间坐标系，然后利用坐标讨论向量的运算，并介绍空间解析几何的有关内容。

- 向量代数与空间解析几何
  - 向量及其线性运算
    - 空间直角坐标系
    - 向量的概念、表示方法
    - 单位向量、向量的模、方向余弦
  - 向量的乘法运算
    - 向量的线性运算
      - 向量的加法
      - 向量的减法
      - 数与向量的乘法
    - 向量的数量积
      - 概念
      - 性质
    - 向量的向量积
      - 概念
      - 性质
    - 向量之间的关系
      - 向量之间的夹角
      - 平行、垂直的条件
  - 空间直线及其方程
    - 直线方程
      - 一般式
      - 对称式
      - 两点式
    - 直线之间的关系（平行、垂直、相交）
  - 空间平面及其方程
    - 平面方程
      - 一般式
      - 点法式
      - 截距式
    - 平面与平面、平面与直线之间的关系
  - Matlab在向量代数和空间解析几何中的应用

7.1 向量及其线性运算

案例导入

长江两岸之间没有大桥的地方，常常通过轮渡进行运输。如图 7－1 所示，一艘船从长江南岸点 A 出发，以 $2\sqrt{3}$km/h 的速度向垂直于对岸的方向行驶，同时江水的速度为向东 2km/h。求船的实际航行速度。

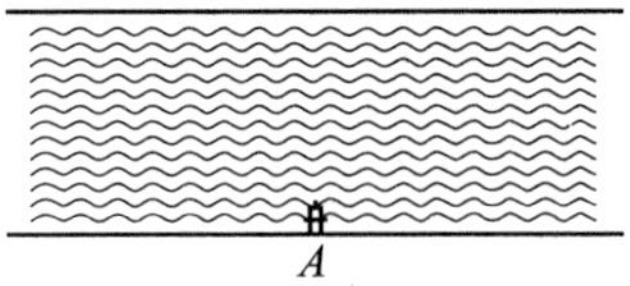

图 7－1

案例分析

可以先建立模型，将实际问题抽象成数学问题，$\overrightarrow{AD}$ 表示船行驶的方向，$\overrightarrow{AB}$ 表示水流的方向，以 AD，AB 为邻边作 $\square ABCD$，则 $\overrightarrow{AC}$ 表示船实际航行的方向，转化成求解向量的模长的问题。

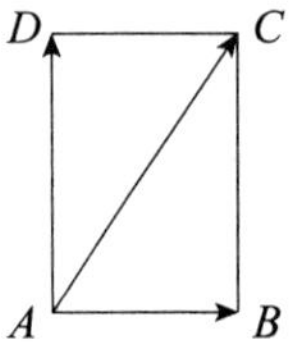

一、空间直角坐标系

在平面解析几何中，建立坐标系，并通过直角坐标系把平面上的点与有序数组（即点的坐标）一一对应起来。同样，为了把空间的任意一点与有序数组对应起来，现在来建立空间直角坐标系。

过空间一定点 O，作三条相互垂直的数轴，依次记为 x 轴（横轴）、y 轴（纵轴）、z 轴（竖轴），统称为坐标轴。它们构成一个空间直角坐标系 $Oxyz$。空间直角坐标系有右手系和左手系两种。通常用右手系，如图 7－2 所示。

在空间直角坐标系中，O 称为坐标原点，每两条坐标轴确定的平面称为坐标平面，简称坐标面，分别称为 xOy 面、yOz 面、zOx 面。这些坐标面把空间分成八个部分，每一部分称为一个象限，依次叫做第一至第八象限，如图 7-3 所示。

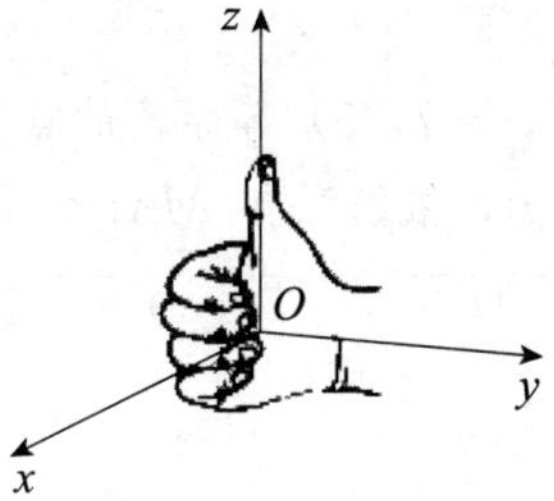

图 7-2

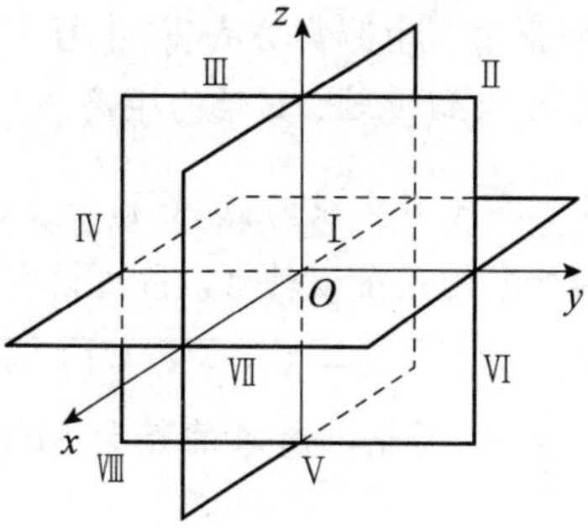

图 7-3

设点 M 是空间的一点，过点 M 分别作与三条坐标轴相互垂直的平面，分别交 x 轴、y 轴、z 轴于点 P，Q，R，如图 7-4 所示。点 P，Q，R 分别叫做**点 M 在坐标轴上的投影**。设点 P，Q，R 在坐标轴上的坐标分别是 x，y，z，于是点 M 确定了唯一的有序数组。反之，给定有序数组，总能在坐标轴上找到以它们为坐标的点 P，Q，R，通过这三点分别作垂直于三条坐标轴的平面，三个平面必然交于点 M。由此可见，点 M 和有序数组 x，y，z 之间存在着一一对应的关系。有序数组 x，y，z 就称为**点 M 的坐标**，记为 (x, y, z)，点 M 的三个分量分别称为点 M 的横坐标、纵坐标和竖坐标。

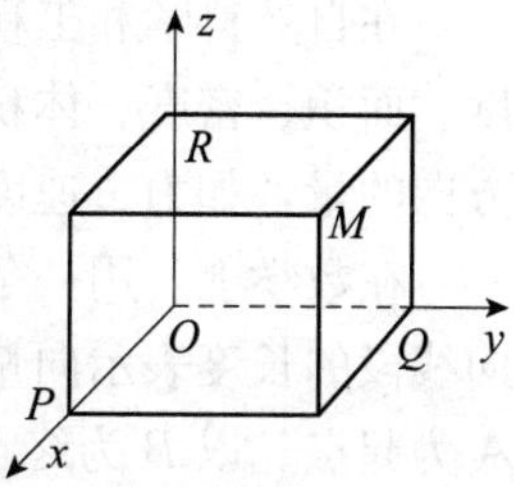

图 7-4

二、空间两点间的距离公式

设点 $M_1(x_1, y_1, z_1)$ 和 $M_2(x_2, y_2, z_2)$ 是空间两点，如图 7-5 所示，该长方体的各棱长分别为：$|x_2-x_1|$，$|y_2-y_1|$，$|z_2-z_1|$。$M_1(x_1, y_1, z_1)$ 和 $M_2(x_2, y_2, z_2)$ 两点间的距离为

$$|M_1M_2|=\sqrt{(x_2-x_1)^2+(y_2-y_1)^2+(z_2-z_1)^2}$$

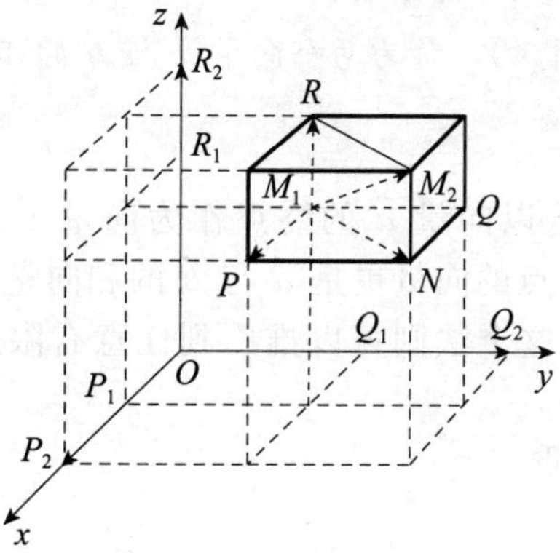

图 7-5

特别地，点 $M(x, y, z)$ 与原点的距离为 $|d|=\sqrt{x^2+y^2+z^2}$。

例 1 求点 $A(x,y,z)$ 到 x 轴的距离。

解 设点 A 在 x 轴上的投影为点 P，则点 P 的坐标为 $(x,0,0)$，且线段 AP 的长就是点 A 到 x 轴的距离。由距离公式得，$|AP|=\sqrt{(x-x)^2+(y-0)^2+(z-0)^2}=\sqrt{y^2+z^2}$。类似地，可得 A 点到 y 轴、z 轴的距离。

例 2 在 y 轴上求与点 $A(1,-3,7)$ 和点 $B(5,-7,5)$ 等距离的点。

解 因为所求的点在 y 轴上，故可设它为 $M(0,y,0)$，依题意有 $|MA|=|MB|$，即有

$$\sqrt{(1-0)^2+(-3-y)^2+(7-0)^2}=\sqrt{(5-0)^2+(-7-y)^2+(5-0)^2}$$

解得 $y=-5$，因此，所求的点为 $M(0,-5,0)$。

三、向量的概念

在自然科学和工程技术中经常遇到的量大致可分为两类：一类是只有大小的量，如长度、面积、密度、体积、流量等，这一类量称为**数量（或标量）**；另一类是既有大小又有方向的量，如力、速度、加速度等，这一类量称为**向量（或矢量）**。

在数学上，用一条有方向的线段（称为有向线段）来表示向量。有向线段的长度表示向量的大小，有向线段的方向可以看作是任意的。以 A 为起点、以 B 为终点的有向线段表示向量 $\overrightarrow{AB}$（如图 7－6 所示），有时简略表示为 $\boldsymbol{a}$，$\boldsymbol{b}$，$\boldsymbol{c}$ 或 $\vec{a}$，$\vec{b}$，$\vec{c}$ 等。

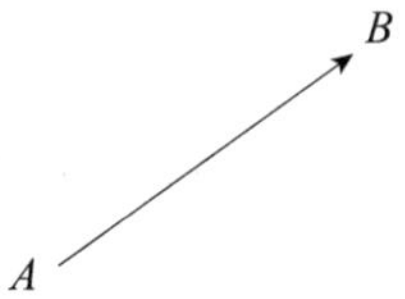

图 7－6

向量的大小称为向量的**模**（或向量的长度），记作：$|\overrightarrow{AB}|$ 或 $|\vec{a}|$。模等于 1 的向量称为**单位向量**；模等于 0 的向量称为**零向量**，记为 $\vec{0}$，零向量的方向是任意的。

规定两个方向相同、模相等的向量称为**相等向量**。

四、向量的运算

下面分别介绍向量的加法、减法以及数与向量的乘法运算。

1. 向量的加法

> **定义（向量的加法）** 设两个非零向量 $\vec{a}$，$\vec{b}$，以 $\vec{a}$，$\vec{b}$ 为边的平行四边形的对角线所表示的向量（如图 7－7 所示），称为两个向量 $\vec{a}$ 与 $\vec{b}$ 的**和向量**，记为 $\vec{a}+\vec{b}$，这就是向量加法的平行四边形法则。

由图 7－7 可以看出，若以向量 $\vec{a}$ 的终点作为向量 $\vec{b}$ 的起点，则由 $\vec{a}$ 的起点到 $\vec{b}$ 的终点的向量也是 $\vec{a}$ 与 $\vec{b}$ 的和向量。这是向量加法的三角形法则。这个法则可以推广到任意有限个向量相加的情形。

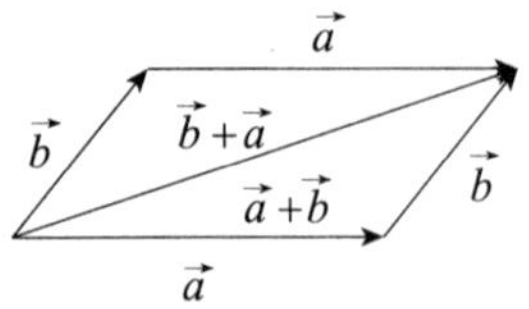

图 7－7

向量的加法满足下列性质：

交换律：$\vec{a}+\vec{b}=\vec{b}+\vec{a}$。

结合律：$(\vec{a}+\vec{b})+\vec{c}=\vec{a}+(\vec{b}+\vec{c})$。

2. 向量的减法

与向量 $\vec{b}$ 的模相等而方向相反的向量称为向量 $\vec{b}$ 的**负向量**，记作 $-\vec{b}$。

由于向量 $\vec{a}-\vec{b}=\vec{a}+(-\vec{b})$，将向量 $\vec{a}$ 和向量 $\vec{b}$ 的起点移到同一点 O，移得以 $\vec{b}$ 的终点为起点、以 $\vec{a}$ 的终点为终点的向量是 $\vec{a}-\vec{b}$，如图 7－8 所示，这种方法称为向量减法的三角形法则。

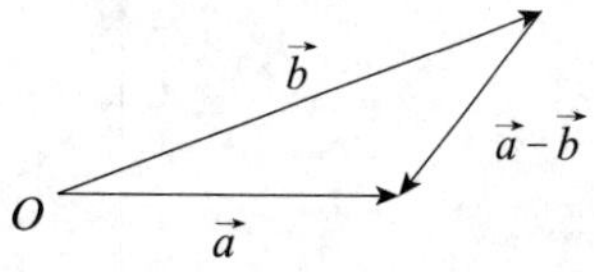

图 7－8

3. 数与向量的乘法

设 $\vec{a}$ 是非零向量，λ 是非零实数，则 $\vec{a}$ 与 λ 的乘积仍是一个向量，记作 $\lambda\vec{a}$。

λ 与 $\vec{a}$ 的乘积 $\lambda\vec{a}$ 是一个平行于 $\vec{a}$ 的向量，它的模是向量 $\vec{a}$ 的 $|\lambda|$ 倍，即 $|\lambda\vec{a}|=|\lambda||\vec{a}|$，并规定：当 $\lambda>0$ 时，$\lambda\vec{a}$ 与 $\vec{a}$ 的方向相同；当 $\lambda<0$ 时，$\lambda\vec{a}$ 与 $\vec{a}$ 的方向相反；当 $\lambda=0$ 时，$\lambda\vec{a}$ 为零向量。

容易验证，数乘向量满足结合律与分配律，即

$$\lambda(\mu\vec{a})=(\lambda\mu)\vec{a}\ (\lambda,\ \mu\ 是实数)$$
$$(\lambda+\mu)\vec{a}=\lambda\vec{a}+\mu\vec{a}\ (\lambda,\ \mu\ 是实数)$$
$$\lambda(\vec{a}+\vec{b})=\lambda\vec{a}+\lambda\vec{b}\ (\lambda\ 是实数)$$

例 3 已知平行四边形 $ABCD$ 的对角线向量为 $\overrightarrow{AC}=\vec{a}$，$\overrightarrow{BD}=\vec{b}$，试用向量 $\vec{a}$ 和 $\vec{b}$ 表示向量 $\overrightarrow{AB}$ 和 $\overrightarrow{DA}$。

解 设 $\overrightarrow{AC}$，$\overrightarrow{BD}$ 的交点为 O（如图 7－9 所示），由于平行四边形的对角线互相平分，故

$$\overrightarrow{AO}=\frac{1}{2}\overrightarrow{AC}=\frac{1}{2}\vec{a},\overrightarrow{BO}=\overrightarrow{OD}=\frac{1}{2}\overrightarrow{BD}=\frac{1}{2}\vec{b}$$

根据三角形法则，有

$$\overrightarrow{AB}=\overrightarrow{AO}+\overrightarrow{OB}=\overrightarrow{AO}-\overrightarrow{BO}=\frac{1}{2}(\vec{a}-\vec{b})$$

$$\overrightarrow{DA}=-\overrightarrow{AD}=-(\overrightarrow{AO}+\overrightarrow{OD})=-\frac{1}{2}(\vec{a}+\vec{b})$$

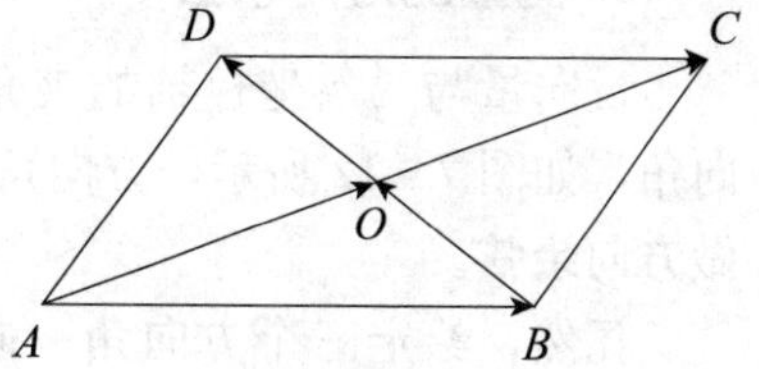

图 7－9

五、向量的坐标表示式

在空间直角坐标系下，任意向量 $\vec{r}$ 可用向径 OM 表示。以 $\vec{i}$，$\vec{j}$，$\vec{k}$ 分别表示 x，y，z 轴上的单位向量，设点 M 的坐标为 $M(x,\ y,\ z)$，如图 7－10 所示，则 $\overrightarrow{OM}=\overrightarrow{ON}+\overrightarrow{NM}=\overrightarrow{OA}+\overrightarrow{OB}+\overrightarrow{OC}$。

又 $\overrightarrow{OA}=x\vec{i}$，$\overrightarrow{OB}=y\vec{j}$，$\overrightarrow{OC}=z\vec{k}$，则

$$\vec{r}=x\vec{i}+y\vec{j}+z\vec{k}=\{x,y,z\}$$

此式称为向量 $\vec{r}$ 的坐标表示式，$x\vec{i}$，$y\vec{j}$，$z\vec{k}$ 称为向量 $\vec{r}$ 沿三个坐标轴方向的分向量。

又设向量 $\overrightarrow{M_1M_2}$ 的起点、终点坐标为 $M_1(x_1,\ y_1,\ z_1)$，$M_2(x_2,\ y_2,\ z_2)$，如图 7－11 所示，则

$$\overrightarrow{M_1M_2} = \overrightarrow{OM_2} - \overrightarrow{OM_1} = (x_2 - x_1)\vec{i} + (y_2 - y_1)\vec{j} + (z_2 - z_1)\vec{k}$$

$$\overrightarrow{M_1M_2} = a_x\vec{i} + a_y\vec{j} + a_z\vec{k}$$

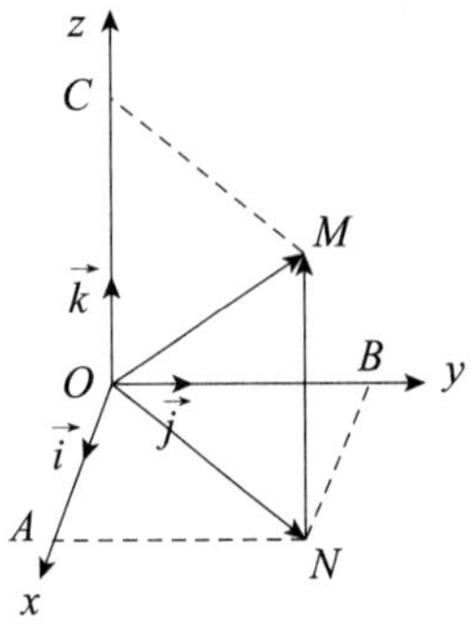

图 7-10

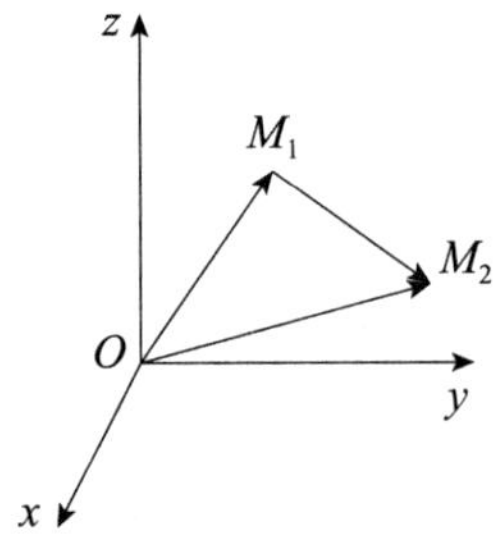

图 7-11

用坐标进行向量的线性运算：

设向量 $\vec{a}=\{a_x, a_y, a_z\}$，$\vec{b}=\{b_x, b_y, b_z\}$，则

$$\vec{a} \pm \vec{b} = \{a_x \pm b_x, a_y \pm b_y, a_z \pm b_z\}, \lambda\vec{a} = \{\lambda a_x, \lambda a_y, \lambda a_z\}(\lambda \text{ 是实数})$$

六、向量的模和方向余弦

1. 向量的模

设向量 $\vec{a}=\{a_x, a_y, a_z\}$，则向量 $\vec{a}$ 的模长为 $|\vec{a}| = \sqrt{a_x^2 + a_y^2 + a_z^2}$。

2. 向量的方向余弦

设向量与三条坐标轴的夹角 α，β，γ 叫做向量 $\vec{a}$ 的方向角，如图 7-12 所示，方向角的余弦 $\cos\alpha$，$\cos\beta$，$\cos\gamma$ 叫做**方向余弦**。

显然，给定三个方向角，向量的方向也随之确定，因此它们表示了向量的方向。向量 $\vec{a}$ 在三个坐标轴方向的分向量的长度为

$$a_x = |\vec{a}|\cos\alpha, a_y = |\vec{a}|\cos\beta, a_z = |\vec{a}|\cos\gamma$$

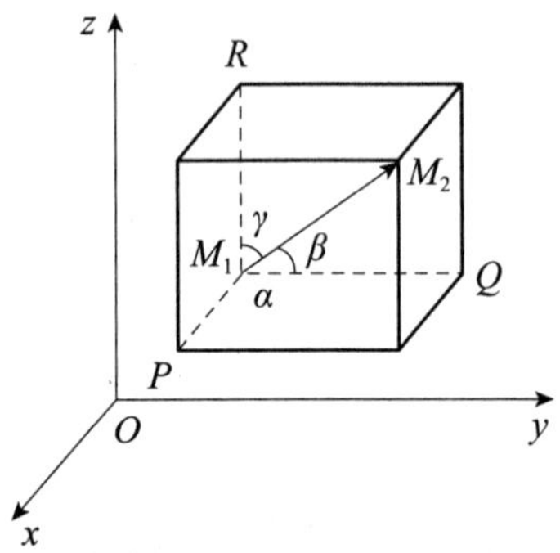

图 7-12

所以，三个方向余弦也可用投影表示为

$$\cos\alpha = \frac{a_x}{\sqrt{a_x^2 + a_y^2 + a_z^2}}$$

$$\cos\beta = \frac{a_y}{\sqrt{a_x^2 + a_y^2 + a_z^2}}$$

$$\cos\gamma = \frac{a_z}{\sqrt{a_x^2 + a_y^2 + a_z^2}} \tag{7.1}$$

由式（7.1）得

$$\cos^2\alpha + \cos^2\beta + \cos^2\gamma = 1 \tag{7.2}$$

七、用坐标表示向量的平行

设向量 $\vec{a}=\{a_x, a_y, a_z\}$，$\vec{b}=\{b_x, b_y, b_z\}$，则

$$\vec{a} \parallel \vec{b} \Leftrightarrow \vec{a}=\lambda\vec{b} \Leftrightarrow \frac{a_x}{b_x}=\frac{a_y}{b_y}=\frac{a_z}{b_z}=\lambda \tag{7.3}$$

其中，λ 为实数。

例 4 设向量 $\vec{a}=\lambda\vec{i}+2\vec{j}-\vec{k}$，$\vec{b}=-\vec{j}+\mu\vec{k}$，问：实数 λ，μ 为何值时，$\vec{a}$ 与 $\vec{b}$ 平行?

解 因为 $\vec{a}\parallel\vec{b}$，由式 (7.3) 得 $\frac{\lambda}{0}=\frac{2}{-1}=\frac{-1}{\mu}$，即 $\lambda=0$，$\frac{2}{-1}=\frac{-1}{\mu}$，所以 $\lambda=0$，$\mu=\frac{1}{2}$。

案例解决

在 Rt△ABC 中，$|\overrightarrow{AB}|=2$，$|\overrightarrow{BC}|=2\sqrt{3}$，所以 $|\overrightarrow{AC}|=\sqrt{|\overrightarrow{AB}|^2+|\overrightarrow{BC}|^2}=4$，则船实际航行速度的大小为 4km/h。

习题 7.1

1. 设 A，B 两点为 $A=(4, -7, 1)$，$B=(6, 2, z)$，它们之间的距离为 $|AB|=11$，求点 B 的坐标 z。

2. 已知向量 $\vec{a}=\{6, 1, -1\}$ 的始点为 (1，−2，1)，求其终点的坐标。

3. 已知向量 $\vec{a}=\{6, 1, -1\}$，$\vec{b}=\{1, 2, 0\}$，求：(1) 向量 $\vec{c}=\vec{a}-2\vec{b}$；(2) 向量 $\vec{c}$ 的方向余弦及与它平行的单位向量。

4. 一架执行救灾任务的飞机从 A 地按北偏西 30°的方向飞行 300km 后到达 B 地，然后向 C 地飞行。已知 C 地在北偏东 60°的方向处，且 A、C 两地相距 300km。求飞机从 B 地向 C 地飞行的方向及 B、C 两地的距离。

7.2 向量的乘法运算

案例导入

汽车引擎中的曲轴通过连杆将活塞的线性运动转换为旋转运动，这就是物理中力矩的应用，那对于具体的力矩如何用数学知识求解呢？已知力 $\vec{F}=(-2, 3, 1)$ 作用于杠杆上的点 A (4，−1，2) 处，求此力 F 关于杠杆上另一点 B (3，2，−1) 的力矩。

案例分析

要计算力矩，需要先将 BA 所在的向量计算出来，该案例考察的是向量的叉积运算。

一、向量的数量积

数量积是从物理学中抽象出来的一个数学概念。例如，在物理上，移动物体在常力的作用下从点 M_1 移动到点 M_2，如图 7－13 所示，力 $\vec{F}$ 所做的功为：$W=|\vec{F}|\,|\overrightarrow{M_1M_2}|\cos\theta$。

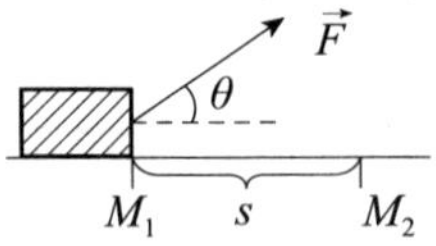

图 7－13

向量的数量积

由此我们抽象地给出下列向量的数量积的定义。

定义 1 设 $\vec{a}$，$\vec{b}$ 是两个向量，它们的模与它们之间夹角 θ 的余弦的乘积称为向量 $\vec{a}$，$\vec{b}$ 的数量积、点积或内积，记作：$\vec{a}\cdot\vec{b}$，即 $\vec{a}\cdot\vec{b}=|\vec{a}|\,|\vec{b}|\cos\theta$。其中，$\theta$ 为向量 $\vec{a}$，$\vec{b}$ 正方向之间不超过 $180°$ 的夹角（如图 7－14 所示）。

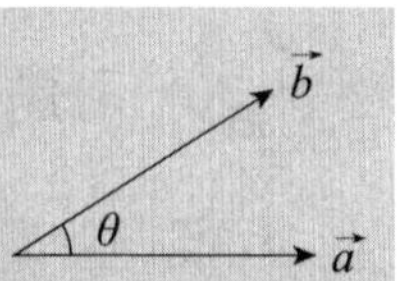

图 7－14

根据数量积的定义，力 $\vec{F}$ 所做的功可记为 $W=\vec{F}\cdot\vec{S}$。

规定：$\vec{0}$ 与任何向量的数量积为 0。

两个向量的数量积满足以下运算律：

交换律：$\vec{a}\cdot\vec{b}=\vec{b}\cdot\vec{a}$。

结合律：$\lambda(\vec{a}\cdot\vec{b})=(\lambda\vec{a})\cdot\vec{b}=\vec{a}\cdot(\lambda\vec{b})$。

分配律：$(\vec{a}+\vec{b})\cdot\vec{c}=\vec{a}\cdot\vec{c}+\vec{b}\cdot\vec{c}$。

由两个向量的数量积的定义还可以得出如下结论：

（1）$\vec{a}\cdot\vec{a}=\vec{a}^2=|\vec{a}|^2$。

（2）对两个非零向量 $\vec{a}$ 和 $\vec{b}$，如果 $\vec{a}\perp\vec{b}$，则 $\vec{a}\cdot\vec{b}=0$，即 $\cos\theta=0$，所以两个非零向量 $\vec{a}$ 和 $\vec{b}$ 垂直的充分必要条件是：$\vec{a}\cdot\vec{b}=0$。

（3）两个非零向量 $\vec{a}$ 和 $\vec{b}$ 之间的夹角公式：$\cos\theta=\dfrac{\vec{a}\cdot\vec{b}}{|\vec{a}|\,|\vec{b}|}$。

（4）两两互相垂直的单位向量，有：

$$\vec{i}\cdot\vec{i}=|\vec{i}|^2=1,\ \vec{j}\cdot\vec{j}=|\vec{j}|^2=1,\ \vec{k}\cdot\vec{k}=|\vec{k}|^2=1,$$

$$\vec{i}\cdot\vec{j}=\vec{j}\cdot\vec{i}=0,\ \vec{i}\cdot\vec{k}=\vec{k}\cdot\vec{i}=0,\ \vec{j}\cdot\vec{k}=\vec{k}\cdot\vec{j}=0$$

设向量 $\vec{a}=\{a_x,\ a_y,\ a_z\}$，$\vec{b}=\{b_x,\ b_y,\ b_z\}$，则利用数量积的运算性质，可得

$$\begin{aligned}\vec{a}\cdot\vec{b}&=(a_x\vec{i}+a_y\vec{j}+a_z\vec{k})\cdot(b_x\vec{i}+b_y\vec{j}+b_z\vec{k})\\&=(a_x\vec{i}+a_y\vec{j}+a_z\vec{k})(b_x\vec{i})+(a_x\vec{i}+a_y\vec{j}+a_z\vec{k})(b_y\vec{j})\\&\quad+(a_x\vec{i}+a_y\vec{j}+a_z\vec{k})(b_z\vec{k})\\&=a_xb_x(\vec{i}\cdot\vec{i})+a_yb_x(\vec{j}\cdot\vec{i})+a_zb_x(\vec{k}\cdot\vec{i})+a_xb_y(\vec{i}\cdot\vec{j})+a_yb_y(\vec{j}\cdot\vec{j})\\&\quad+a_zb_y(\vec{k}\cdot\vec{j})+a_xb_z(\vec{i}\cdot\vec{k})+a_yb_z(\vec{j}\cdot\vec{k})+a_zb_z(\vec{k}\cdot\vec{k})\end{aligned}$$

所以 $\vec{a}\cdot\vec{b}=a_xb_x+a_yb_y+a_zb_z$。

例 1 设向量 $\vec{a}=3\vec{i}-2\vec{j}+3\vec{k}$，$\vec{b}=-\vec{i}-2\vec{j}+2\vec{k}$，求 $\vec{a}\cdot\vec{b}$。

解 $\vec{a}\cdot\vec{b}=3\times(-1)+(-2)\times(-2)+3\times2=7$。

例 2 设向量 $\vec{a}=3\vec{i}-\vec{j}+\vec{k}$，$\vec{b}=-2\vec{i}-2\vec{j}+4\vec{k}$，证明：$\vec{a}\perp\vec{b}$。

证 $\vec{a}\cdot\vec{b}=3\times(-2)+(-1)\times(-2)+1\times4=0$，所以 $\vec{a}\perp\vec{b}$。

例 3 设$\triangle ABC$的三个顶点为 $A(0,1,-1)$，$B(1,3,4)$，$C(-1,-1,0)$，证明$\triangle ABC$为直角三角形。

解 各边所在的向量为$\overrightarrow{AB}=\vec{i}+2\vec{j}+5\vec{k}$，$\overrightarrow{AC}=-\vec{i}-2\vec{j}+\vec{k}$，$\overrightarrow{BC}=-2\vec{i}-4\vec{j}-4\vec{k}$。因为 $\overrightarrow{AB}\cdot\overrightarrow{AC}=1\times(-1)+2\times(-2)+5\times1=0$，所以$\overrightarrow{AB}\perp\overrightarrow{AC}$，故$\triangle ABC$为直角三角形。

二、向量的向量积

向量的向量积

设 O 为杠杆 L 的支点，有一个与杠杆夹角为 θ 的力 $\vec{F}$ 作用在杠杆的 P 点上，作用在杠杆上的力矩是一个向量 $\vec{M}$（如图 7-15 所示），$|\vec{M}|=|OQ||\vec{F}|=|\overrightarrow{OP}||\vec{F}|\sin\theta$。$\overrightarrow{OP}$，$\vec{F}$，$\vec{M}$ 符合右手法则，如图 7-16 所示，且 $\overrightarrow{OP}\perp\vec{F}$，$\overrightarrow{OP}\perp\vec{M}$。

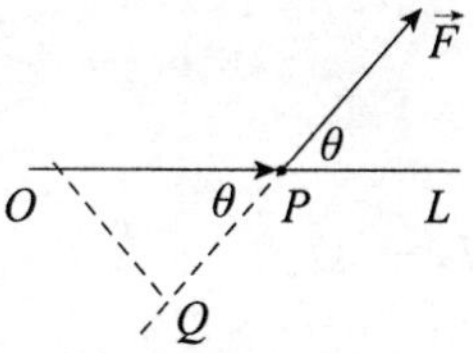

图 7-15

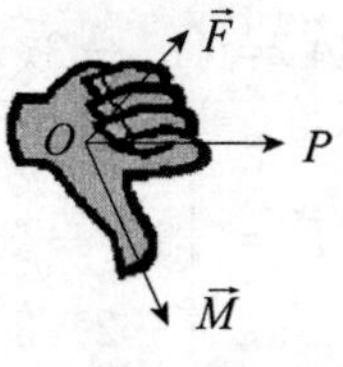

图 7-16

定义 2 设两个向量 $\vec{a}$ 和 $\vec{b}$ 的向量积是一个向量 $\vec{c}$，记作：$\vec{c}=\vec{a}\times\vec{b}$。$\vec{c}$ 由下列条件确定：

(1) $|\vec{c}|=|\vec{a}\times\vec{b}|=|\vec{a}||\vec{b}|\sin\theta$。

(2) 向量 $\vec{c}$ 同时垂直于 $\vec{a}$ 和 $\vec{b}$，且按照 $\vec{a}$，$\vec{b}$，$\vec{c}$ 的次序构成右手系。

向量积又称为叉积或外积，向量积的模的几何意义是：它的数值是以 $\vec{a}$，$\vec{b}$ 为邻边的平行四边形的面积。

由向量积的定义可得：

(1) $\vec{a}\times\vec{a}=\vec{0}$。

(2) 若 $\vec{a}$，$\vec{b}$ 为非零向量，则 $\vec{a}\parallel\vec{b}$ 的充要条件是 $\vec{a}\times\vec{b}=\vec{0}$。

向量的向量积满足下列运算规律：

(1) $\vec{a}\times\vec{b}=-\vec{b}\times\vec{a}$。

(2) $\lambda(\vec{a})\times\vec{b}=\vec{a}\times\lambda(\vec{b})=\lambda(\vec{a}\times\vec{b})$（$\lambda$ 为实数）。

(3) $\vec{a}\times(\vec{b}+\vec{c})=\vec{a}\times\vec{b}+\vec{a}\times\vec{c}$；

$(\vec{b}+\vec{c})\times\vec{a}=\vec{b}\times\vec{a}+\vec{c}\times\vec{a}$。

设向量 $\vec{a}=\{a_x, a_y, a_z\}$，$\vec{b}=\{b_x, b_y, b_z\}$，则利用向量积的运算性质可得

$$\vec{a}\times\vec{b}=(a_x\vec{i}+a_y\vec{j}+a_z\vec{k})\times(b_x\vec{i}+b_y\vec{j}+b_z\vec{k})$$

$$=\begin{vmatrix}\vec{i} & \vec{j} & \vec{k}\\ a_x & a_y & a_z\\ b_x & b_y & b_z\end{vmatrix}=\vec{i}\cdot\begin{vmatrix}a_y & a_z\\ b_y & b_z\end{vmatrix}-\vec{j}\cdot\begin{vmatrix}a_x & a_z\\ b_x & b_z\end{vmatrix}+\vec{k}\cdot\begin{vmatrix}a_x & a_y\\ b_x & b_y\end{vmatrix}$$

$$=(a_yb_z-b_ya_z)\vec{i}+(b_xa_z-a_xb_z)\vec{j}+(a_xb_y-b_xa_y)\vec{k}$$

例 4 设向量 $\vec{a}=\vec{i}+2\vec{j}-\vec{k}$，$\vec{b}=2\vec{j}+3\vec{k}$，求 $\vec{a}\times\vec{b}$。

解 $$\vec{a}\times\vec{b}=\begin{vmatrix}\vec{i} & \vec{j} & \vec{k}\\ 1 & 2 & -1\\ 0 & 2 & 3\end{vmatrix}$$

$$=(2\times3-2\times(-1))\vec{i}+(0\times(-1)-1\times3)\vec{j}+(1\times2-2\times0)\vec{k}$$

$$=8\vec{i}-3\vec{j}+2\vec{k}。$$

案例解决

由题意得 $\overrightarrow{BA}=(1, -3, 3)$，则力矩为

$$\overrightarrow{BA}\times\vec{F}=\begin{vmatrix}\vec{i} & \vec{j} & \vec{k}\\ 1 & -3 & 3\\ -2 & 3 & 1\end{vmatrix}=(-12, -7, -3)。$$

习题 7.2

1. 设 $\vec{a}=\{1, 2, 3\}$，$\vec{b}=\{-2, k, 4\}$，试求数 k，使得 $\vec{a}\perp\vec{b}$。

2. 已知向量 $\vec{a}=3\vec{i}-2\vec{j}-\vec{k}$，$\vec{b}=\vec{i}-\vec{j}+2\vec{k}$，求：

(1) $\vec{a}\cdot\vec{b}$ 和 $\vec{a}\times\vec{b}$。

(2) $5\vec{a}\cdot 3\vec{b}$ 和 $2\vec{a}\times 7\vec{b}$。

3. 若向量 $\vec{a}+3\vec{b}$ 垂直于向量 $7\vec{a}-5\vec{b}$，而向量 $\vec{a}-4\vec{b}$ 垂直于向量 $7\vec{a}-2\vec{b}$，求向量 $\vec{a}$ 与 $\vec{b}$ 之间的夹角。

7.3 平面及其方程

案例导入

用常规测量方法测得两个建筑平面的三个点的坐标分别为：π_1 上 $M_1(1, 1, 3)$，$M_2(1, -1, 2)$，$M_3(0, 0, 3)$，π_2 上 $M_1'(1, 1, 2)$，$M_2'(0, 1, 4)$，$M_3'(1, 0, 3)$。求 π_1 与 π_2 之间的夹角。

案例分析

在工程实践中，如何确定任意平面角这一问题是很常见的，例如，建筑中采用复杂形式的屋顶时，屋顶构件由任意的平面角组合，施工时需要计算其角度。

一、平面的点法式方程

平面的点法式方程

由立体几何可知，过空间一点，作与已知直线垂直的平面是唯一的。因此，如果已知平面上一点及垂直于该平面的一个非零向量，那么这个平面的位置也就确定了。

垂直于平面的非零向量称为该平面的法向量。显然，平面上的任一向量都与该平面的法向量垂直。

设定点 $M_0(x_0, y_0, z_0)$ 是平面 π 上的一个定点，向量 $\vec{n}=\{A, B, C\}\neq 0$ 是平面 π 的一个法向量，点 $M(x, y, z)$ 是平面 π 上的任意一点（如图 7-17 所示）。

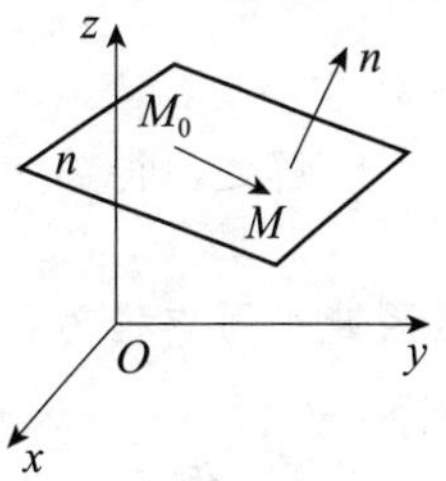

图 7-17

向量 $\overrightarrow{M_0M}=\{x-x_0, y-y_0, z-z_0\}$ 在平面 π 上，由向量垂直的充要条件有 $\vec{n}\cdot\overrightarrow{M_0M}=0$，即

$$A(x-x_0)+B(y-y_0)+C(z-z_0)=0 \qquad (7.4)$$

显然，平面 π 上任一点 $M(x, y, z)$ 的坐标都满足（7.4）式，这个方程称为**平面 π 的点法式方程**。

例 1 求过点（1，2，−1）且与向量 $\vec{n}=\{-2, 1, 3\}$ 垂直的平面方程。

解 由平面法向量的概念知，向量 $\vec{n}=\{-2, 1, 3\}$ 为所求平面的一个法向量，于是，由（7.4）式可得所求平面的方程为 $-2(x-1)+(y-2)+3(z+1)=0$，即 $2x-y-3z-3=0$。

例 2 求过点（0，−2，3）且与平面 $3x-y+2z-2=0$ 平行的平面方程。

解 由平面的点法式方程（7.4）知，平面 $3x-y+2z-2=0$ 的法向量为 $\vec{n}=\{3,-1,2\}$，所求的平面与该平面平行，所以它们的法向量也平行，$\vec{n}=\{3,-1,2\}$ 也是所求平面的法向量。因此，所求平面方程为 $3(x-0)-(y+2)+2(z-3)=0$，即 $3x-y+2z-8=0$。

例 3 求经过三点 $M_1(1,-1,2)$，$M_2(2,1,0)$，$M_3(0,2,7)$ 的平面方程。

解 由于点 M_1，M_2，M_3 在平面上，因此向量 $\overrightarrow{M_1M_2}$，$\overrightarrow{M_1M_3}$ 都在平面上，由向量积的定义及立体几何的知识可知，向量 $\overrightarrow{M_1M_2}\times\overrightarrow{M_1M_3}$ 与向量 $\overrightarrow{M_1M_2}$，$\overrightarrow{M_1M_3}$ 都垂直，从而垂直于所求的平面，所以它是所求平面的一个法向量。因为 $\overrightarrow{M_1M_2}=\{1,2,-2\}$，$\overrightarrow{M_1M_3}=\{-1,3,5\}$，所以

$$\overrightarrow{M_1M_2}\times\overrightarrow{M_1M_3}=\begin{vmatrix}\vec{i} & \vec{j} & \vec{k}\\ 1 & 2 & -2\\ -1 & 3 & 5\end{vmatrix}=\begin{vmatrix}2 & -2\\ 3 & 5\end{vmatrix}\vec{i}-\begin{vmatrix}1 & -2\\ -1 & 5\end{vmatrix}\vec{j}+\begin{vmatrix}1 & 2\\ -1 & 3\end{vmatrix}\vec{k}$$
$$=16\vec{i}-3\vec{j}+5\vec{k}$$

故所求的平面为 $16(x-1)-3(y+1)+5(z-2)=0$，即 $16x-3y+5z-29=0$。

二、平面的一般方程

在平面的点法式方程（7.4）中，如果令 $D=-(Ax_0+By_0+Cz_0)$，则（7.4）式可以改写为

$$Ax+By+Cz+D=0 \tag{7.5}$$

其中，A，B，C，D 为常数，且 A，B，C 不全为零。我们把（7.5）式称为平面的一般方程，其法向量为 $\vec{n}=\{A,B,C\}$。

例 4 求经过三点 $M_1(1,-1,-2)$，$M_2(-1,2,0)$，$M_3(1,3,1)$ 的平面方程。

解 将点 M_1，M_2，M_3 代入（7.5）式，可得 $\begin{cases}A-B-2C+D=0\\ -A+2B+D=0\\ A+3B+C+D=0\end{cases}$。

解之，得 $A=-\dfrac{D}{11}$，$B=-\dfrac{6D}{11}$，$C=\dfrac{8D}{11}$。由于 A，B，C 不全为零，从而 D 不为 0，因此平面方程为：$-\dfrac{D}{11}x-\dfrac{6D}{11}y+\dfrac{8D}{11}z+D=0$，化简得，$x+6y-8z-11=0$。

例 5 求经过 y 轴与点（−1，2，4）的平面方程。

解 设所求平面的一般方程为 $Ax+By+Cz+D=0$。

因为平面经过 y 轴，所以平面经过原点，即点 $O(0,0,0)$ 满足平面方程，因此 $D=0$。因为 y 轴在平面上，所以平面的法向量 $\vec{n}=\{A,B,C\}$ 垂直于向量 $\vec{j}=\{0,1,0\}$，因此 $\vec{n}\cdot\vec{j}=0$，从而 $B=0$。又因为平面经过点（−1，2，4），所以 $-A+4C=0$，即 $A=4C$。故所求的平面方程为 $4x+z=0$。

三、平面的截距式方程

例6 设一个平面与 x，y，z 轴的交点依次为 $P(a,\ 0,\ 0)$，$Q(0,\ b,\ 0)$，$R(0,\ 0,\ c)$，其中 a，b，$c\neq0$，求该平面的方程。

解 把点 P，Q，R 的坐标分别代入平面的一般方程，有 $\begin{cases}Aa+D=0\\Bb+D=0\\Cc+D=0\end{cases}$。

由此得，$A=-\dfrac{D}{a}$，$B=-\dfrac{D}{b}$，$C=-\dfrac{D}{c}$。将其代入平面的一般方程，得

$$-\frac{D}{a}x-\frac{D}{b}y-\frac{D}{c}z+D=0\text{，即 }D\left(\frac{x}{a}+\frac{y}{b}+\frac{z}{c}\right)=D$$

由题设可知，平面不经过原点，所以 $D\neq0$，于是所求平面的方程为

$$\frac{x}{a}+\frac{y}{b}+\frac{z}{c}=1 \tag{7.6}$$

我们把方程（7.6）叫做**平面的截距式方程**，其中 a，b，c 分别叫做该平面在 x，y，z 轴上的**截距**（如图7-18所示）。

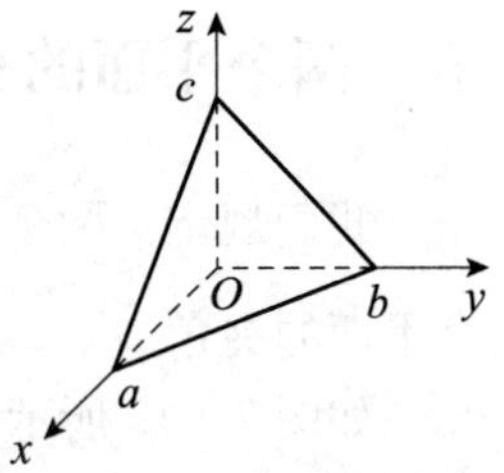

图7-18

注：

几种特殊位置平面的方程。

（1）通过原点。

其平面方程的一般形式为：$Ax+By+Cz=0$。

（2）平行于坐标轴。

平行于 x 轴的平面方程的一般形式为：$By+Cz+D=0$。

平行于 y 轴的平面方程的一般形式为：$Ax+Cz+D=0$。

平行于 z 轴的平面方程的一般形式为：$Ax+By+D=0$。

（3）通过坐标轴。

通过 x 轴的平面方程的一般形式为：$By+Cz=0$。

通过 y 轴的平面方程的一般形式为：$Ax+Cz=0$。

通过 z 轴的平面方程的一般形式为：$Ax+By=0$。

（4）垂直于坐标轴。

垂直于 x，y，z 轴的平面方程的一般形式分别为：$Ax+D=0$，$By+D=0$，$Cz+D=0$。

四、两个平面的位置关系

空间两个平面的位置关系有相交、平行和重合三种情形，而且当且仅当两个平面有一公共点时它们相交，当且仅当两个平面没有公共点时它们平行，当且仅当一个平面上的所有点都是另一个平面上的点时它们重合。如果设两个平面的方程是：

$$\pi_1: A_1x+B_1y+C_1z+D_1=0 \tag{7.7}$$

$$\pi_2: A_2x+B_2y+C_2z+D_2=0 \tag{7.8}$$

那么平面 π_1 与 π_2 是相交还是平行或者重合就可以归结为方程（7.7）和（7.8）组成的方程组是有解还是无解或者一个方程的解都是另一个方程的解。于是我们有如下结论：

结论 两个平面 π_1 与 π_2 相交的充分必要条件是 $A_1:B_1:C_1\neq A_2:B_2:C_2$。

平行的充分必要条件是：$\dfrac{A_1}{A_2}=\dfrac{B_1}{B_2}=\dfrac{C_1}{C_2}\neq\dfrac{D_1}{D_2}$。

重合的充分必要条件是：$\dfrac{A_1}{A_2}=\dfrac{B_1}{B_2}=\dfrac{C_1}{C_2}=\dfrac{D_1}{D_2}$。

五、两个平面的夹角

我们规定：两个平面的法向量夹角中不超过 $\frac{\pi}{2}$ 的角为两个平面的夹角。

如图 7－19 所示，设平面 π_1 与 π_2 的夹角为 θ，它们的法向量分别为

$$\vec{n_1}=\{A_1, B_1, C_1\}, \vec{n_2}=\{A_2, B_2, C_2\}$$

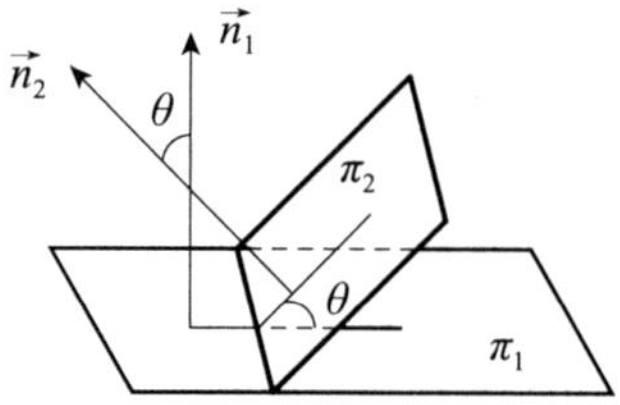

图 7－19

则

$$\cos\theta=\frac{|\vec{n_1}\cdot\vec{n_2}|}{|\vec{n_1}||\vec{n_2}|}=\frac{|A_1A_2+B_1B_2+C_1C_2|}{\sqrt{A_1^2+B_1^2+C_1^2}\sqrt{A_2^2+B_2^2+C_2^2}}$$

由此可得，平面 π_1 与 π_2 垂直的充分必要条件为：

$$A_1A_2+B_1B_2+C_1C_2=0$$

例 7 求平面 $x+2y-z+3=0$ 与 $2x+y+z-1=0$ 的夹角。

解 因为 $\vec{n_1}=\{1, 2, -1\}$，$\vec{n_2}=\{2, 1, 1\}$，所以，由两个平面的夹角公式得

$$\cos\theta=\frac{|\vec{n_1}\cdot\vec{n_2}|}{|\vec{n_1}||\vec{n_2}|}=\frac{|1\times2+2\times1+(-1)\times1|}{\sqrt{1^2+2^2+(-1)^2}\sqrt{2^2+1^2+1^2}}=\frac{1}{2}$$

故两个平面的夹角 $\theta=\frac{\pi}{3}$。

案例解决

将 π_1 与 π_2 的点代入（7.5）式，可得两个平面方程为

$$\pi_1: x-y+2z-6=0, \pi_2: 2x+y+z-5=0$$

两个平面的法向量分别为

$$\vec{n_1}=\{1, -1, 2\}, \vec{n_2}=\{2, 1, 1\}$$

根据两个平面夹角的计算公式，得 $\theta=\frac{\pi}{3}$。

习题 7.3

1. 求过点（2，1，−1）且法向量为 $\vec{n}=\vec{i}-2\vec{j}+3\vec{k}$ 的平面方程。

2. 求过点（1，−2，3）且与平面 $7x-3y+z=6$ 平行的平面方程。

3. 一个平面通过三点：$A(1,-1,2)$，$B(2,3,-1)$，$C(-1,0,2)$，求此平面的方程。

4. 写出满足所给条件的平面方程。

（1）过点 $A(1,-2,4)$，垂直于 x 轴。

（2）过点 $A(-3,1,-2)$，垂直于 z 轴。

（3）过点 $A(4,0,-2)$，$B(5,1,7)$，平行于 y 轴。

5. 求平面 $2x-y+z=7$ 与 $x+y+2z=11$ 的夹角。

6. 判断下列各平面的位置关系。

（1）$x-2y+7z+3=0$ 与 $3x+5y+z-1=0$。

（2）$x+y+z-7=0$ 与 $2x+2y+2z-1=0$。

（3）$2x-3y+z-1=0$ 与 $x+y-2z+1=0$。

7.4 空间直线及其方程

案例导入

激光雷达因具有能够测量三维空间中的距离信息和测量精度高等优点而被广泛应用。智能车辆在运动的过程中依赖激光雷达传感器，车辆从激光雷达中获取 3D 点云数据，并从传感器数据中提取出可以识别的特征，再把这些特征制作成有效的环境地图，以便车辆在导航或定位等过程中使用。在从激光雷达点云数据提取平面的过程中，能够构成平面的点称为内点，内点到平面的距离一定处于某一固定阈值内。同时，如果点到平面的距离大于某一固定阈值，则称这样的点为外点。假如提取一点坐标为（2，1，1），其空间平面方程为 $x+y-z+1=0$，固定的阈值为 2，请判断该点是内点还是外点。

案例分析

将此点到平面的距离计算出来即可判断是否在固定的阈值内，小于 2 则为内点，大于 2 则为外点。

一、直线的一般方程

空间直线方程

空间任意一条直线总可以看成两个平面的交线。

设直线 L 是平面 π_1：$A_1x+B_1y+C_1z+D_1=0$ 和 π_2：$A_2x+B_2y+C_2z+D_2=0$ 的交线，所以可以用方程组

$$\begin{cases}A_1x+B_1y+C_1z+D_1=0\\A_2x+B_2y+C_2z+D_2=0\end{cases}\tag{7.9}$$

来表示直线 L 的方程。我们把方程组（7.9）称为**直线的一般方程**。

二、直线的参数式方程和对称式方程（或称直线的点向式方程）

直线的一般方程虽然使用起来比较方便，但是它看不清楚直线的位置。由立体几何知识可知，过空间一点作平行于已知直线的直线是唯一的。因此如果知道直线上一点及与直线平行的某一向量，那么该直线的位置便被唯一确定。

为方便起见，我们将与直线平行的非零向量称为该直线的**方向向量**。任一方向向量的坐标称为直线的一组**方向数**。显然，一条直线的方向向量有无穷多个，它们之间互相平行。

直线方程可以由它的方向数和定点坐标表示出来。

在空间给定一点 $M_0(x_0, y_0, z_0)$ 和一个非零向量 $\vec{s}=\{l, m, n\}$，那么通过点 M_0 且与向量 $\vec{s}$ 平行的直线 L 就被唯一确定。我们把向量 $\vec{s}$ 称为直线 L 的方向向量。显然，任何一个与直线 L 平行的非零向量都可以作为直线 L 的方向向量，即有无数多条直线 L 的方向向量。

设点 $M(x, y, z)$ 为直线 L 上任一点，则向量 $\overrightarrow{M_0M}=\{x-x_0, y-y_0, z-z_0\}$ 在直线 L 上可以作为直线 L 的一个方向向量，因此 $\overrightarrow{M_0M}\parallel\vec{s}$。根据向量平行的充要条件，存在实数 t，使得 $\overrightarrow{M_0M}=t\vec{s}$，即

$$\begin{cases}x=x_0+lt\\y=y_0+mt\\z=z_0+nt\end{cases}\tag{7.10}$$

我们把方程组（7.10）称为直线 L 的**参数方程**，其中 t 为参数。

从直线的参数方程（7.10）中消去参数 t，得到

$$\frac{x-x_0}{l}=\frac{y-y_0}{m}=\frac{z-z_0}{n}\tag{7.11}$$

我们把式（7.11）称为直线 L 的**对称式方程**。因为该方程是由直线上的一点和它的一个方向向量所确定的，所以我们又把它称为直线 L 的**点向式方程**（如图 7-20 所示）。

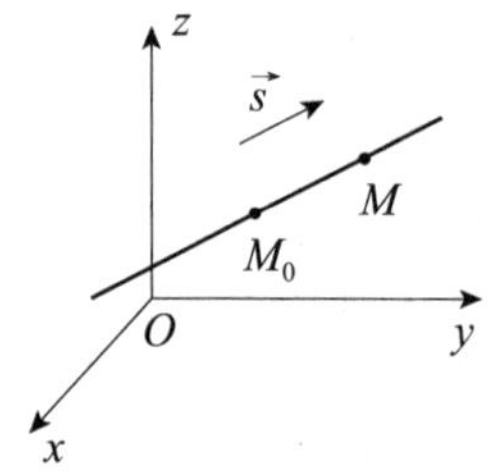

图 7-20

注：

在式（7.11）中，当一个或两个分母为零时，我们约定分子也为零。

三、直线的两点式方程

例 1 求通过空间两点 $M_1(x_1, y_1, z_1)$ 与 $M_2(x_2, y_2, z_2)$ 的直线 L 的方程。

解 因为直线经过点 M_1 和 M_2，所以我们可以取向量

$$\overrightarrow{M_1M_2}=\{x_2-x_1, y_2-y_1, z_2-z_1\}$$

作为直线 L 的方向向量。因此，直线 L 可以看成经过点 M_1 且以 $\overrightarrow{M_1M_2}$ 为方向向量的直线，所以直线 L 的点向式方程为

$$\frac{x-x_1}{x_2-x_1}=\frac{y-y_1}{y_2-y_1}=\frac{z-z_1}{z_2-z_1} \tag{7.12}$$

我们把式（7.12）称为直线 L 的**两点式方程**。

例 2 求通过点 $A(2, 0, -1)$ 且垂直于平面 $x-2y+3z+2=0$ 的直线方程。

解 由于所求直线垂直于已知平面，因此可以取平面的法向量 $\vec{n}=\{1, -2, 3\}$ 作为直线的方向向量，故所求的直线方程为

$$\frac{x-2}{1}=\frac{y}{-2}=\frac{z+1}{3}$$

例 3 化直线的一般方程 $\begin{cases}x+3y-2z-2=0\\2x-y+5z+3=0\end{cases}$ 为对称式方程。

解 因为直线是两个平面的交线，故直线与两个平面的法向量垂直，所以它的方向向量同时垂直于这两个平面的法向量。而这两个平面的法向量分别为 $\vec{n_1}=\{1, 3, -2\}$ 和 $\vec{n_2}=\{2, -1, 5\}$，因此可以取直线的方向向量为 $\vec{n_1}\times\vec{n_2}$，则

$$\vec{n_1}\times\vec{n_2}=\begin{vmatrix}\vec{i} & \vec{j} & \vec{k}\\1 & 3 & -2\\2 & -1 & 5\end{vmatrix}=13\vec{i}-9\vec{j}-7\vec{k}$$

由于方向向量的三个坐标都不为零，因此我们可以在直线上任取一点 (x_0, y_0, z_0)，如取 $z_0=0$，代入直线的一般方程，得 $\begin{cases}x_0+3y_0-2=0\\2x_0-y_0+3=0\end{cases}$。

解出 $x_0=-1$，$y_0=1$，则点 $(-1, 1, 0)$ 在直线上。

故直线的对称式方程为 $\dfrac{x+1}{13}=\dfrac{y-1}{-9}=\dfrac{z}{-7}$。

四、点到平面的距离

设点 $P_0(x_0, y_0, z_0)$ 是平面 π：$Ax+By+Cz+D=0$ 外的一点，则点 $P_0(x_0, y_0, z_0)$ 到平面 π 的距离：$d=\dfrac{|Ax_0+By_0+Cz_0+D|}{\sqrt{A^2+B^2+C^2}}$。

例 4 求点 $P_0(-1, 2, -2)$ 到平面 $2x+y-2z+5=0$ 的距离。

解 $d=\dfrac{|Ax_0+By_0+Cz_0+D|}{\sqrt{A^2+B^2+C^2}}=\dfrac{|2\times(-1)+1\times2-2\times(-2)+5|}{\sqrt{2^2+1^2+(-2)^2}}=\dfrac{9}{3}=3$。

五、两条直线之间的夹角

我们规定：空间两条直线的方向向量夹角中不超过$\frac{\pi}{2}$的角为这两条直线的夹角。

如图 7－21 所示，设两条直线 L_1 和 L_2 的方向向量分别为$\vec{v_1}=\{l_1, m_1, n_1\}$ 和$\vec{v_2}=\{l_2, m_2, n_2\}$，则 L_1 和 L_2 夹角 φ 的余弦为

$$\cos\varphi=\frac{|\vec{v}_1\cdot\vec{v}_2|}{|\vec{v}_1||\vec{v}_2|}=\frac{|l_1l_2+m_1m_2+n_1n_2|}{\sqrt{l_1^2+m_1^2+n_1^2}\sqrt{l_2^2+m_2^2+n_2^2}}$$

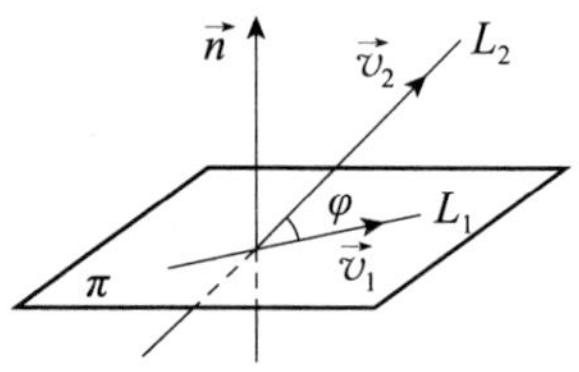

图 7－21

由此可得：

直线 L_1 和 L_2 垂直的充分必要条件为：$l_1l_2+m_1m_2+n_1n_2=0$；

直线 L_1 和 L_2 平行的充分必要条件为：$\frac{l_1}{l_2}=\frac{m_1}{m_2}=\frac{n_1}{n_2}$。

例 5 求直线 L_1：$\frac{x-2}{1}=\frac{y+1}{-4}=\frac{z}{1}$ 与 L_2：$\frac{x+1}{2}=\frac{y}{-2}=\frac{z-3}{-1}$的夹角 φ。

解 直线 L_1 和 L_2 的方向向量分别为$\vec{v_1}=\{1, -4, 1\}$ 和$\vec{v_2}=\{2, -2, -1\}$，则

$$\cos\varphi=\frac{|\vec{v_1}\cdot\vec{v_2}|}{|\vec{v_1}||\vec{v_2}|}=\frac{|1\times2+(-4)\times(-2)+1\times(-1)|}{\sqrt{1^2+(-4)^2+1^2}\cdot\sqrt{2^2+(-2)^2+(-1)^2}}=\frac{\sqrt{2}}{2}$$

故 $\varphi=\frac{\pi}{4}$。

六、直线与平面的夹角

我们规定：当直线 L 和平面 π 平行或 L 在平面 π 上时，它们的夹角为 0；当直线 L 和平面 π 垂直时，它们的夹角为$\frac{\pi}{2}$。

当直线 L 和平面 π 既不平行也不垂直时，它们的夹角为直线 L 和它在平面 π 上的投影直线所构成的锐角 φ（如图 7－22 所示）。

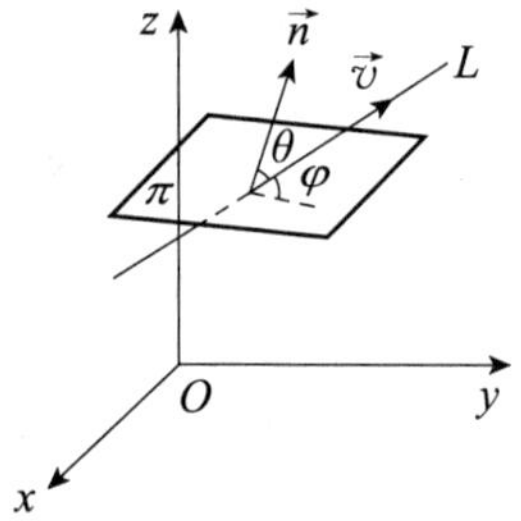

图 7－22

设直线 L 的方向向量为 $\vec{v}=\{l, m, n\}$，平面 π 的法向量为 $\vec{n}=\{A, B, C\}$，它们的夹角为 θ，则 $\varphi=\left|\frac{\pi}{2}-\theta\right|$。于是

$$\sin\varphi=|\cos\theta|=\frac{|\vec{n}\cdot\vec{v}|}{|\vec{n}||\vec{v}|}=\frac{|Al+Bm+Cn|}{\sqrt{A^2+B^2+C^2}\sqrt{l^2+m^2+n^2}}$$

由此可知，直线 L 和平面 π 平行的充分必要条件是

$$Al+Bm+Cn=0$$

直线 L 和平面 π 垂直的充分必要条件是 $\vec{v}\,/\!/\,\vec{n}$，即

$$\frac{A}{l}=\frac{B}{m}=\frac{C}{n}$$

例 6 求直线$\frac{x}{-1}=\frac{y-1}{1}=\frac{z-1}{2}$与平面 $2x+y-z-3=0$ 的夹角。

解 $\vec{v}=(-1, 1, 2)$，$\vec{n}=(2, 1, -1)$，于是

$$\sin\varphi=\frac{|\vec{n}\cdot\vec{v}|}{|\vec{n}||\vec{v}|}=\frac{|-1\times2+1\times1+2\times(-1)|}{\sqrt{(-1)^2+1^2+2^2}\sqrt{2^2+1^2+(-1)^2}}=\frac{|-3|}{6}=\frac{1}{2}$$

所以 $\varphi=\frac{\pi}{6}$。

案例解决

由公式可直接得到 $d=\frac{|1\times2+1\times1-1\times1+1|}{\sqrt{1^2+1^2+(-1)^2}}=\sqrt{3}<2$，可知该点为内点。

习题 7.4

1. 求过点 $M_1(2,3,1)$ 和 $M_2(-1,2,0)$ 的直线方程。

2. 某一直线通过点（2，2，−1）且与直线 $\frac{x-3}{2}=y=\frac{z-1}{5}$ 平行，求此直线方程。

3. 某一直线通过点（2，2，0）且与直线 $\begin{cases}2x-y+1=0\\3y-2z+1=0\end{cases}$ 平行，求此直线方程。

4. 将直线方程化为参数方程。

（1）$\frac{x-2}{2}=y+1=\frac{z+3}{3}$。　　（2）$2x-1=3-y=4z$。

5. 求点（2，−3，−4）到平面 $3x-y+2z=4$ 的距离。

6. 求直线 L_1：$\frac{x-3}{4}=\frac{y-2}{-12}=\frac{z+1}{3}$ 和直线 L_2：$\frac{x-1}{2}=\frac{y+2}{-1}=\frac{z}{-2}$ 的夹角。

7. 确定下列每组直线的位置关系。

（1）$\frac{x}{-1}=\frac{y}{1}=\frac{z+2}{-2}$ 与 $\begin{cases}2x-y+2z-4=0\\x-y+2z-3=0\end{cases}$。

（2）$\begin{cases}3x+z-4=0\\y+2z-9=0\end{cases}$ 与 $\begin{cases}6x-y+1=0\\y+2z-9=0\end{cases}$。

8. 确定下列每条直线与平面的位置关系。

（1）$\frac{x+3}{-2}=\frac{y+4}{-7}=\frac{z}{3}$ 与 $4x-2y-2z-3=0$。

（2）$\frac{x-1}{3}=\frac{y+1}{-2}=\frac{z}{7}$ 与 $3x-2y+7z-8=0$。

（3）$\frac{x+2}{3}=\frac{y-3}{1}=\frac{z-4}{-4}$ 与 $x+y+z-5=0$。

9. 用常规测量方法测得两条空间交叉高压电杆拉线上在临时测站空间直角坐标系中的4点坐标（单位为m）：

$$L_1\text{上}\begin{cases}P_{11}(50.236,25.782,8.275)\\P_{12}(61.372,20.124,28.675)\end{cases},\quad L_2\text{上}\begin{cases}P_{21}(3.961,18.216,-5.324)\\P_{22}(-17.613,2.824,7.968)\end{cases}$$

求 L_1 与 L_2 的最短距离。

7.5 Matlab 在向量代数和空间解析几何中的应用

在解析几何的学习中，向量求解问题计算量大、计算烦琐，导致我们的计算可靠性差，而且难以准确地把握空间图形的性质。动点轨迹问题的教学演示是传统教学手段无法实现的，对于空间想象能力不足的学生掌握这方面的知识较为困难，而借助 Matlab 软件编程制作动画，能够使动点轨迹形成过程一目了然。

我们将借助 Matlab 软件强大的计算和图形设计功能解决上述问题。

一、利用 Matlab 计算向量

1. 向量的加（减）与数乘运算

例 1 已知向量 $\vec{a}=\{1, 2, 3\}$ 和向量 $\vec{b}=\{3, 4, 5\}$，求 $\vec{a}+\vec{b}$，$\vec{a}-2\vec{b}$。

解 (1) 利用 Matlab，在命令窗口中输入命令：

```
a = [1 2 3];b = [3 4 5];a + b
```

输出结果：ans =

```
4     6     8
```

(2) 利用 Matlab，在命令窗口中输入命令：

```
a = [1 2 3];b = [3 4 5];a - 2 * b
```

输出结果：ans =

```
-5    -6    -7
```

2. 向量的数量积运算

在高等数学中，向量的数量积（点积）是指两个向量在其中某一个向量方向上的投影的乘积，通常可以用来引申定义向量的模。

在 Matlab 中，向量的数量积可由函数 dot 来实现：

(1) dot(a, b)，返回向量 $\vec{a}$ 和 $\vec{b}$ 的数量点积。$\vec{a}$ 和 $\vec{b}$ 必须同维。当 $\vec{a}$ 和 $\vec{b}$ 都为列向量时，dot(a, b) 同于 $\vec{a}\cdot\vec{b}$。

(2) dot(a, b, dim)，返回向量 $\vec{a}$ 和向量 $\vec{b}$ 在维数为 dim 上的点积。

例 2 已知向量 $\vec{a}=3\vec{i}-2\vec{j}+3\vec{k}$，$\vec{b}=-\vec{i}-2\vec{j}+2\vec{k}$，求 $\vec{a}\cdot\vec{b}$。

解 利用 Matlab，在命令窗口中输入命令：

```
a = [3 -2  3];b = [ -1 -2  2];dot(a,b)
```

输出结果：ans =

```
7
```

还可以用另一种方法计算向量的点积。

输入命令：>>a = [3 -2 3];b = [-1 -2 2];sum(a.* b)

输出结果：ans =

7

3. 向量的叉积运算

在数学上，向量的叉积表示过两个相交向量的交点且垂直于两个向量所在平面的向量。在 Matlab 中，向量的叉积由函数 cross 来实现：

（1）c=cross(a，b)，返回向量 $\vec{a}$ 和 $\vec{b}$ 的叉积向量，即 $c=\vec{a}\times\vec{b}$。$\vec{a}$ 和 $\vec{b}$ 必须为三维向量。

（2）c=cross(a，b)，返回向量 $\vec{a}$ 和 $\vec{b}$ 的前 3 位的叉积。

（3）c=cross(a，b，dim)，当向量 $\vec{a}$ 和 $\vec{b}$ 为 n 维数组时，则返回 $\vec{a}$ 和 $\vec{b}$ 的 dim 维向量的叉积。向量 $\vec{a}$ 和 $\vec{b}$ 必须有相同的维数，且 size(a，dim) 和 size(b，dim) 必须为 3。

例 3 已知向量 $\vec{a}=\{1, 2, -1\}$ 和 $\vec{b}=\{0, 2, 3\}$，计算：(1) $\vec{a}\times\vec{b}$，(2) $2\vec{a}\times7\vec{b}$。

解 （1）利用 Matlab，在命令窗口中输入命令：

```
a = [1 2 -1];b = [0 2 3];c = cross(a,b)
```

输出结果：c =

8 -3 2

（2）利用 Matlab，在命令窗口中输入命令：

```
a = [1 2 -1];b = [0 2 3];c = cross(2 * a,7 * b)
```

输出结果：c =

112 -42 28

二、利用 Matlab 绘制曲线

Matlab 绘制空间曲线的命令为 plot3，调用格式与绘制平面曲线的命令 plot 类似。

例 4 绘制空间曲线 $\begin{cases} x=2\sin t \\ y=6\sin t \\ z=3\cos t \end{cases}$ $(0\leqslant t<2\pi)$。

解 利用 Matlab，在命令窗口中输入命令：

```
t = 0:pi/30:2 * pi;
x = 2 * sin(t);
y = 6 * sin(t);
z = 3 * cos(t);
plot3(x,y,z)
```

例 5 画出圆锥螺线 $x=t\cos3t$，$y=t\sin3t$，$z=1.5t$ 的图形。

解 利用 Matlab，在命令窗口中输入命令：

```
t = linspace(0,4 * pi,300);
x = t. * cos(3 * t);
y = t. * sin(3 * t);
z = 1.5 * t;
plot3(x,y,z)
```

三、利用 Matlab 绘制曲面

Matlab 用于绘制空间曲面的命令为 mesh 和 surf。其中，mesh 用于绘制网格形状的曲面，surf 用于绘制由小平面组成的曲面。

例 6 画出抛物面 $z=x^2+y^2$ 的图形。

解 利用 Matlab，在命令窗口中输入命令：

```
x = linspace( - 2,2,20);
y = linspace( - 3,3,30);
[x,y] = meshgrid(x,y);
z = x. ^2 + y. ^2;
mesh(x,y,z)
```

习题 7.5

1. 设向量 $\vec{a}=\vec{i}+2\vec{j}-\vec{k}$，$\vec{b}=2\vec{j}+3\vec{k}$，求 $\vec{a}+2\vec{b}$，$\vec{a}\times\vec{b}$。

2. 绘制空间曲线 $\begin{cases}x=\sin t\\ y=2\cos t\\ z=t/2\end{cases}$ $(0\leqslant t\leqslant 2\pi)$。

3. 绘制圆环 $\begin{cases}x=(8+3\cos v)\cos u\\ y=(8+3\cos v)\sin u\\ z=7\sin v\end{cases}$，$u\in\left[0,\ \frac{3}{2}\pi\right]$，$v\in\left[\frac{\pi}{2},\ 2\pi\right]$。

拓展阅读

几何学科的由来

学过数学的人都知道数学有一门分科叫“几何学”，然而，鲜有人知道“几何”这一名称的由来。其实，在我国古代，这门数学分科并不叫“几何”，而是叫做“形学”。那么，是谁首先把“几何”一词作为数学的专业名词来使用且用它来称呼这门数学分科的呢？这个人就是明末杰出科学家徐光启。

“几何”实际上是“geometry”的音译，徐光启在经过反复诵读“geometry”后发现与“几何”发音相近，确定“几何”为“geometry”的汉译名。要了解具体经过，还得从徐光启与意大利传教士利玛窦一起翻译并出版的《几何原本》说起。《几何原本》是古希腊数学家欧几里得（Euclid）在总结前人成果的基础上于公元前3世纪编成的。许多学者认为《几何原本》所代表的逻辑推理方法，再加上科学实验，是世界近代科学产生和发展的重要前提。换言之，《几何原本》不单在数学方面有近代意义，还在思想方法上对近代科学发展产生了重要影响。

实际上，《几何原本》由公理、定义出发给出的一整套定理体系叙述方法，和中国古代数学著作的叙述方法相去甚远，但徐光启作为第一个接触这一严密逻辑体系的人，却依然能对它提出较明确的认识：“此书有四不必：不必疑，不必揣，不必试，不必改。有四不可得：欲脱之不可得，欲驳之不可得，欲减之不可得，欲前后更置之不可得。”“（此书）有三至、三能：似至晦，实至明，故能以其明明他物之至晦；似至繁，实至简，故能以其简简他物之至繁；似至难，实至易，故能以其易易他物之至难。”“易生于简，简生于明，综其妙，在明而已。”徐光启提出《几何原本》的突出特点在于其体系的自明性。这种认识不可谓不深刻。

1607年春，徐光启和利玛窦译出了这部著作的前六卷。徐光启想一鼓作气，接着往下译，争取在年内译完后九卷，但利玛窦却主张先将前六卷刻印出版，看看反应再说。付印之前，徐光启又独自一人将译稿加工、润色了三遍，尽可能把译文改得精准。然后他又同利玛窦一起，共同商议书名的翻译问题。这部著作的拉丁文原名叫《欧几里得原本》，如果直译成中文，不太像一部数学著作。但如果按照它的内容，译成《形学原本》，又显得太陈旧。利玛窦说，中文里的“形学”，英文叫做“Geo”，它的原意是古希腊的土地测量，能不能在中文的词汇里找个同它发音相似、意思也相近的词。徐光启查考了十几个词组，都不理想。后来他想到了“几何”一词。“几何”原是虚词，比如“对酒当歌，人生几何”，徐光启借用来代指一切度数之学。于是，徐光启便建议把书名译成《几何原本》，利玛窦也十分赞同。1607年，《几何原本》前六卷正式出版，立即引起巨大反响，成为明末数学工作者的必读书，对我国近代数学的发展起了尤为关键的作用。后来，徐光启虽然没有再和利玛窦一起翻译《几何原本》的后九卷，但他又陆续写了许多其他科学著作。在翻译《几何原本》的过程中，徐光启创立了一套几何学名词术语，如点、线、面、锐角、钝角等，这些术语与原书的意思完全吻合，直到今天仍被我们沿用。徐光启还对我国传统数学经典著作《九章算术》《周髀算经》进行了整理，并根据欧几里得的几何学原理，创立出一套与传统数学完全不同的证明方法，这也是我国数学史上的创举。

《几何原本》是徐光启潜心研究西洋科学的第一个具体成果，对在中国普及几何学知识、培养数学人才，以及丰富数学研究内容具有不可替代的作用。

资料来源：邵红能．每日科普｜从“欧几里得”到“几何”，这门学科经历了什么？[EB/OL].（2020-12-17）[2024-06-25]. https://www.xuexi.cn/lgpage/detail/index.html?id=1263938587584486137&item_id=1263938587584486137.

复习题 7

一、填空题。

1. 平行于向量 $\vec{a}=\{6,7,-6\}$ 的单位向量为__________。

2. 以点（1，3，−2）为球心，且通过坐标原点的球面方程为__________。

3. 方程 $x^2+y^2+z^2-2x+4y+2z=0$ 表示__________曲面。

二、计算题。

1. 设 $\vec{a}=3\vec{i}-\vec{j}-2\vec{k}$，$\vec{b}=\vec{i}+2\vec{j}-\vec{k}$，求：(1) $\vec{a}\cdot\vec{b}$ 及 $\vec{a}\times\vec{b}$；(2) $(-2\vec{a})\cdot 3\vec{b}$ 及 $\vec{a}\times 2\vec{b}$；(3) $\vec{a}$，$\vec{b}$ 的夹角余弦。

2. 设已知两点 $M_1(4,\sqrt{2},1)$ 和 $M_2(3,0,2)$，计算向量 $\overrightarrow{M_1M_2}$ 的模、方向余弦和方向角。

3. 求过点（3，0，−1）且与平面 $3x-7y+5z-12=0$ 平行的平面方程。

4. 求平行于 xOz 面且过点（2，−5，3）的平面方程。

5. 求过点（1，2，3）且平行于直线 $\dfrac{x}{2}=\dfrac{y-3}{1}=\dfrac{z-1}{5}$ 的直线方程。

6. 求过点（0，2，4）且与两个平面 $x+2z=1$，$y-3z=2$ 平行的直线方程。

7. 求过点（2，0，−3）且与直线 $\begin{cases}x-2y+4z-7=0\\3x+5y-2z+1=0\end{cases}$ 垂直的平面方程。

8. 求过点（3，1，−2）且通过直线 $\dfrac{x-4}{5}=\dfrac{y+3}{2}=\dfrac{z}{1}$ 的平面方程。

9. 求直线 $\begin{cases}x+y+3z=0\\x-y-z=0\end{cases}$ 与平面 $x-y-z+1=0$ 的夹角。

10. 求下列直线与直线、直线与平面的位置关系：

(1) 直线 $\begin{cases}x+2y-z=7\\-2x+y+z=7\end{cases}$ 与直线 $\dfrac{x-1}{2}=\dfrac{y-3}{-1}=\dfrac{z}{-1}$。

(2) 直线 $\dfrac{x-2}{3}=\dfrac{y+2}{1}=\dfrac{z-3}{-4}$ 与平面 $x+y+z=3$。

11. 求点（3，−1，2）到直线 $\begin{cases}x+y-z+1=0\\2x-y+z-4=0\end{cases}$ 的距离。

第 8 章　二元函数微积分

前面我们已经讨论了只限于一个变量的函数微分与积分，也就是一元函数的微积分学，但是在很多实际问题中，我们遇到的函数却可能依赖两个或更多个变量，即多元函数。多元函数微积分是一元函数微积分的推广，它具有一元函数的许多性质，但也存在本质上的差别。本章我们探讨二元函数微分与积分，即有两个变量函数的微分与积分。

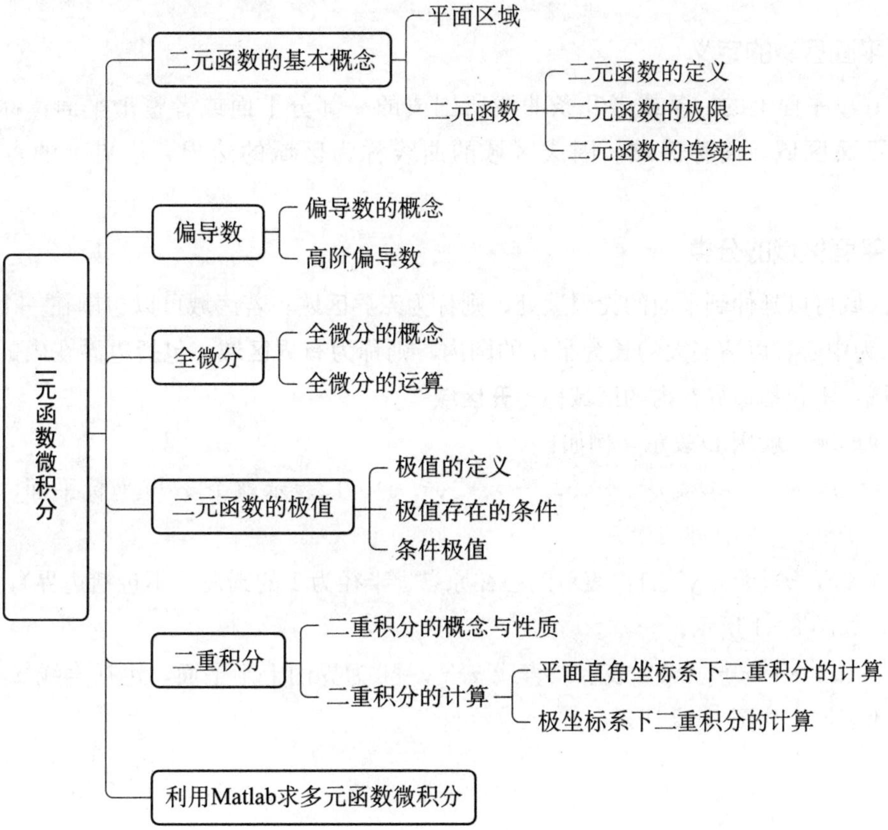

8.1 二元函数的基本概念

案例导入

一定质量的理想气体的压强 P、体积 V 和绝对温度 T 之间有关系式：$P=R\dfrac{T}{V}$，其中 $R=8.314\,5\mathrm{J/(mol\cdot K)}$ 为常数。在体积为 22L 的容器内有某理想气体，求当绝对温度为 273.15K 时该气体的压强。

案例分析

上述案例具有的特点：两个变量每取定一对值时，按照确定的对应关系可以确定另外一个变量的取值，这就是二元函数。

一、平面区域

1. 平面区域的定义

由 xOy 平面上的一条或者几条曲线所围成的一部分平面或者整个平面，称为 xOy 平面的**平面区域**，简称**区域**。围成区域的曲线称为**区域的边界**，边界上的点称为**边界点**。

2. 平面区域的分类

若区域可以延伸到平面的无限远处，则称为**无界区域**；若区域可以包围在一个以原点 (0, 0) 为中心、以适当大的长为半径的圆内，则称为**有界区域**。包括边界在内的区域称为**闭区域**，不包括边界在内的区域称为**开区域**。

平面区域一般用 D 表示，例如：

$D=\{(x, y)\,|\,-\infty<x<+\infty, -\infty<y<+\infty\}$ 表示整个 xOy 坐标平面，是无界区域；

$D=\{(x, y)\,|\,x^2+y^2<1\}$ 表示圆心在原点、半径为 1 的圆面（不包括边界），是有界开区域，如图 8-1 所示；

$D=\{(x, y)\,|\,x+y\geqslant 1\}$ 表示以直线 $x+y=1$ 为界的上半平面，包括直线 $x+y=1$，是无界闭区域，如图 8-2 所示。

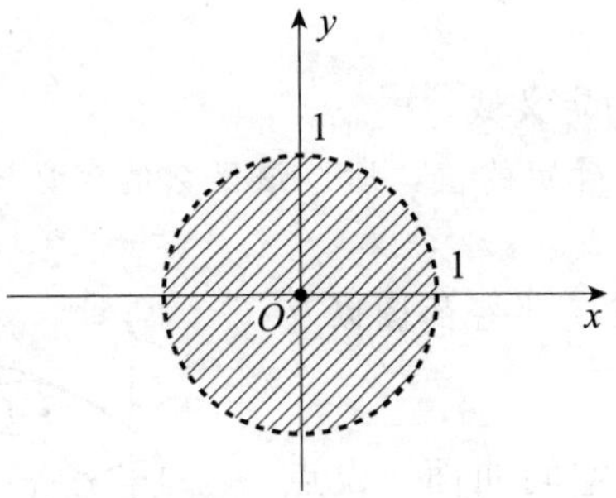

图 8-1

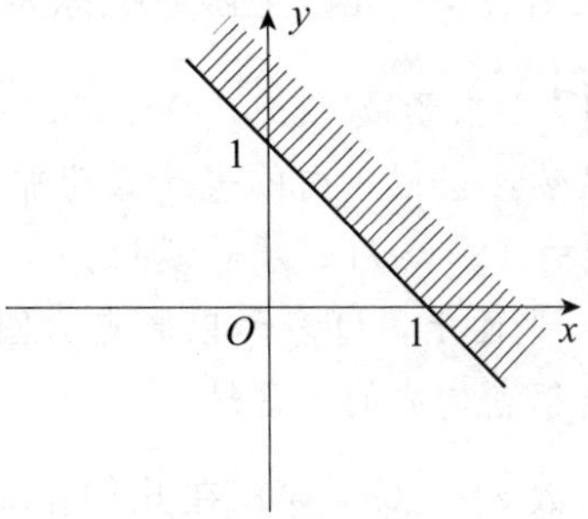

图 8-2

二、邻域

定义1 在 xOy 平面上，以点 $P_0(x_0, y_0)$ 为中心、$\delta(\delta>0)$ 为半径的开区域，称为点 $P_0(x_0, y_0)$ 的**邻域**。

它可以表示为：$\{(x, y) \mid \sqrt{(x-x_0)^2+(y-y_0)^2}<\delta\}$，或者简记为：$\sqrt{(x-x_0)^2+(y-y_0)^2}<\delta$。

三、二元函数

1. 二元函数的定义

定义2 设 x，y，z 是三个变量，D 是一个给定的非空数对集，若对于每一数对 $(x, y)\in D$，按照某一确定的对应法则 f，变量 z 总有唯一确定的数值与之对应，则称 z 是 x，y 的函数，记作：$z=f(x, y)$，$(x, y)\in D$。

其中，x，y 称为自变量，z 称为因变量，数对集 D 称为该函数的定义域。

对照一元函数的定义，若 x，y 取有序数组 $(x_0, y_0)\in D$，则称该函数在 (x_0, y_0) 处有定义；与 (x_0, y_0) 对应的 z 的数值称为函数在点 (x_0, y_0) 处的函数值，记作 $f(x_0, y_0)$ 或 $z|_{(x_0, y_0)}$。当 (x, y) 取遍数对集 D 中的所有数对时，对应的函数值全体构成的数集 $Z=\{z \mid z=f(x, y), (x, y)\in D\}$ 称为函数的值域。

从几何上看，二元函数 $z=f(x, y)$ 的定义域就是 xOy 平面上的平面区域。

例如，二元函数 $z=2x-3y$ 的定义域为：

$$D=\{(x, y) \mid -\infty<x<+\infty, -\infty<y<+\infty\}$$

是整个 xOy 平面。

二元函数 $z=\ln(y-x)+\dfrac{\sqrt{x}}{\sqrt{1-x^2-y^2}}$ 的定义域为：

$$D=\{(x, y) \mid x\geqslant 0, x<y, x^2+y^2<1\}$$

是 xOy 平面上的一个有界区域，如图 8-3 中的阴影部分。

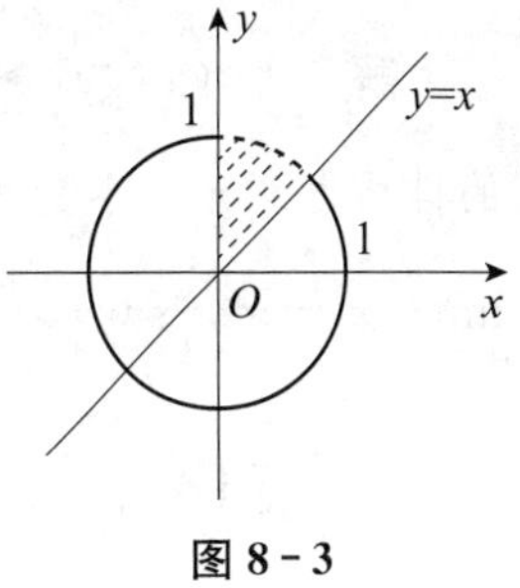

图 8-3

类似地，可以定义三元函数 $w=f(x, y, z)$ 以及三元以上的函数。二元函数及二元以上函数统称为**多元函数**。

例 1 求函数 $f(x, y)=\sqrt{4-x^2-y^2}$ 的定义域。

解 显然，当根式内的表达式为非负时才有确定的值，所以该函数的定义域为

$$D=\{(x, y)\mid x^2+y^2\leqslant 4\}$$

在 xOy 平面上，D 表示以原点为圆心、以 2 为半径的圆以及圆的内部全部点构成的闭区域。

二元函数 $z=f(x, y)$ 在几何上通常表示空间曲面。设点 $P(x, y)$ 是二元函数的定义域 D 内的任一点，则相应的函数值是 $z=f(x, y)$，于是，有序数组 x，y，z 确定了空间一点 $M(x, y, z)$。当点 P 在 D 内变动时，对应的点 M 在空间的轨迹形成的曲面即为二元函数 $z=f(x, y)$ 的图像，其定义域 D 就是空间曲面在 xOy 平面的投影如图 8-4 所示。

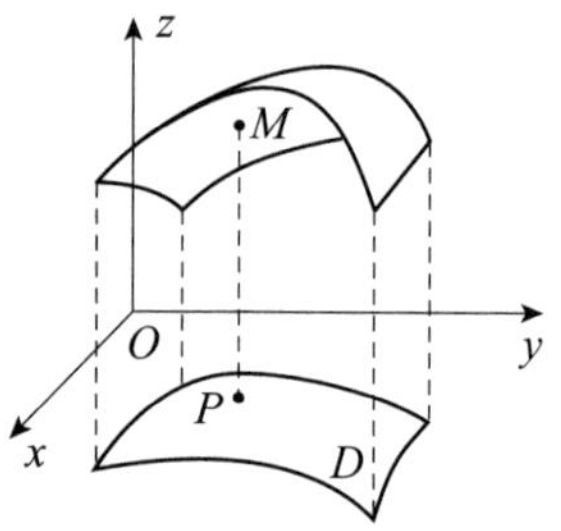

图 8-4

2. 二元函数的极限与连续

对于一元函数，“$x\to x_0$ 时函数 $f(x)$ 的极限”就是讨论当自变量 x 无限接近 x_0 时，函数 $f(x)$ 的变化趋势。类似地，二元函数 $z=f(x, y)$ 的极限问题，就是讨论当自变量 (x, y) 无限接近 (x_0, y_0) 时，即 $x\to x_0$，$y\to y_0$ 时，该函数的变化趋势。

定义 3 设函数 $z=f(x, y)$ 在点 $P_0(x_0, y_0)$ 的某一邻域内有定义（点 P_0 可以除外），如果当点 $P(x, y)$ 以任意方式无限趋向于点 $P_0(x_0, y_0)$ 时，对应的函数值 $f(x, y)$ 趋向于一个确定的常数 A，则称 A 为函数 $z=f(x, y)$ 当 $(x, y)\to(x_0, y_0)$ 时的**极限**。记作：

$$\lim_{\substack{x\to x_0\\ y\to y_0}} f(x, y)=A \text{ 或 } \lim_{P\to P_0} f(x, y)=A$$

与一元函数的极限不同的是，二元函数的极限要求点 $P(x, y)$ 以任何方式趋向于点 $P_0(x_0, y_0)$ 时，函数值 $z=f(x, y)$ 都趋向于同一个确定的常数 A。因此，如果当 $P(x, y)$ 沿着两条不同的路径趋向于 $P_0(x_0, y_0)$ 时，函数 $z=f(x, y)$ 趋向于不同的值，那么可以断定函数的极限一定不存在。

例 2 讨论函数 $f(x, y)=(x^2+y^2)\sin\dfrac{1}{x^2+y^2}$ 在点 $(0, 0)$ 处的极限。

解 当 $(x, y)\to(0, 0)$ 时，由于 $(x^2+y^2)\to 0$ 且 $\left|\sin\dfrac{1}{x^2+y^2}\right|\leqslant 1$，根据无穷小量的性质之“无穷小量与有界函数的乘积还是无穷小量”，可知 $f(x, y)$ 的极限存在，且 $\lim\limits_{\substack{x\to 0\\ y\to 0}}(x^2+y^2)\sin\dfrac{1}{x^2+y^2}=0$。

例 3 讨论函数 $f(x, y)=\dfrac{xy}{x^2+y^2}$，当 $(x, y)\to(0, 0)$ 时的极限。

解 点 (x, y) 沿 $y=kx(x\neq0)$ 趋向于点 $(0, 0)$ 时，$\lim\limits_{\substack{x\to0\\y=kx\to0}}\dfrac{xy}{x^2+y^2}=\lim\limits_{x\to0}\dfrac{k}{1+k^2}=\dfrac{k}{1+k^2}$。显然，$k$ 取不同的值时，$\dfrac{k}{1+k^2}$ 也不同，所以函数的极限不存在。

定义 4 设函数 $z=f(x, y)$ 在点 $P_0(x_0, y_0)$ 的某一邻域内有定义，如果当点 $P(x, y)$ 趋向于点 $P_0(x_0, y_0)$ 时，函数 $z=f(x, y)$ 的极限存在，且等于它在点 P_0 处的函数值，即 $\lim\limits_{\substack{x\to x_0\\y\to y_0}}f(x, y)=f(x_0, y_0)$，则称函数 $z=f(x, y)$ 在点 $P_0(x_0, y_0)$ 处**连续**，称点 $P_0(x_0, y_0)$ 为函数的**连续点**。

若函数 $f(x, y)$ 在点 (x_0, y_0) 处不满足连续的定义，则称这一点是函数的**不连续点**或**间断点**。

例如，函数 $f(x, y)=\dfrac{x}{x^2-y^2}$，当 $x^2-y^2=0$ 时函数 $f(x, y)$ 无定义，所以直线 $y=x$ 和 $y=-x$ 上的点都是它的间断点。

若函数 $f(x, y)$ 在区域 D 内的每一点都连续，则称函数 $f(x, y)$ 在区域 D 内连续，或称 $f(x, y)$ 为 D 上的**连续函数**。

与一元函数类似，二元连续函数的和、差、积、商（分母不等于零）仍为连续函数，二元函数的复合函数也是连续函数，因此，二元初等函数在其定义域内是连续的。计算二元初等函数在其定义域内一点 $P_0(x_0, y_0)$ 处的极限，只要求它在这点的函数值即可，即 $\lim\limits_{\substack{x\to x_0\\y\to y_0}}f(x,y)=f(x_0, y_0)$。

例如，函数 $f(x, y)=\dfrac{y^2-\sin x+e^x}{1-x^2-y^2}$ 在点 $(0, 0)$ 处的极限为

$$\lim_{\substack{x\to0\\y\to0}}\frac{y^2-\sin x+e^x}{1-x^2-y^2}=\frac{0^2-\sin0+e^0}{1-0^2-0^2}=1$$

案例解决

$P=R\dfrac{T}{V}=8.314\,5\times\dfrac{273.15}{0.022}=103\,232\text{Pa}$，所以该气体的压强为 103 232Pa。

习题 8.1

1. 画出下列区域 D 的图形。

(1) $D=\{(x, y)\mid -1\leqslant x<2, 2\leqslant y\leqslant4\}$。

(2) $D=\{(x, y)\mid x<0, y\geqslant0, x+y<1\}$。

(3) $D=\{(x, y)\mid x^2+y^2\leqslant2x\}$。

（4）由直线 $y=x$，$x=2$ 和曲线 $xy=1$ 围成的区域。

2. 设函数 $f(x, y)=\dfrac{xy}{x+y}$，求 $f(1, 0)$，$f(-2, 3)$，$f\left(a, \dfrac{1}{a}\right)$，$f(x+y, x-y)$。

3. 求下列二元函数的定义域，并绘出定义域的图形。

（1）$z=\sqrt{1-x^2-y^2}$

（2）$z=\ln(x+y)$

（3）$z=\dfrac{1}{\sqrt{x+y}}+\dfrac{1}{\sqrt{x-y}}$

（4）$z=\ln(y-x)+\dfrac{\sqrt{x}}{\sqrt{4-x^2-y^2}}$

4. 求下列极限。

（1）$\lim\limits_{\substack{x\to 0\\ y\to 1}}\dfrac{1-xy}{x^2+y^2}$

（2）$\lim\limits_{(x,y)\to(2,0)}\dfrac{\sin(xy)}{y}$

（3）$\lim\limits_{(x,y)\to(0,0)}\dfrac{xy^2}{x^2+y^4}$

5. 在一定温度下，导体的电阻 R 与它的长度 L 、电阻率 ρ 成正比，与它的横截面积 S 成反比，这个规律叫做电阻定律（law of resistance），公式为 $R=\dfrac{\rho L}{S}$ ，其中 ρ 为电阻材料的电阻率，L 为绕制成电阻的导线长度，S 为绕制成电阻的导线横截面积，R 为电阻值。有一长度为 10m 的铝制导线，横截面积为 2.5mm^2，在室温 20℃下，它的电阻有多大？

8.2 偏导数

案例导入

理想气体状态方程（又称理想气体定律、普适气体定律）是描述理想气体在处于平衡状态时，压强、体积、物质的量、温度之间关系的状态方程。已知理想气体状态方程为：$PV=RT$ ，试证明：$\dfrac{\partial P}{\partial V}\cdot\dfrac{\partial V}{\partial T}\cdot\dfrac{\partial T}{\partial P}=-1$ 。

案例分析

要证明理想气体状态方程这个关系式，需要用到多元函数求偏导数的知识。

一、偏导数的概念

偏导数

在一元函数微分学中，我们知道函数 $y=f(x)$ 的导数，即函数增量 $f(x+\Delta x)-f(x)$ 与自变量增量 Δx 比值在 $\Delta x\to 0$ 时的极限，即

$$\frac{\mathrm{d}y}{\mathrm{d}x}=\lim_{\Delta x\to 0}\frac{f(x+\Delta x)-f(x)}{\Delta x}$$

对于二元函数，也有类似的问题，但由于自变量多了一个，问题将变得更为复杂。这一节里，我们主要研究二元函数关于其中一个自变量的变化规律，这就产生了偏导数的概念。

一般地，在二元函数 $z=f(x,\ y)$ 中，如果只有自变量 x 变化，而另一个自变量 y 固定（即看作常量），这时它就是 x 的一元函数，此函数对 x 的导数就是二元函数 $z=f(x,\ y)$对 x 的偏导数；如果只有自变量 y 变化，而另一个自变量 x 固定（即看作常量），这时它就是 y 的一元函数，此函数对 y 的导数就是二元函数 $z=f(x,\ y)$ 对 y 的偏导数。由此得到偏导数定义：

定义 设函数 $z=f(x,\ y)$ 在点 $(x_0,\ y_0)$ 的某一邻域内有定义，固定 $y=y_0$，如果极限$\lim\limits_{\Delta x\to 0}\dfrac{f(x_0+\Delta x,\ y_0)-f(x_0,\ y_0)}{\Delta x}$存在，则称此极限值为函数 $z=f(x,\ y)$ 在点 $(x_0,\ y_0)$ 处对 x 的**偏导数**，记作

$$\left.\frac{\partial z}{\partial x}\right|_{\substack{x=x_0\\y=y_0}},\quad \left.\frac{\partial f}{\partial x}\right|_{\substack{x=x_0\\y=y_0}},\quad \left.z_x\right|_{\substack{x=x_0\\y=y_0}},\quad f_x(x_0,y_0)$$

类似地，当 x 固定在 x_0 时，可定义 $f(x,\ y)$ 在 $(x_0,\ y_0)$ 处对 y 的偏导数为 $\left.\dfrac{\partial z}{\partial y}\right|_{\substack{x=x_0\\y=y_0}}$，$\left.\dfrac{\partial f}{\partial y}\right|_{\substack{x=x_0\\y=y_0}}$，$\left.z_y\right|_{\substack{x=x_0\\y=y_0}}$，$f_y(x_0,y_0)$。

如果 $z=f(x,\ y)$ 在区域 D 内每一点 $(x,\ y)$ 都具有对 x（或 y）的偏导数，显然此偏导数是变量 x，y 的二元函数，则称其为函数 $z=f(x,\ y)$ 在 D 内对 x（或 y）的**偏导函数**，简称为**偏导数**，记为

$$\frac{\partial z}{\partial x},\ \frac{\partial f}{\partial x},\ z_x,\ f_x(x,y)$$

$$\frac{\partial z}{\partial y},\ \frac{\partial f}{\partial y},\ z_y,\ f_y(x,y)$$

由偏导数的定义可以看出，二元函数对某一个变量求偏导，就是将另一个变量看作常量，运用一元函数求导法即可求得。

例 1 求函数 $z=x^2+3xy-y^2+2$ 在点 $(1,\ 2)$ 处的偏导数。

解 先求偏导函数：

把 y 看作常量，对 x 求导得 $f_x(x,\ y)=2x+3y$；

把 x 看作常量，对 y 求导得 $f_y(x,\ y)=3x-2y$。

把 $x=1$，$y=2$ 代入上面两个式子，得到函数在点 $(1,\ 2)$ 处的偏导数为

$$f_x(1, 2)=(2x+3y)|_{(1,2)}=8, \quad f_y(1, 2)=(3x-2y)|_{(1,2)}=-1$$

例 2 设函数 $z=x\ln(x^2+y^2)$，求 $\frac{\partial z}{\partial x}$，$\frac{\partial z}{\partial y}$。

解 $\frac{\partial z}{\partial x}=(x)'_x\ln(x^2+y^2)+x[\ln(x^2+y^2)]'_x$

$$=1\cdot\ln(x^2+y^2)+x\cdot\frac{2x}{x^2+y^2}$$

$$=\ln(x^2+y^2)+\frac{2x^2}{x^2+y^2}。$$

$$\frac{\partial z}{\partial y}=x\cdot\frac{2y}{x^2+y^2}=\frac{2xy}{x^2+y^2}。$$

注：

对于一元函数 $y=f(x)$，$\frac{\mathrm{d}y}{\mathrm{d}x}$ 既表示 y 对 x 的导数，又可以看成一个分式：y 的微分 $\mathrm{d}y$ 与 x 的微分 $\mathrm{d}x$ 之商。但是对于二元函数 $z=f(x, y)$，$\frac{\partial z}{\partial x}$，$\frac{\partial z}{\partial y}$ 只是一个偏导数的整体记号，不能再看成商的形式。

二、函数的偏导数与函数的连续性的关系

若一元函数 $y=f(x)$ 在点 x_0 处可导，则函数在点 x_0 处必连续。对于二元函数则没有这样的结论，例如，二元函数 $f(x, y)=\begin{cases}\frac{xy}{x^2+y^2}, & x^2+y^2\neq 0\\ 0, & x^2+y^2=0\end{cases}$ 在点 (0, 0) 处的极限不存在，故 $y=f(x)$ 在点 (0, 0) 处不连续。但有

$$f_x(0, 0)=\lim_{\Delta x\to 0}\frac{f(0+\Delta x, 0)-f(0, 0)}{\Delta x}=\lim_{\Delta x\to 0}\frac{\frac{\Delta x\cdot 0}{\Delta x^2+0^2}-0}{\Delta x}=0$$

$$f_y(0, 0)=\lim_{\Delta y\to 0}\frac{f(0, 0+\Delta y)-f(0, 0)}{\Delta y}=\lim_{\Delta y\to 0}\frac{\frac{0\cdot\Delta y}{0^2+\Delta y^2}-0}{\Delta y}=0$$

即在点 (0, 0) 处的偏导数存在。

三、复合函数求微分

1. 全导数

函数 $z=f(u, v)$ 通过中间变量 $u=\varphi(x)$ 和 $v=\psi(x)$ 构成的复合函数 $z=f[\varphi(x), \psi(x)]$，是两个中间变量和一个自变量组成的复合函数。当自变量 x 发生变化时，是通过两个中间变量 $\varphi(x)$ 及 $\psi(x)$ 引起 z 的变化。函数 z 对 x 的全部变化率，即 z 对 x 的导数称为**全导数**。

定理1 设函数 $u=\varphi(x)$ 及 $v=\psi(x)$ 在点 x 处可导，函数 $z=f(u, v)$ 在对应点 $(\varphi(x), \psi(x))$ 处可微，则复合函数 $z=f[\varphi(x), \psi(x)]$ 在点 x 处可导，且

$$\frac{dz}{dx}=\frac{\partial z}{\partial u}\frac{du}{dx}+\frac{\partial z}{\partial v}\frac{dv}{dx}$$

例3 设 $z=u^v$，而 $u=\sin x$，$v=\cos x$，求 $\frac{dz}{dx}$。

解 这是两个中间变量和一个自变量的情形，求全导数。

$$\frac{\partial z}{\partial u}=vu^{v-1}，\frac{\partial z}{\partial v}=u^v\ln u，\frac{du}{dx}=\cos x，\frac{dv}{dx}=-\sin x$$

由全导数公式得

$$\begin{aligned}\frac{dz}{dx}&=vu^{v-1}\cos x+u^v\ln u\ (-\sin x)\\&=(\sin x)^{\cos x-1}\cos^2 x-(\sin x)^{\cos x+1}\ln\sin x\end{aligned}$$

2. 一般情况

函数 $z=f(u, v)$ 通过中间变量 $u=\varphi(x, y)$ 及 $v=\psi(x, y)$ 构成的复合函数 $z=f[\varphi(x, y), \psi(x, y)]$ 的偏导数可用如下定理求出。

定理2 设函数 $u=\varphi(x, y)$ 及 $v=\psi(x, y)$ 在点 (x, y) 处有偏导数，函数 $z=f(u, v)$ 在对应点 (u, v) 处有连续偏导数，则复合函数 $z=f[\varphi(x, y), \psi(x, y)]$ 在点 (x, y) 处的偏导数 $\frac{\partial z}{\partial x}$，$\frac{\partial z}{\partial y}$ 存在，且

$$\frac{\partial z}{\partial x}=\frac{\partial z}{\partial u}\frac{\partial u}{\partial x}+\frac{\partial z}{\partial v}\frac{\partial v}{\partial x}；\frac{\partial z}{\partial y}=\frac{\partial z}{\partial u}\frac{\partial u}{\partial y}+\frac{\partial z}{\partial v}\frac{\partial v}{\partial y}$$

上述公式也称为“链锁法则”。

例4 设 $z=(x+y)^{xy}$，求 $\frac{\partial z}{\partial x}$，$\frac{\partial z}{\partial y}$。

解 引入中间变量 $u=x+y$，$v=xy$，则 $z=u^v$，得

$$\begin{aligned}\frac{\partial z}{\partial x}&=\frac{\partial z}{\partial u}\frac{\partial u}{\partial x}+\frac{\partial z}{\partial v}\frac{\partial v}{\partial x}=vu^{v-1}\cdot 1+u^v\ln u\cdot y\\&=xy(x+y)^{xy-1}+y(x+y)^{xy}\ln(x+y)\\&=y(x+y)^{xy-1}[x+(x+y)\ln(x+y)]\end{aligned}$$

同理可得

$$\frac{\partial z}{\partial y}=\frac{\partial z\partial u}{\partial u\partial y}+\frac{\partial z\partial v}{\partial v\partial y}=x(x+y)^{xy-1}\ [y+(x+y)\ln(x+y)]$$

例5 设 $z=x^u+y$，$u=x^2+y^2$，求 $\frac{\partial z}{\partial x}$，$\frac{\partial z}{\partial y}$。

解 令 $x=v$，$y=w$，则有 $z=v^u+w$，可得

$$\frac{\partial z}{\partial x}=v^u\ln v\cdot 2x+uv^{u-1}\cdot 1+1\cdot 0=2x^{x^2+y^2+1}\ln x+(x^2+y^2)x^{x^2+y^2-1}$$

同理可得

$$\begin{aligned}\frac{\partial z}{\partial y}&=\frac{\partial z}{\partial u}\frac{\partial u}{\partial y}+\frac{\partial z}{\partial v}\frac{\partial v}{\partial y}+\frac{\partial z}{\partial w}\frac{\partial w}{\partial y}\\&=v^u\ln v\cdot 2y+uv^{u-1}\cdot 0+1\cdot 1\\&=2yx^{x^2+y^2}\ln x+1\end{aligned}$$

高阶偏导数

四、高阶偏导数

二元函数 $z=f(x,y)$ 的两个偏导数 $\frac{\partial z}{\partial x}$，$\frac{\partial z}{\partial y}$ 一般来说仍然是 x，y 的函数，如果这两个函数关于 x，y 的偏导数也存在，则称这两个偏导数的偏导数为 $z=f(x,y)$ 的**二阶偏导数**。按照对自变量求导的次序不同，有下列四个二阶偏导数：

$$\frac{\partial}{\partial x}\left(\frac{\partial z}{\partial x}\right)=\frac{\partial^2 z}{\partial x^2}=f_{xx}(x,y),\quad \frac{\partial}{\partial y}\left(\frac{\partial z}{\partial x}\right)=\frac{\partial^2 z}{\partial x\partial y}=f_{xy}(x,y),$$

$$\frac{\partial}{\partial x}\left(\frac{\partial z}{\partial y}\right)=\frac{\partial^2 z}{\partial y\partial x}=f_{yx}(x,y),\quad \frac{\partial}{\partial y}\left(\frac{\partial z}{\partial y}\right)=\frac{\partial^2 z}{\partial y^2}=f_{yy}(x,y)$$

其中，$f_{xy}(x,y)$，$f_{yx}(x,y)$ 称为**混合偏导数**。$f_{xy}(x,y)$ 是先对 x 求偏导数，所得结果再对 y 求偏导数；$f_{yx}(x,y)$ 是先对 y 求偏导数，再对 x 求偏导数。同样地，可以定义三阶、四阶以及 n 阶偏导数。二阶及二阶以上的偏导数都称为**高阶偏导数**。

例 6 求函数 $z=x^3y^2-3xy^3-x$ 的所有二阶偏导数。

解 因为

$$\frac{\partial z}{\partial x}=3x^2y^2-3y^3-1,\quad \frac{\partial z}{\partial y}=2x^3y-9xy^2$$

所以

$$\frac{\partial}{\partial x}\left(\frac{\partial z}{\partial x}\right)=f_{xx}(x,y)=6xy^2,\quad \frac{\partial}{\partial y}\left(\frac{\partial z}{\partial x}\right)=f_{xy}(x,y)=6x^2y-9y^2,$$

$$\frac{\partial}{\partial x}\left(\frac{\partial z}{\partial y}\right)=f_{yx}(x,y)=6x^2y-9y^2,\quad \frac{\partial}{\partial y}\left(\frac{\partial z}{\partial y}\right)=f_{yy}(x,y)=2x^3-18xy$$

例 7 求 $z=x\ln(xy)$ 的二阶偏导数。

解 因为

$$\frac{\partial z}{\partial x}=\ln(xy)+x\frac{y}{xy}=\ln(xy)+1,\quad \frac{\partial z}{\partial y}=x\frac{x}{xy}=\frac{x}{y}$$

所以

$$\frac{\partial^2 z}{\partial x^2}=\frac{\partial}{\partial x}[\ln(xy)+1]=\frac{y}{xy}=\frac{1}{x},\quad \frac{\partial^2 z}{\partial y^2}=\frac{\partial}{\partial y}\left(\frac{x}{y}\right)=-\frac{x}{y^2},$$

$$\frac{\partial^2 z}{\partial x\partial y}=\frac{\partial}{\partial y}[\ln(xy)+1]=\frac{x}{xy}=\frac{1}{y},\quad \frac{\partial^2 z}{\partial y\partial x}=\frac{\partial}{\partial x}\left(\frac{x}{y}\right)=\frac{1}{y}$$

定理 3 如果函数 $z=f(x,y)$ 的两个混合偏导数在区域 D 内连续，则在该区域 D 上有 $f_{xy}(x,y)=f_{yx}(x,y)$。（证明略）

案例解决

证明：$P=\frac{RT}{V},\frac{\partial P}{\partial V}=-\frac{RT}{V^2},V=\frac{RT}{P},\frac{\partial V}{\partial T}=\frac{R}{P},T=\frac{PV}{R},\frac{\partial T}{\partial P}=\frac{V}{R}$。

故 $\frac{\partial P}{\partial V}\cdot\frac{\partial V}{\partial T}\cdot\frac{\partial T}{\partial P}=-\frac{RT}{V^2}\cdot\frac{R}{P}\cdot\frac{V}{R}=-\frac{RT}{PV}=-1$。

习题 8.2

1. 求下列函数的偏导数。

(1) $z=x^3y-xy^3$　　(2) $z=\sqrt{\ln(xy)}$

(3) $z=x\ln(x+y)$　　(4) $z=\sin(3x-y)+y$

(5) $f(x,y)=\tan\frac{x}{y}$　　(6) $z=\sin(xy)+\cos^2(xy)$

2. 设 $z=\frac{y}{x}$，而 $x=e^t$，$y=1-e^{2t}$，求 $\frac{dz}{dt}$。

3. 设 $z=x^2y-xy^2$，而 $x=u\cos v$，$y=u\sin v$，求 $\frac{\partial z}{\partial u}$，$\frac{\partial z}{\partial v}$。

4. 求下列函数的 $\frac{\partial^2 z}{\partial x^2},\frac{\partial^2 z}{\partial y^2},\frac{\partial^2 z}{\partial x\partial y}$。

(1) $z=e^{xy}$　　(2) $z=\arctan\frac{y}{x}$

(3) $z=\frac{x+y}{x-y}$　　(4) $z=\ln(x^2+y)$

5. 设 $z=e^{\frac{x}{y^2}}$，求证：$2x\frac{\partial z}{\partial x}+y\frac{\partial z}{\partial y}=0$。

6. 我们知道在电路中，电阻 R_1，R_2，R_3 并联成电阻 R，有如下的关系：$\frac{1}{R}=\frac{1}{R_1}+\frac{1}{R_2}+\frac{1}{R_3}$。为了更有效地设计电路，通常需要分析任意一个阻值的变化会对总电阻 R 产生什么影响。假设 $R_1=30$，$R_2=45$，$R_3=90$，试分析各个电阻的变化对总电阻的影响。

8.3 全微分

案例导入

有一个圆柱体，受压后发生形变，它的半径由 20cm 增大到 20.05cm，高度由 100cm 减少到 99cm，求此圆柱体体积变化的近似值。

案例分析

对于一元函数，我们曾通过正方形金属薄片受热后面积发生变化的案例，介绍了函数 $y=f(x)$ 的微分。本案例中，圆柱体受压后半径和高度均发生了变化，其体积是半径和高度的二元函数，我们需要先来了解二元函数全微分的概念。

一、全微分的概念

定义 1 设函数 $z=f(x, y)$ 在点 (x, y) 的某一邻域内有定义，当自变量由 x，y 改变为 $x+\Delta x$ 和 $y+\Delta y$，且点 $(x+\Delta x, y+\Delta y)$ 在邻域内，此时函数的相应改变量 $\Delta z=f(x+\Delta x, y+\Delta y)-f(x, y)$ 称为二元函数 $z=f(x, y)$ 在点 (x, y) 处的**全增量**。

参照一元函数微分的定义，对多元函数的全微分定义如下：

定义 2 设二元函数 $z=f(x, y)$ 在点 (x, y) 的某一邻域内有定义，如果函数在点 (x, y) 处的全增量 $\Delta z=f(x+\Delta x, y+\Delta y)-f(x, y)$，可以表示为 $\Delta z=A\Delta x+B\Delta y+o(\rho)$，其中 A，B 是 x，y 的函数，与 Δx，Δy 无关，$\rho=\sqrt{(\Delta x)^2+(\Delta y)^2}$，$o(\rho)$ 是当 $\rho\to 0$ 时比 ρ 高阶的无穷小，则称二元函数 $z=f(x, y)$ 在点 (x, y) 处可微，并称 $A\Delta x+B\Delta y$ 是 $z=f(x, y)$ 在点 (x, y) 处的**全微分**，记作 $dz=A\Delta x+B\Delta y$。

如果函数 $z=f(x, y)$ 在区域 D 内每一点处都可微，则称函数 $z=f(x, y)$ 在区域 D 内**可微**。

在一元函数中，可微与可导是等价的，且 $dy=f'(x)\,dx$，那么二元函数 $z=f(x, y)$ 在点 (x, y) 处可微与偏导数存在之间有什么关系呢？全微分定义中的 A，B 又如何确定？它是否与函数 $f(x, y)$ 有关系呢？

定理 若函数 $z=f(x, y)$ 在点 (x, y) 处可微，即 $\Delta z=A\Delta x+B\Delta y+o(\rho)$，则在该点处，函数 $z=f(x, y)$ 的两个偏导数都存在，且 $A=f_x(x, y)$，$B=f_y(x, y)$。与一元函数一样，由于自变量的改变量等于自变量的微分，即 $\Delta x=dx$，$\Delta y=dy$，因此全微分记作：$dz=f_x(x, y)dx+f_y(x, y)dy$。

该定理指出，如果函数 $z=f(x, y)$ 可微，则其偏导数一定存在。反之，若 $z=f(x, y)$ 的两个偏导数 $\frac{\partial z}{\partial x}$，$\frac{\partial z}{\partial y}$ 在点 (x_0, y_0) 处存在且连续，则函数 $z=f(x, y)$ 在点 (x_0, y_0) 处可微。

例 1 求函数 $z=\ln(x+y^2)$ 的全微分。

解 因为 $f_x(x, y)=\frac{1}{x+y^2}$，$f_y(x, y)=\frac{2y}{x+y^2}$，所以

$$\mathrm{d}z = \frac{1}{x+y^2}\mathrm{d}x + \frac{2y}{x+y^2}\mathrm{d}y$$

例2 计算函数 $f(x, y)=2x^2-3y^2$，当 $x=2$，$y=1$，$\Delta x=0.2$，$\Delta y=0.1$ 时的全改变量 Δz 及全微分 $\mathrm{d}z$。

解 函数 $f(x, y)$ 的全改变量为：

$$\begin{aligned}\Delta z &= f(x+\Delta x, y+\Delta y) - f(x, y)\\ &= [2\times(2+0.2)^2 - 3\times(1+0.1)^2] - (2\times 2^2 - 3\times 1^2)\\ &= 6.05 - 5 = 1.05\end{aligned}$$

因为 $\frac{\partial f}{\partial x}=4x$，$\frac{\partial f}{\partial y}=-6y$，所以函数 $f(x, y)$ 的全微分为：$\mathrm{d}z=4x\Delta x-6y\Delta y$。

当 $x=2$，$y=1$，$\Delta x=0.2$，$\Delta y=0.1$ 时，全微分 $\mathrm{d}z=4\times2\times0.2-6\times1\times0.1=1$。

二、全微分在近似计算中的应用

设函数 $z=f(x, y)$ 在点 (x, y) 处可微，则函数在该点的全增量可以表示为：

$$\begin{aligned}\Delta z &= f(x_0+\Delta x, y_0+\Delta y) - f(x_0, y_0)\\ &= f_x(x_0, y_0)\Delta x + f_y(x_0, y_0)\Delta y + o(\rho)\ (\text{其中，}\rho=\sqrt{\Delta x^2+\Delta y^2}\to 0)\end{aligned}$$

当 $|\Delta z|$ 很小时，我们就可以用函数的全微分 $\mathrm{d}z$ 来代替函数的全增量 Δz，即

$$\Delta z \approx \mathrm{d}z = f_x(x_0, y_0)\Delta x + f_y(x_0, y_0)\Delta y$$

或

$$f(x_0+\Delta x, y_0+\Delta y) \approx f(x_0, y_0) + f_x(x_0, y_0)\Delta x + f_y(x_0, y_0)\Delta y$$

利用上面两个公式可以计算函数增量的近似值。

例3 计算 $(1.04)^{2.02}$ 的近似值。

解 设函数 $f(x, y)=x^y$，显然，要计算的值就是函数在 $x_0=1.04$，$y_0=2.02$ 时的函数值 $f(1.04, 2.02)$。取 $x_0=1$，$y_0=2$，$\Delta x=0.04$，$\Delta y=0.02$，由于

$$f(1, 2)=1,\ f_x(x, y)=yx^{y-1},\ f_x(1, 2)=2,\ f_y(x, y)=x^y\ln x,\ f_y(1, 2)=0$$

因此，根据公式 $f(x_0+\Delta x, y_0+\Delta y)\approx f(x_0, y_0)+f_x(x_0, y_0)\Delta x+f_y(x_0, y_0)\Delta y$，得

$$(1.04)^{2.02}\approx 1+2\times0.04+0\times0.02=1.08$$

案例解决

设圆柱体的半径、高和体积分别为 r、h 和 V，则有

$$V=\pi r^2 h$$

已知 $r=20$，$h=100$，$\Delta r=0.05$，$\Delta h=-1$，根据近似公式有

$$\begin{aligned}\Delta V &\approx \mathrm{d}V = V'_r\Delta r + V'_h\Delta h = 2\pi rh\Delta r + \pi r^2\Delta h\\ &= 2\pi\times20\times100\times0.05+\pi\times20^2\times(-1)\\ &= -200\pi\ (\mathrm{cm}^3)\end{aligned}$$

即圆柱体在受压后体积约减少了 $200\pi\,\mathrm{cm}^3$。

习题 8.3

1. 求下列函数的全微分。

(1) $z=\frac{y}{\sqrt{x^2+y^2}}$

(2) $z=x^y$

2. 求二元函数 $z=\ln(1+x^2+y^2)$ 当 $x=1$，$y=2$ 时的全微分。

3. 一个圆柱形铁罐，内半径为 5cm，内高为 12cm，底和侧面的厚度均为 0.2cm，请估计制作这个铁罐所需材料的体积是多少。

4. 要造一个无盖的圆柱形水槽，其半径为 2m，高为 4m，底和侧面的厚度均为 0.01m，请估计所用材料的体积是多少。

5. 计算 $(1.97)^{1.05}$ 的近似值。

8.4　二元函数的极值

案例导入

某产品在生产过程中需要用到两种原料 A、B，其成本分别为 1 000 元/吨和 2 000 元/吨，用 x，y 来表示生产过程中对两种原料 A、B 的使用量，用 P 来表示产品总量。生产过程中的二元函数为：$P(x, y)=0.005x^2y$。问：若用 150 000 元购买原料，购进两种原料各为多少时，可使生产的数量最多？

案例分析

在产品的生产过程中，在成本一定的条件下，合理分配各种原料的购入量，充分利用各种原料使得产量达到最大值，从而实现最大收益。这里的产品总量是两种原料使用量的函数，这类问题的最优解的讨论需要用到二元函数的极值的求法。

一、极值的定义

定义　设函数 $z=f(x, y)$ 在点 (x_0, y_0) 的某一邻域内有定义，如果对于该邻域内异于 (x_0, y_0) 的点 (x, y) 都有 $f(x, y)<f(x_0, y_0)$，则称函数 $z=f(x, y)$ 在点 (x_0, y_0) 处有**极大值** $f(x_0, y_0)$，点 (x_0, y_0) 称为函数 $f(x, y)$ 的**极大值点**；同理，如果都有 $f(x, y)>f(x_0, y_0)$，则称函数 $z=f(x, y)$ 在点 (x_0, y_0) 处有**极小值** $f(x_0, y_0)$，点 (x_0, y_0) 称为函数 $f(x, y)$ 的**极小值点**。极大值和极小值统称为极值，使函数取得极值的点称为**极值点**。

例如，函数 $f(x, y)=x^2+y^2+1$ 在点（0，0）处有极小值，这是因为点（0，0）处的任一邻域内异于（0，0）的点（x，y），都有 $f(x, y)>f(0, 0)=1$。从图形上看，点（0，0）是开口向上的旋转抛物面的顶点。

又如，函数 $f(x, y)=\sqrt{1-x^2-y^2}$ 在点（0，0）处有极大值，这是因为点（0，0）处的任一邻域内异于（0，0）的点（x，y），都有 $f(x, y)<f(0, 0)=1$。从图形上看，点（0，0）是单位球面的上半球面顶点。

二、极值存在的条件

设函数 $z=f(x, y)$ 在点（x_0，y_0）处取得极值，如果将函数 $z=f(x, y)$ 中的变量 y 固定，令 $y=y_0$，则函数 $z=f(x, y_0)$ 是一元函数，它在 $x=x_0$ 处取得极值，由一元函数极值存在的必要条件可得 $f(x_0, y_0)=0$。由此得到如下定理：

定理1(极值的必要条件) 设函数 $z=f(x, y)$ 在点（x_0，y_0）处取得极值，且函数在该点的偏导数存在，则 $f_x(x_0, y_0)=0$，$f_y(x_0, y_0)=0$。

使 $f_x(x_0, y_0)=0$，$f_y(x_0, y_0)=0$ 同时成立的点（x_0，y_0）称为函数 $f(x, y)$ 的**驻点**。

由定理1可知，具有偏导数的函数，其极值点必定为驻点；反之，函数的驻点不一定是极值点。例如，函数 $z=xy$ 在驻点（0，0）的任何邻域内函数值可取正值，也可取负值，而 $z(0, 0)=0$。可见，定理1只给出了二元函数具有极值的必要条件。为判断二元函数的驻点是否为极值点，有如下定理：

二元函数的极值

定理2(极值的充分条件) 设函数 $z=f(x, y)$ 在点（x_0，y_0）的某一领域内有连续二阶偏导数，且点 $P_0(x_0, y_0)$ 是函数 $f(x, y)$ 的驻点，记

$$A=f_{xx}(x_0, y_0),\ B=f_{xy}(x_0, y_0),\ C=f_{yy}(x_0, y_0)$$

（1）当 $B^2-AC<0$ 时，点 $P_0(x_0, y_0)$ 是极值点，且当 $A<0$ 时，点 $P_0(x_0, y_0)$ 为极大值点，当 $A>0$ 时，点 $P_0(x_0, y_0)$ 为极小值点。

（2）当 $B^2-AC>0$ 时，点 $P_0(x_0, y_0)$ 不是极值点。

（3）当 $B^2-AC=0$ 时，点 $P_0(x_0, y_0)$ 可能是极值点，也可能不是极值点。

例1 求函数 $f(x, y)=x^3-4x^2+2xy-y^2+1$ 的极值。

解 $f_x(x, y)=3x^2-8x+2y$，$f_y(x, y)=2x-2y$，

$f_{xx}(x, y)=6x-8$，$f_{xy}(x, y)=2$，$f_{yy}(x, y)=-2$

解方程组 $\begin{cases} f_x=3x^2-8x+2y=0 \\ f_y=2x-2y=0 \end{cases}$，得驻点（0，0），（2，2）。

故在点（0，0）处有：$B=2$，$A=-8$，$C=-2$，$B^2-AC=-12<0$。

所以，点（0，0）为函数的极大值点，$f(0, 0)=1$ 为极大值。

同理，在点（2，2）处有：$B=2$，$A=4$，$C=-2$，$B^2-AC=12>0$。

所以，点（2，2）不是函数的极值点。

三、条件极值与拉格朗日数乘法

在前面研究的极值问题中，所考虑的二元函数的自变量都是相互独立的，这些自变量除了受到函数定义域的限制外，别无其他附加条件，这类极值问题称为**无条件极值**。然而，在许多实际问题中，函数的自变量除了受到定义域的限制外，常常还要受到其他附加条件的限制，比如案例导入中，若设箱子的长、宽、高分别为 x，y，z，则箱子的表面积$S=2(xy+yz+zx)$，此时还有一个约束条件 $xyz=V$，这类极值问题称为**条件极值**。该案例的解法是将它转化为无条件极值问题，但很多实际问题中这种转化无法顺利进行，因此还需要其他方法。下面介绍一种求条件极值的方法——**拉格朗日数乘法**。

求函数 $z=f(x,y)$ 在附加条件 $g(x,y)=0$ 的情况下的极值问题，可采用以下步骤：

（1）以常数 λ（λ 称为拉格朗日乘数）乘以 $g(x,y)$ 后与 $f(x,y)$ 相加，得拉格朗日函数 $F(x,y)=f(x,y)+\lambda g(x,y)$。

（2）求出 $F(x,y)$ 对 x、y 的一阶偏导数：

$$F_x(x,y)=f_x(x,y)+\lambda g_x(x,y),\quad F_y(x,y)=f_y(x,y)+\lambda g_y(x,y)$$

（3）解方程组 $\begin{cases}F_x(x,y)=0\\F_y(x,y)=0\\g(x,y)=0\end{cases}$。

所得点 (x,y) 即为函数 $z=f(x,y)$ 在条件 $g(x,y)=0$ 下的可能极值点。至于所求点是否为极值点，一般可由问题的实际意义判断。

例 2 求 $z=x^2+y^2$ 在 $\frac{x}{a}+\frac{y}{b}=1$ 时的条件极值。

解 记 $f(x,y)=x^2+y^2$，$g(x,y)=\frac{x}{a}+\frac{y}{b}-1$。

作拉格朗日函数：

$$F(x,y)=x^2+y^2+\lambda\left(\frac{x}{a}+\frac{y}{b}-1\right)$$

求偏导数：

$$F_x(x,y)=2x+\frac{\lambda}{a},\quad F_y(x,y)=2y+\frac{\lambda}{b}$$

解方程组 $\begin{cases}2x+\frac{\lambda}{a}=0\\2y+\frac{\lambda}{b}=0\\\frac{x}{a}+\frac{y}{b}-1=0\end{cases}$，得

$$x=\frac{ab^2}{a^2+b^2},\ y=\frac{a^2b}{a^2+b^2}$$

对应的函数值 $z=\frac{a^2b^2}{a^2+b^2}$。

因此，函数 $z=x^2+y^2$ 在 $x=\frac{ab^2}{a^2+b^2}$，$y=\frac{a^2b}{a^2+b^2}$ 时有极小值，极小值为 $\frac{a^2b^2}{a^2+b^2}$。

案例解决

由题意可知，即求产品总量 $P(x,\ y)=0.005x^2y$ 在购进两种原料的使用量 x，y 满足 $g(x,\ y)=1\ 000x+2\ 000y-150\ 000=0$ 条件下的最大值。

作拉格朗日函数：

$$F(x,\ y)=f(x,\ y)+\lambda g(x,\ y)=0.005x^2y+\lambda(1\ 000x+2\ 000y-150\ 000)$$

求偏导数 $F_x(x,\ y)=0.01xy+1\ 000\lambda$，$F_y(x,\ y)=0.005x^2+2\ 000\lambda$。

解方程组 $\begin{cases}0.01xy+1\ 000\lambda=0\\0.005x^2+2\ 000\lambda=0\\1\ 000x+2\ 000y-150\ 000=0\end{cases}$，得 $x=100$，$y=25$。

因此，购进的 A、B 原料分别为 100 吨和 25 吨时，可使生产的数量最多。

习题 8.4

1. 求下列函数的极值。

(1) $f(x,\ y)=e^{2x}(x+y^2+2y)$；

(2) $f(x,\ y)=x^2-xy+y^2+9x-6y+20$；

(3) $f(x,\ y)=4(x-y)-x^2-y^2$；

(4) $f(x,\ y)=x^3+y^3-3xy$。

2. 求下列函数在指定条件下可能取得极值的点。

(1) $z=x^2+y^2$，若 $x+y=1$；

(2) $f(x,\ y)=60x+120y-2x^2-2xy-5y^2$，若 $x+y=15$。

3. 某养殖场饲养两种鱼，若甲种鱼放养 x（万尾），乙种鱼放养 y（万尾），收获时两种鱼的收获量分别为 $(3-\alpha x-\beta y)x$，$(4-\beta x-2\alpha y)y$，$(\alpha>\beta>0)$，那么如何放养使得产鱼总量最大？

8.5 二重积分

案例导入

对于建筑设计，不仅要求外观设计漂亮，有时还需要计算它们的容积。比如体育馆的比赛大厅、影视院的观众厅，因为容积大小直接影响声音传播的效果与空气质量等。

中国国家大剧院由法国建筑师保罗·安德鲁（Paul Andreu）主持设计。国家大剧院外观呈半椭球形，如果把国家大剧院的顶部看成球体 $x^2+y^2+z^2\leqslant 4a^2$ 的一部分（把大剧院的中心部位作为坐标原点），大剧院的下面部分看成是柱面 $x^2+y^2\leqslant 2a^2$ 的一部分，你能计算出国家大剧院的容积吗？

案例分析

前面学习过利用定积分可以求出不规则平面图形的面积，如何求曲顶柱体的体积呢？这里需要用到二重积分的知识。

一、二重积分的概念与性质

1. 曲顶柱体的体积

设有一立体，它的底面是 xOy 平面上的有界闭区域 D，侧面是以 D 的边界曲线为准线、母线平行于 z 轴的柱面，它的顶是由二元非负连续函数 $z=f(x, y)$ 所表示的曲面，这里 $f(x, y)\geqslant 0$ 且在 D 上连续（如图 8-5（a）所示），这种立体称为**曲顶柱体**。试求其体积 V。

如果曲顶柱体的顶是与 xOy 平面平行的平面，也就是该柱顶的高度是不变的，那么它的体积可以用公式：体积=底面积×高来计算。现在柱体的顶是曲面 $z=f(x, y)$，当自变量 (x, y) 在区域 D 上变动时，高度 $f(x, y)$ 是个变量，因此它的体积不能直接用上式计算。我们可采用类似于求曲边梯形面积的方法来研究曲顶柱体的体积。

分割 将区域 D 分割成 n 个小区域：$\Delta\sigma_1$，$\Delta\sigma_2$，…，$\Delta\sigma_n$，同时也用 $\Delta\sigma_i$（$i=1$，2，…，n）表示第 i 个小区域的面积。以每个小区域的边界线为准线，以平行于 z 轴的直线为母线作柱面，这样就把给定的曲顶柱体分割成了 n 个小曲顶柱体。

近似 由于 $z=f(x, y)$ 是连续变化的，在每个小区域 $\Delta\sigma_i$ 上，各点高度变化不大，可以近似看作平顶柱体，并在 $\Delta\sigma_i$ 中任取一点 (ξ_i, η_i)，把这点的高度 $f(\xi_i, \eta_i)$ 认为就是这个小平顶柱体的高度，如图 8-5（b）所示，因此第 i 个小曲顶柱体体积的近似值为

$$\Delta V_i \approx f(\xi_i, \eta_i)\Delta\sigma_i (i=1, 2, \cdots, n)$$

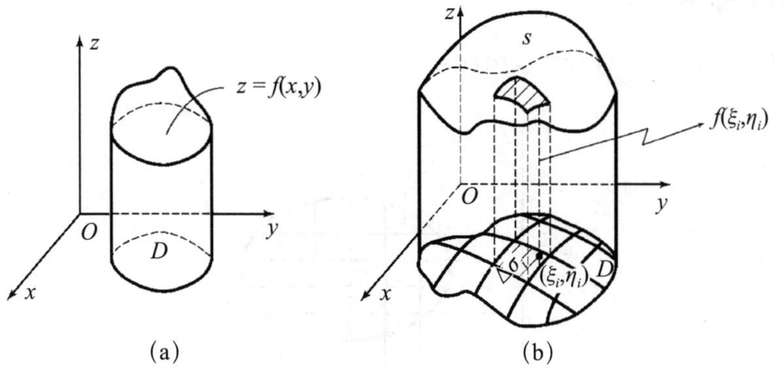

图 8－5

求和　将 n 个小曲顶柱体体积的近似值相加，得到所求曲顶柱体体积的近似值为

$$V=\sum_{i=1}^{n}\Delta V_i\approx\sum_{i=1}^{n}f(\xi_i,\eta_i)\Delta\sigma_i$$

取极限　区域 D 分割得越细密，上式右端的和式越接近于体积 V。令 n 个小区域的最大直径 $\lambda\to0$，则上述和式的极限值就是曲顶柱体的体积 V，即

$$V=\lim_{\lambda\to0}\sum_{i=1}^{n}f(\xi_i,\ \eta_i)\Delta\sigma_i$$

许多实际问题都可按以上做法，归结为和式 $\sum\limits_{i=1}^{n}f(\xi_i,\ \eta_i)\Delta\sigma_i$ 的极限。剔除具体问题的实际意义，可从这类问题抽象概括出它们的共同数学本质，得出二重积分的定义。

定义　设函数 $z=f(x,\ y)$ 是定义在有界闭区域 D 上的有界函数，将闭区域 D 任意分割成 n 个小区域 $\Delta\sigma_i$（$i=1,\ 2,\ \cdots,\ n$），同时它也表示其面积，在每个小区域 $\Delta\sigma_i$ 上任取一点（$\xi_i,\ \eta_i$），作和 $\sum\limits_{i=1}^{n}f(\xi_i,\eta_i)\Delta\sigma_i$，如果当各个小区域的直径的最大值 λ 趋于零时，上式和的极限存在，且此极限与区域 D 的分割方法以及点（$\xi_i,\ \eta_i$）的取法无关，则称此极限为函数 $z=f(x,\ y)$ 在闭区域 D 上的二重积分，记作 $\iint\limits_D f(x,y)\mathrm{d}\sigma$，即

$$\iint\limits_D f(x,\ y)\mathrm{d}\sigma=\lim_{\lambda\to0}\sum_{i=1}^{n}f(\xi_i,\ \eta_i)\Delta\sigma_i$$

其中，$f(x,\ y)$ 为**被积函数**，$f(x,\ y)\mathrm{d}\sigma$ 为**被积表达式**，$\mathrm{d}\sigma$ 为**面积微元**，D 为**积分区域**，x，y 为**积分变量**。

关于该定义的几点说明：

（1）这里积分和的极限存在与区域 D 分成小区域 $\Delta\sigma_i$ 的分法和点（$\xi_i,\ \eta_i$）的取法无关。

当 $z=f(x,\ y)$ 在区域 D 上可积时，常采用特殊的分割方式和取特殊的点来计算二重积分。在直角坐标系中，常用分别平行于 x 轴和 y 轴的两组直线来分割积分区域 D，这样小区域 $\Delta\sigma_i$ 都是小矩形（如图 8－6 所示）。这时小区域 $\Delta\sigma_i=\Delta x_i\cdot\Delta y_i$，因此面积元素为

$d\sigma = dxdy$，在直角坐标系下

$$\iint_D f(x, y)d\sigma = \iint_D f(x, y)dxdy$$

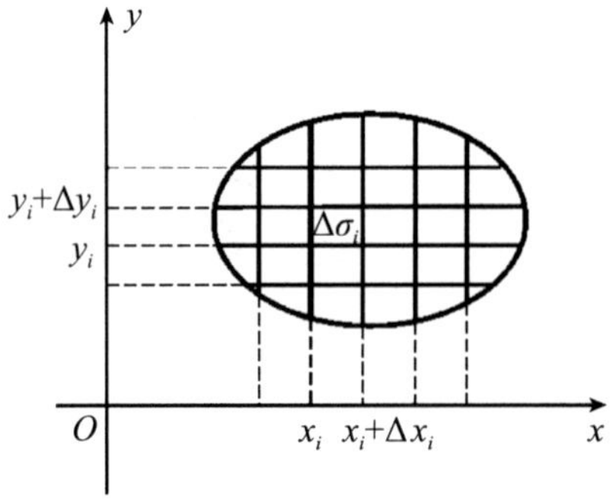

图 8-6

（2）可以证明，若 $f(x, y)$ 在有界闭区域 D 上连续，则二重积分 $\iint_D f(x,y)d\sigma$ 一定存在。

（3）二重积分的几何意义：

当 $f(x, y) \geqslant 0$ 且连续时，二重积分 $\iint_D f(x, y)d\sigma$ 在数值上等于以区域 D 为底、以曲面 $z = f(x, y)$ 为顶的曲顶柱体的体积；

当 $f(x, y) \leqslant 0$ 时，二重积分 $\iint_D f(x, y)d\sigma$ 表示该曲顶柱体体积的相反数；

当 $f(x, y)$ 有正有负时，二重积分 $\iint_D f(x, y)d\sigma$ 表示以曲面 $z = f(x, y)$ 为顶、以 D 为底的被 xOy 平面分成的上方和下方的曲顶柱体体积的代数和。

特别地，当 $f(x, y)=1$ 时，$\iint_D f(x,y)d\sigma = \iint_D d\sigma$ 表示区域 D 的面积，即 $\iint_D d\sigma = \sigma$。

2. 二重积分的性质

由于二重积分和定积分本质上都是和式的极限，因此它们有着相似的性质。下面给出二重积分的基本性质。

性质 1 被积函数中的常数因子可以提到二重积分号前面，即

$$\iint_D kf(x, y)d\sigma = k\iint_D f(x, y)d\sigma$$

性质 2 函数和或差的二重积分等于各个函数二重积分的和或差，即

$$\iint_D [f(x, y) \pm g(x, y)]d\sigma = \iint_D f(x, y)d\sigma \pm \iint_D g(x, y)d\sigma$$

性质 3 如果积分区域 D 被分成两个子区域 D_1，D_2，则在 D 上的二重积分等于各个子区域 D_1，D_2 上二重积分的和，即

$$\iint_D f(x, y)d\sigma = \iint_{D_1} f(x, y)d\sigma + \iint_{D_2} f(x, y)d\sigma$$

二、二重积分的计算

直角坐标系下计算二重积分

用和式的极限来计算二重积分是非常困难的，所以需要寻求一种实际可行的方法来计算二重积分。下面介绍如何在平面直角坐标系下和极坐标系下将二重积分化为二次积分的计算方法。

1. 平面直角坐标系下二重积分的计算

平面直角坐标系下计算二重积分的方法是把二重积分化为二次积分。首先画出积分区域，如图 8－7 所示，找出积分区域中 x 的最小值和最大值，则积分区域的边界上只剩下两条线，即上面一条线 $y=\varphi_2(x)$、下面一条线 $y=\varphi_1(x)$，则 y 的取值就是从 $\varphi_1(x)$ 到 $\varphi_2(x)$，从而有

$$\iint_D f(x, y)\mathrm{d}x\mathrm{d}y = \int_a^b \mathrm{d}x\int_{\varphi_1(x)}^{\varphi_2(x)} f(x, y)\mathrm{d}y$$

这样二重积分就可以通过求两次定积分来计算：第一次计算积分 $\int_{\varphi_1(x)}^{\varphi_2(x)} f(x, y)\mathrm{d}y$，把 x 看作常数，y 是积分变量；第二次积分时，x 是积分变量。这种方法称为先对 y 后对 x 的二次积分。

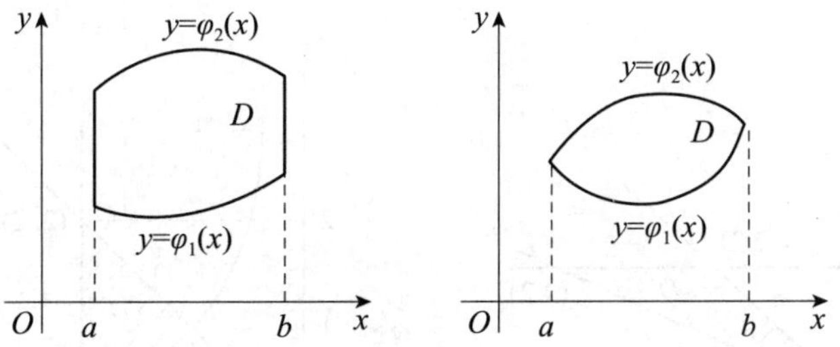

图 8－7

同样地，也可找出图形中 y 的最小值和最大值，则图形的边界上只剩下两条线，即右面一条线 $x=\varphi_2(y)$、左面一条线 $x=\varphi_1(y)$，如图 8－8 所示，则 x 的取值范围就是从 $\varphi_1(y)$ 到 $\varphi_2(y)$，从而有

$$\iint_D f(x, y)\mathrm{d}x\mathrm{d}y = \int_c^d \mathrm{d}y\int_{\varphi_1(y)}^{\varphi_2(y)} f(x, y)\mathrm{d}x$$

即将二重积分化为先对 x 后对 y 的二次积分。

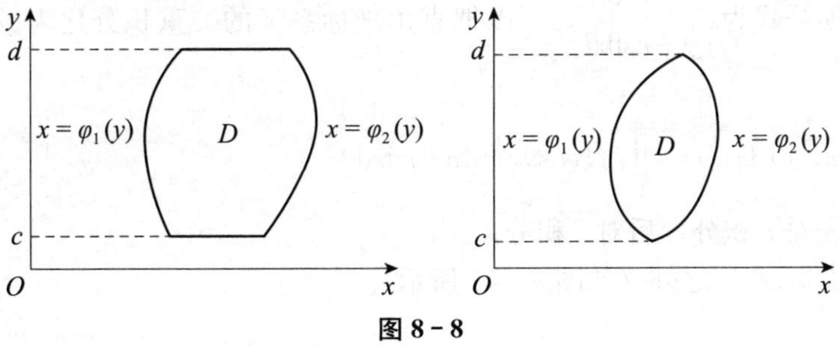

图 8－8

例 1 计算二重积分 $\iint\limits_D (x^2+y^2-y)\mathrm{d}x\mathrm{d}y$，其中区域 D 为由 $y=x$，$y=\frac{x}{2}$，$y=2$ 围成的区域。

解 先画出区域 D 的图形，如图 8－9 所示。

$$\iint\limits_D (x^2+y^2-y)\mathrm{d}x\mathrm{d}y=\int_0^2\mathrm{d}y\int_y^{2y}(x^2+y^2-y)\mathrm{d}x=\int_0^2\left[\frac{1}{3}x^3+x(y^2-y)\right]\Big|_y^{2y}\mathrm{d}y$$

$$=\int_0^2\left(\frac{10}{3}y^3-y^2\right)\mathrm{d}y=\left[\frac{10}{12}y^4-\frac{1}{3}y^3\right]\Big|_0^2=\frac{32}{3}$$

此题若先对 y 积分，后对 x 积分，则需要分块考虑，计算较麻烦。

例 2 计算二重积分 $\iint\limits_D \frac{x^2}{y^2}\mathrm{d}x\mathrm{d}y$，其中区域 D 为由 $x=2$，$y=x$，$xy=1$ 围成的区域。

解 先画出积分区域 D 的图形，如图 8－10 所示。

$$\iint\limits_D \frac{x^2}{y^2}\mathrm{d}x\mathrm{d}y=\int_1^2\mathrm{d}x\int_{\frac{1}{x}}^{x}\frac{x^2}{y^2}\mathrm{d}y=\int_1^2\left[x^2\left(-\frac{1}{y}\right)\right]\Big|_{\frac{1}{x}}^{x}\mathrm{d}x=\int_1^2(x^3-x)\mathrm{d}x=\frac{9}{4}$$

此题如果化为先对 x 后对 y 的二次积分，则计算比较麻烦，因为积分区域要分成两个。

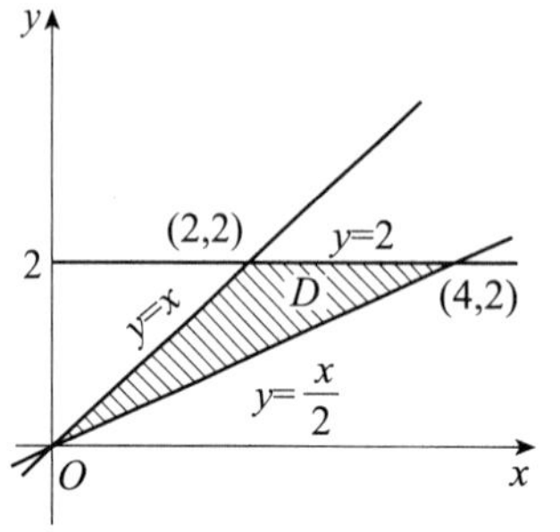

图 8－9

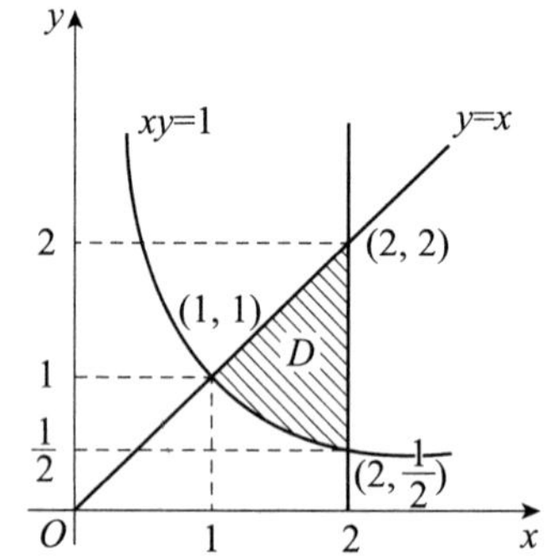

图 8－10

2. 极坐标系下二重积分的计算

在计算二重积分时，如果被积函数与积分区域边界曲线和圆有关系，则考虑在极坐标系下进行计算。

极坐标变换公式为 $\begin{cases}x=r\cos\theta\\y=r\sin\theta\end{cases}$，可以把直角坐标系下的二重积分化为极坐标系下的二重积分：

$$\iint\limits_D f(x,y)\mathrm{d}x\mathrm{d}y=\iint\limits_D f(r\cos\theta,r\sin\theta)r\mathrm{d}r\mathrm{d}\theta$$

通常都是先对 r 积分，后对 θ 积分。

（1）极点在区域 D 之外（如图 8－11 所示）。

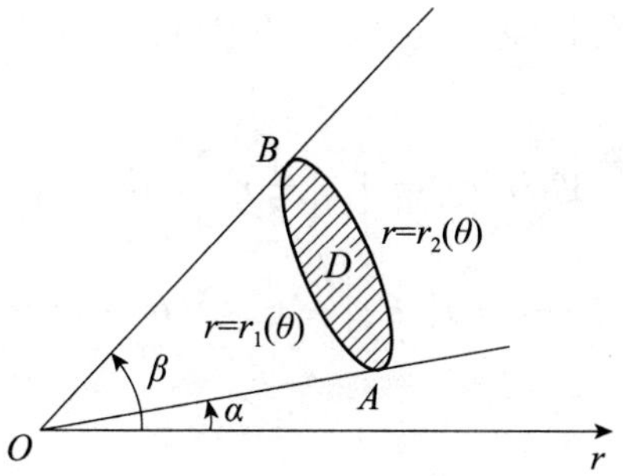

图 8-11

这时闭区域 D 可表示为 $r_1(\theta)\leqslant r\leqslant r_2(\theta)$，$\alpha\leqslant\theta\leqslant\beta$，则有

$$\iint_D f(x,y)\mathrm{d}x\mathrm{d}y=\int_\alpha^\beta \mathrm{d}\theta\int_{r_1(\theta)}^{r_2(\theta)} f(r\cos\theta, r\sin\theta)r\mathrm{d}r$$

(2) 极点在区域 D 边界上（如图 8-12 所示）。

这时闭区域 D 可表示为 $0\leqslant r\leqslant r(\theta)$，$\alpha\leqslant\theta\leqslant\beta$，则有

$$\iint_D f(x,y)\mathrm{d}x\mathrm{d}y=\int_\alpha^\beta \mathrm{d}\theta\int_0^{r(\theta)} f(r\cos\theta, r\sin\theta)r\mathrm{d}r$$

(3) 极点在区域 D 内部（如图 8-13 所示）。

这时闭区域 D 可表示为 $0\leqslant r\leqslant r(\theta)$，$0\leqslant\theta\leqslant 2\pi$，则有

$$\iint_D f(x,y)\mathrm{d}x\mathrm{d}y=\int_0^{2\pi} \mathrm{d}\theta\int_0^{r(\theta)} f(r\cos\theta, r\sin\theta)r\mathrm{d}r$$

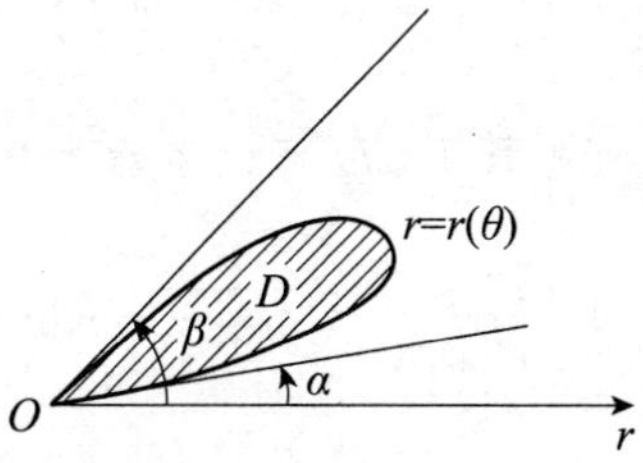

图 8-12

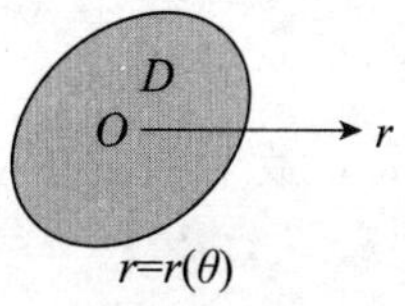

图 8-13

例 3 计算 $\iint_D (1-x^2-y^2)\mathrm{d}\sigma$，其中 D 是圆形区域 $x^2+y^2\leqslant 1$。

解 先画出积分区域 D 的图形（如图 8-14 所示）。

区域 D 的极坐标表示为 $0\leqslant r\leqslant 1$，$0\leqslant\theta\leqslant 2\pi$，从而可得

$$\begin{aligned}\iint_D (1-x^2-y^2)\mathrm{d}\sigma &= \int_0^{2\pi}\mathrm{d}\theta\int_0^1 (1-r^2)r\mathrm{d}r\\ &= 2\pi\left[\frac{1}{2}r^2-\frac{1}{4}r^4\right]\Big|_0^1\\ &= \frac{\pi}{2}\end{aligned}$$

例 4 计算 $\iint_D \sqrt{x^2+y^2}\,\mathrm{d}\sigma$，其中 D 是环形区域 $a^2\leqslant x^2+y^2\leqslant b^2$。

解 先画出积分区域 D 的图形（如图 8-15 所示），区域 D 的极坐标表示为 $a\leqslant r\leqslant b$，$0\leqslant\theta\leqslant 2\pi$，从而可得

$$\iint_D \sqrt{x^2+y^2}\,\mathrm{d}\sigma=\int_0^{2\pi}\mathrm{d}\theta\int_a^b r^2\mathrm{d}r=\int_0^{2\pi}\left[\frac{1}{3}r^3\right]\Big|_a^b\mathrm{d}\theta=\int_0^{2\pi}\frac{1}{3}(b^3-a^3)\mathrm{d}\theta$$

$$=\left[\frac{1}{3}(b^3-a^3)\theta\right]\Big|_0^{2\pi}=\frac{2\pi}{3}(b^3-a^3)$$

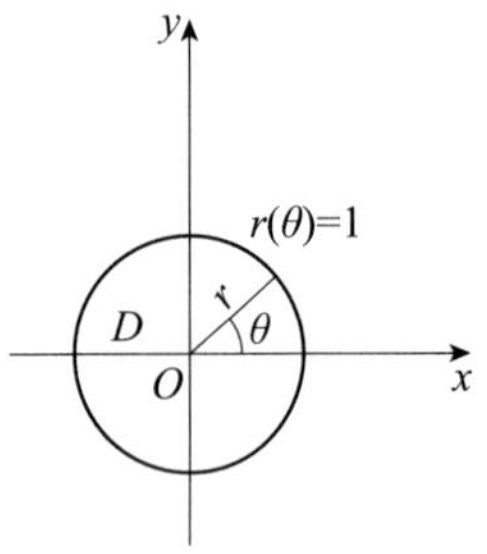

图 8-14

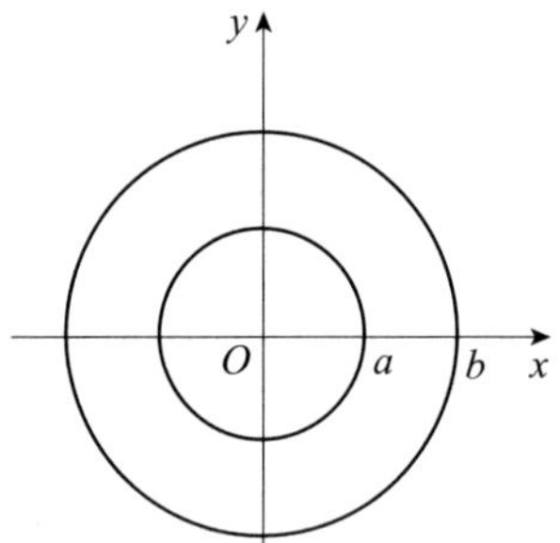

图 8-15

案例解决

通过二重积分的学习，我们知道可以把大剧院容积的问题抽象成一个数学问题，也就是二重积分的问题。

由球的对称性可知，大剧院的容积 $V=4\iint_D\sqrt{4a^2-x^2-y^2}\,\mathrm{d}x\mathrm{d}y$，$D$ 为 xOy 平面上圆周 $y=\sqrt{2a^2-x^2}$ 在第一象限的区域，在极坐标下，D 可以表示为 $0\leqslant\theta\leqslant\frac{\pi}{2}$，$0\leqslant r\leqslant\sqrt{2}a$，故 $V=4\iint_D\sqrt{4a^2-r^2}\,r\mathrm{d}r\mathrm{d}\theta=4\int_0^{\frac{\pi}{2}}\mathrm{d}\theta\int_0^{\sqrt{2}a}\sqrt{4a^2-r^2}\,r\mathrm{d}r=\frac{2}{3}\pi(8-2\sqrt{2})a^3$。

习题 8.5

1. 用二重积分表示下列立体的体积。

(1) 上半球体：$\{(x,\ y,\ z)\,|\,x^2+y^2+z^2\leqslant R^2;\ z\geqslant 0\}$。

(2) 由抛物面 $z=2-x^2-y^2$、柱面 $x^2+y^2=1$ 及 xOy 平面所围成的立体。

2. 画出下列各题中给出的区域 D，并将二重积分 $\iint_D f(x,y)\mathrm{d}\sigma$ 化为两种次序不同的二次积分：

(1) D 由曲线 $y=\ln x$、直线 $x=2$ 及 x 轴所围成；

(2) D 由抛物线 $y=x^2$ 与直线 $2x+y=3$ 所围成；

(3) D 由 $y=0$ 及 $y=\sin x(0\leqslant x\leqslant\pi)$ 所围成；

(4) D 由直线 $y=0$，$y=1$，$y=x$，$y=x-2$ 所围成。

3. 计算下列二重积分。

(1) $\iint\limits_D xy e^{xy^2} d\sigma$，$D=\{(x, y)\mid 0\leqslant x\leqslant 1, 0\leqslant y\leqslant 1\}$。

(2) $\iint\limits_D x^2 y\sin(xy^2) d\sigma$，$D=\left\{(x, y)\mid 0\leqslant x\leqslant \frac{\pi}{2}, 0\leqslant y\leqslant 2\right\}$。

(3) $\iint\limits_D xy dx dy$，D 由抛物线 $y^2=x$ 与直线 $y=x-2$ 所围成。

(4) $\iint\limits_D \sin\left(\frac{x}{y}\right) d\sigma$，$D$ 由直线 $y=x$，$y=2$ 和曲线 $x=y^3$ 所围成。

4. 利用极坐标化二重积分 $\iint\limits_D f(x, y) d\sigma$ 为二次积分，其中积分区域 D 为：

(1) D：$x^2+y^2\leqslant ax$ $(a>0)$；

(2) D：$1\leqslant x^2+y^2\leqslant 4$；

(3) D：$0\leqslant x\leqslant 1$，$0\leqslant y\leqslant 1-x$；

(4) D：$x^2+y^2\leqslant 2(x+y)$；

(5) D：$2x\leqslant x^2+y^2\leqslant 4$。

5. 工厂要加工一块三角形薄铁片，由 $y=0$，$y=x$，$x=1$ 围成，密度函数为 $\rho=x^2+y^2$，计算该铁片的质量。

6. 地球的一颗同步轨道通信卫星的轨道位于地球的赤道平面内，且可近似认为是圆轨道，通信卫星运行的角速率与地球自转的角速率相同，即人们看到它在天空不动。若地球半径为 $R=6\ 400\text{km}$，卫星距地面的高度为 $h=36\ 000\text{km}$，那么通信卫星的覆盖面积是多大？

8.6 利用 Matlab 求多元函数微积分

一、利用 Matlab 求偏导数与全微分

利用 Matlab 求多元函数微积分常用的命令见表 8-1。

表 8-1

diff (z, x)	求函数 z 对 x 的偏导数
diff (z, x, n)	求函数 z 对 x 的 n 阶偏导数，n 为整数
diff (diff (z, x), y)	先求函数 z 对 x 的偏导数，再对 y 求二阶混合偏导数

例 1 求函数 $z=x^2e^y$ 的二阶偏导数。

解 利用 Matlab，在命令窗口中输入命令：

```
>>clear;sym x y;z = x^2 * exp(y)
>>diff(z,x,2),diff(diff(z,x),y),diff(diff(z,y),x),diff(z,y,2)
```

按下回车键，输出结果：

```
ans = 2 * exp(y)
ans = 2 * x * exp(y)
ans = 2 * x * exp(y)
ans = x^2 * exp(y)
```

例 2 求函数 $u=xy+\sin\frac{y}{2}$ 的全微分。

解 利用 Matlab，在命令窗口中输入命令：

```
clear;syms x y;u = x * y + sin(y/2);
du = diff(u,x) * 'dx' + diff(u,y) * 'dy' %写成全微分的形式
```

按下回车键，输出结果：

```
du = dy * (x + cos(y/2)/2) + dx * y
```

即

$$du = y\mathrm{d}x + \left(x + \frac{1}{2}\cos\frac{y}{2}\right)\mathrm{d}y$$

二、利用 Matlab 求二元函数的极值

利用 Matlab 求二元函数的极值常用的命令见表 8－2。

表 8－2

solve（'eq','t'）	求方程 eq 关于指定变量 t 的解
solve（'eq'）	求方程 eq 关于默认变量的解
subs（f，x，a）	a 取代表达式 f 中的 x

例 3 求函数 $z=x^2+y^2$ 在条件 $x+y=1$ 下的极值。

解 利用 Matlab，在命令窗口中输入命令：

```
>>clear;syms x y;F = x^2 + y^2 + k * (x + y - 1);
dFx = diff(F,x);dFy = diff(F,y);dFk = diff(F,k);
[k,x,y,] = solve(dFx,dFy,dFk)
```

按下回车键，输出结果：

```
k = -1
x = 1/2
y = 1/2
```

三、利用 Matlab 求二重积分

把二重积分首先转化成二次积分，然后用 int 命令完成计算求值。

求解命令：int(int(f，y，ymin，ymax)，x，xmin，xmax)

例 4 计算 $\iint\limits_D (x^2+y^2)\mathrm{d}\delta$，$D=\{(x,y)\mid |x|\leqslant 1,|y|\leqslant 1\}$。

解 先把二重积分转化为二次积分：

$$\iint\limits_D (x^2+y^2)\mathrm{d}\delta=\int_{-1}^{1}\mathrm{d}x\int_{-1}^{1}(x^2+y^2)\mathrm{d}y$$

利用 Matlab，在命令窗口中输入命令：

```
>>clear;syms x y;
>>int(int(x^2+y^2,y,-1,1),x,-1,1)
```

按下回车键，输出结果：

```
ans = 8/3
```

习题 8.6

1. 求函数 $z=\ln(x^2+y^2+\mathrm{e}^{xy})$ 的全微分。
2. 计算二重积分 $\iint\limits_D (xy^2+\mathrm{e}^{x+2y})\,\mathrm{d}\sigma$，$D=\{(x,\ y)\mid -1\leqslant x\leqslant 1,\ 0\leqslant y\leqslant 1\}$。

拓展阅读

获沃尔夫奖唯一华人数学家——陈省身

在数学领域，沃尔夫奖与菲尔兹奖是公认的能与诺贝尔奖相媲美的数学大奖。到 1990 年为止，世界上仅有 24 位数学家获得过沃尔夫奖，而陈省身教授就是其中之一。由于在整体微分几何上的杰出工作，陈省身获得 1984 年度沃尔夫奖，成为唯一获此殊荣的华人数学家。

陈省身（1911—2004），浙江嘉兴人，1930 年毕业于南开大学数学系，1934 年获清华大学硕士学位，1936 年获德国汉堡大学博士学位。曾任西南联合大学教授、美国普林斯顿高等研究院研究员，在微分几何的研究和拓扑学方面取得重要进展。他对整体微分几何的深远贡献，影响了整个数学界，被公认为“20 世纪伟大的几何学家”。

陈省身对祖国心怀赤诚，1972 年后多次回到祖国访问讲学，慨言“为祖国工作，是我崇高的荣誉”。1984 年，陈省身应聘出任南开数学研究所所长，创办立足国内、面向世界培养中国高级数学人才基地，努力推进中国科学家与其他各国科学家的学术交流，为把中国建成数学大国、科技强国贡献力量。

资料来源：孙剑．数学家的故事［M］．武汉：长江文艺出版社，2015.

复习题 8

一、选择题。

1. 极限$\lim\limits_{\substack{x \to x_0 \\ y \to y_0}} \dfrac{x^2 y}{x^4+y^2}$（　　）。

A. 等于 0　　B. 不存在

C. 等于$\dfrac{1}{2}$　　D. 存在且不等于$\dfrac{1}{2}$

2. 设函数 $f(x, y)=\begin{cases} x\sin\dfrac{1}{y}+y\sin\dfrac{1}{x}, & xy\neq 0 \\ 0, & xy=0 \end{cases}$，则极限$\lim\limits_{\substack{x \to 0 \\ y \to 0}} f(x, y)$（　　）。

A. 不存在　　B. 等于 1

C. 等于 0　　D. 等于 2

3. 设函数 $f(x, y)=\begin{cases} \dfrac{xy}{\sqrt{x^2+y^2}}, & x^2+y^2\neq 0 \\ 0, & x^2+y^2=0 \end{cases}$，则 $f(x, y)$（　　）。

A. 处处连续　　B. 处处有极限，但不连续

C. 仅在（0，0）点连续　　D. 除（0，0）点外处处连续

4. 函数 $z=f(x, y)$ 在点（x_0，y_0）处具有偏导数是它在该点存在全微分的（　　）条件。

A. 必要非充分　　B. 充分非必要

C. 充要　　D. 既非充分又非必要

5. 设 $u=\arctan\dfrac{y}{x}$，则$\dfrac{\partial u}{\partial x}=$（　　）。

A. $\dfrac{x}{x^2+y^2}$　　B. $-\dfrac{y}{x^2+y^2}$

C. $\dfrac{y}{x^2+y^2}$　　D. $\dfrac{-x}{x^2+y^2}$

6. 设 $f(x, y)=\arcsin\sqrt{\dfrac{y}{x}}$，则 $f_x(2, 1)=$（　　）。

A. $-\dfrac{1}{4}$　　B. $\dfrac{1}{4}$

C. $-\dfrac{1}{2}$　　D. $\dfrac{1}{2}$

7. 设 $z=\arctan\dfrac{x}{y}$，$x=u+v$，$y=u-v$，则 $z_u+z_v=$（　　）。

A. $\dfrac{u-v}{u^2-v^2}$　　B. $\dfrac{v-u}{u^2-v^2}$

C. $\dfrac{u-v}{u^2+v^2}$　　D. $\dfrac{v-u}{u^2+v^2}$

8. 设函数 $z=1-\sqrt{x^2+y^2}$，则点（0，0）是函数的（　　）。

A. 极大值点但非最大值点　　B. 极大值点且是最大值点

C. 极小值点但非最小值点　　D. 极小值点且是最小值点

二、填空题。

1. 极限 $\lim\limits_{\substack{x\to 0\\ y\to \pi}}\dfrac{\sin(xy)}{x}=$________。

2. 极限 $\lim\limits_{\substack{x\to 0\\ y\to 1}}\dfrac{\ln(y+e^{x^2})}{\sqrt{x^2+y^2}}=$________。

3. 函数 $z=\sqrt{\ln(x+y)}$ 的定义域为________。

4. 函数 $z=\dfrac{\arcsin x}{y}$ 的定义域为________。

5. 设函数 $f(x, y)=\dfrac{xy}{x+y}$，则 $f(x+y, x-y)=$________。

6. 设 $f(x, y)=\begin{cases}\dfrac{\tan(x^2+y^2)}{x^2+y^2}, & (x, y)\neq(0, 0)\\ A, & (x, y)=(0, 0)\end{cases}$，要使 $f(x, y)$ 在点（0，0）处连续，则 $A=$________。

7. 函数 $z=\dfrac{x^2+y^2}{x-1}$ 的间断点是________。

8. 设 $f(x, y)=\sqrt{x^2+y^2}$，则 $f_y(0, 1)=$________。

9. 设 $u=xy+\dfrac{y}{x}$，则 $\dfrac{\partial^2 u}{\partial x^2}=$________。

10. 函数 $z=2x^2-3y^2-4x-6y-1$ 的驻点是________。

11. 由抛物面 $z=2-x^2-y^2$、柱面 $x^2+y^2=1$ 及 xOy 平面所围成的空间立体的体积可用二重积分表示为________。

12. 二重积分 $\iint\limits_D f(x,y)\mathrm{d}\sigma$（$D$ 由曲线 $y=\ln x$、直线 $x=2$ 及 x 轴所围成），可化为两种次序不同的二次积分________。

三、计算题。

1. 求下列二元函数的定义域，并绘出定义域的图形。

（1）$z=\sqrt{1-x^2-y^2}$。

（2）$z=\dfrac{1}{\ln(x+y)}$。

（3）$z=\ln(xy-1)$。

2. 求极限。

（1）$\lim\limits_{\substack{x\to 0\\ y\to 0}}\dfrac{y\sin 2x}{\sqrt{xy+1}-1}$。

（2）$\lim\limits_{\substack{x\to 0\\ y\to 0}}\dfrac{1-\sqrt{x^2y+1}}{x^3y^2}\sin(xy)$。

3. 设 $u=x\sin y+y\cos x$，求 u_x，u_y。

4. 设 $z=xe^y+ye^{-x}$，求 z_x，z_y。

5. 设函数 $z=z(x, y)$ 由 $yz+zx+xy=3$ 所确定，试求$\dfrac{\partial z}{\partial x}$，$\dfrac{\partial z}{\partial y}$（其中，$x+y\neq 0$）。

6. 求函数 $z=2x^2-3xy+2y^2+4x-3y+1$ 的极值。

7. 设 $z=e^{3x+2y}$，而 $x=\cos t$，$y=t^2$，求$\dfrac{dz}{dt}$。

8. 设 $z=y^x\ln(xy)$，求$\dfrac{\partial z}{\partial x}$，$\dfrac{\partial z}{\partial y}$。

9. 求函数 $z=\ln(x^2+y^2+e^{xy})$ 的全微分。

10. 计算下列二重积分。

（1）$\iint\limits_D x\sin y\mathrm{d}\sigma$，$D=\left\{(x, y)\mid 1\leqslant x\leqslant 2, 0\leqslant y\leqslant\dfrac{\pi}{2}\right\}$。

（2）$\iint\limits_D(xy^2+e^{x+2y})\mathrm{d}\sigma$，$D=\{(x, y)\mid -1\leqslant x\leqslant 1, 0\leqslant y\leqslant 1\}$。

（3）$\iint\limits_D x\mathrm{d}\sigma$，$D=\{(x, y)\mid x^2+y^2\geqslant 2, x^2+y^2\leqslant 2x\}$。

（4）$\iint\limits_D\dfrac{x^2}{y^2}\mathrm{d}\sigma$，$D$ 由曲线 $x=2$，$y=x$，$xy=1$ 所围成。

（5）$\iint\limits_D x\cos(x+y)\mathrm{d}x\mathrm{d}y$，$D$ 是以点（0，0），（π，0），（π，π）为顶点的三角形区域。

（6）$\iint\limits_D xy\mathrm{d}x\mathrm{d}y$，$D$ 由抛物线 $y^2=x$ 与直线 $y=x-2$ 所围成。

11. 利用极坐标计算下列二重积分。

（1）$\iint\limits_D\sqrt{R^2-x^2-y^2}\mathrm{d}x\mathrm{d}y$，$D$：$x^2+y^2\leqslant Rx$。

（2）$\iint\limits_D(x^2+y^2)\mathrm{d}x\mathrm{d}y$，$D$：$(x^2+y^2)\leqslant a^2(x^2-y^2)$。

四、要建造一个容积为 128 立方米的长方体敞口水池，已知水池侧壁的单位造价是底部的 2 倍，问：水池的尺寸应如何选择，才能使其造价最低？

第 9 章　无穷级数

无穷级数是高等数学的一个重要组成部分，它是表示函数、研究函数的性质以及进行数值计算的一种工具。本章先讨论常数项级数，介绍无穷级数的一些基本内容，然后讨论函数项级数，着重讨论如何将函数展开成幂级数的问题。

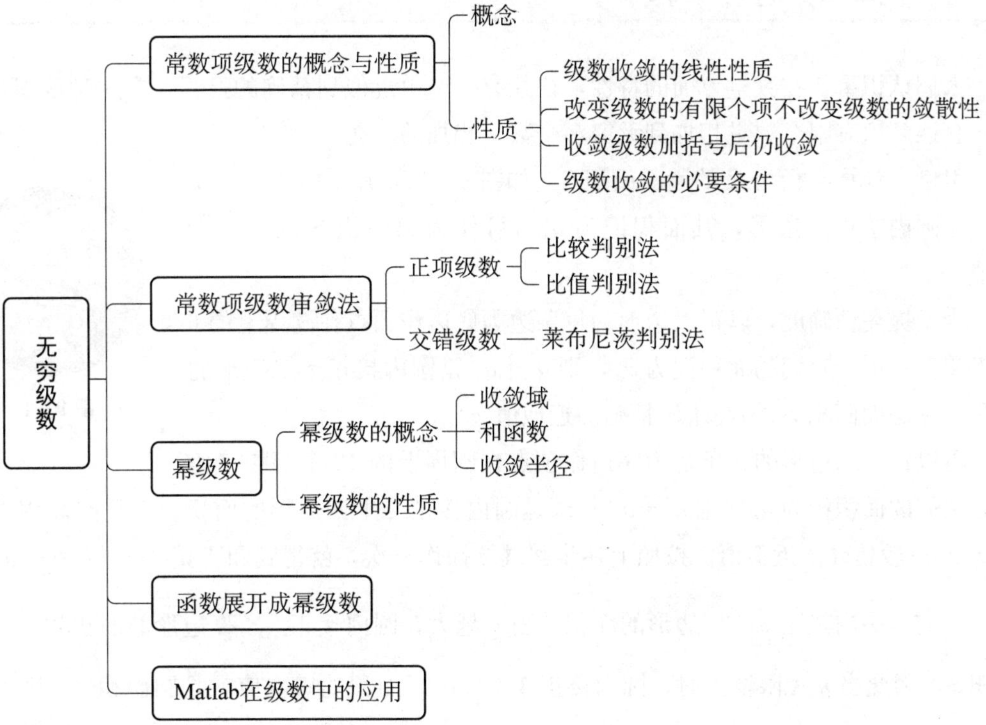

9.1 常数项级数

案例导入

某市要建造一座桥梁，建造钢桥的费用为 380 000 元，每隔 10 年需要油漆一次，每次费用为 40 000 元，桥的期望寿命为 40 年；建造木桥的费用为 200 000 元，每隔 2 年需要油漆一次，每次费用为 20 000 元，桥的期望寿命为 15 年。若年利率为 10%，问：建造哪一种桥比较经济？

案例分析

设初期投资为 p，年利率为 r，t 年重复一次投资。这样第一次更新费用的现值为 pe^{-rt}，第二次更新费用的现值为 pe^{-2rt}，以此类推，投资费用 D 为下列数列之和：

$$D = p + pe^{-rt} + pe^{-2rt} + \cdots + pe^{-nrt} + \cdots$$

人们认识事物在数量方面的特性，往往有一个由近似到精确的过程，在这种认识过程中，会遇到由有限个数量相加到无穷多个数量相加的问题。

引例 计算半径为 R 的圆的面积 S（如图 9-1 所示）。

作圆内接正六边形，其面积记为 a_1，可作为圆面积 S 的一个近似值。

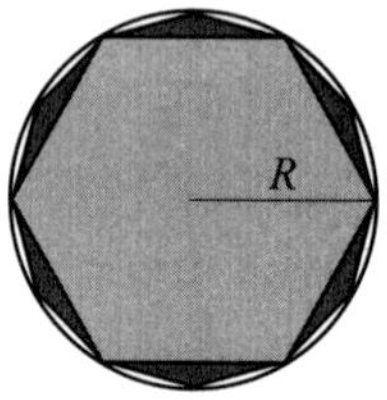

图 9-1

为了提高精确度，以正六边形的每条边为底边作顶点在圆周上的 6 个等腰三角形，它们的面积记为 a_2，则 a_1+a_2 是圆内接正十二边形的面积，它是圆面积 S 的比 a_1 较精确的近似值。

再以正十二边形的每条边为底边作顶点在圆周上的 12 个等腰三角形，它们的面积记为 a_3，则 $a_1+a_2+a_3$ 是圆内接正二十四边形的面积。它是圆面积 S 的比 a_1+a_2 较精确的近似值。按照上述步骤继续操作 n 次，就得到和式 $a_1+a_2+\cdots+a_n=\sum_{i=1}^{n}a_i$，它是圆内接正 3×2^n 边形的面积，当 n 越大，圆内接正 3×2^n 边形的面积越接近圆面积 S，因此当 n 无限增大时，圆内接正 3×2^n 边形面积的极限值就是圆面积 S，即 $S=\lim\limits_{n\to\infty}(a_1+a_2+\cdots+a_n)=\lim\limits_{n\to\infty}\sum_{i=1}^{n}a_i$，这时和式中的项数无限增多，于是出现了无穷多个数量依次相加的数学式子。这就是我们本节要研究的常数项级数。

一、常数项级数的概念

定义 1 设有一个无穷数列 u_1，u_2，…，u_n，…，则称

$$u_1+u_2+\cdots+u_n+\cdots \tag{9.1}$$

为**常数项级数**或**无穷级数**（也常简称级数），其中 u_n 称为常数项级数（9.1）的**通项**。常数项级数（9.1）也常写作 $\sum\limits_{n=1}^{\infty}u_n$ 或简单写作 $\sum u_n$。

常数项级数（9.1）的前 n 项之和为：

$$S_n=u_1+u_2+\cdots+u_n=\sum_{k=1}^{n}u_k$$

S_n 称为常数项级数（9.1）的第 n 个部分和，简称**部分和**。当 n 依次取 1，2，3，…时，它们构成一个新的数列：

$$S_1=u_1,\ S_2=u_1+u_2,\ S_3=u_1+u_2+u_3,\ \cdots,\ S_n=u_1+u_2+\cdots+u_n,\ \cdots$$

定义 2 若常数项级数（9.1）的部分和数列 $\{S_n\}$ 收敛于 S（即 $\lim\limits_{n\to\infty}S_n=S$），则称**常数项级数（9.1）收敛**，称 S 为常数项级数（9.1）的和，即 $S=u_1+u_2+\cdots+u_n+\cdots$ 或 $S=\sum\limits_{n=1}^{\infty}u_n$；若部分和数列 $\{S_n\}$ 是发散的，则称**常数项级数（9.1）发散**。

例 1 判断以下级数是否收敛，若收敛，求出其和。

(1) $1+2+3+\cdots+n+\cdots$　　(2) $\dfrac{1}{1\cdot 2}+\dfrac{1}{2\cdot 3}+\cdots+\dfrac{1}{n(n+1)}+\cdots$

解 (1) 这个级数的第 n 个部分和为 $S_n=1+2+3+\cdots+n=\dfrac{n(n+1)}{2}$。

显然有 $\lim\limits_{n\to\infty}S_n=+\infty$，因此该级数是发散的。

(2) 由于这个级数的前 n 个部分和为

$$S_n=\frac{1}{1\cdot 2}+\frac{1}{2\cdot 3}+\cdots+\frac{1}{n(n+1)}=\left(1-\frac{1}{2}\right)+\left(\frac{1}{2}-\frac{1}{3}\right)+\cdots+\left(\frac{1}{n}-\frac{1}{n+1}\right)$$

$$=1-\frac{1}{n+1}$$

从而 $\lim\limits_{n\to\infty}S_n=\lim\limits_{n\to\infty}\left(1-\dfrac{1}{n+1}\right)=1$。所以该级数是收敛的，且和是 1。

例 2 讨论几何级数 $\sum\limits_{n=0}^{\infty}aq^n=a+aq+aq^2+\cdots+aq^n+\cdots(a\neq 0)$ 的敛散性。

解 令 $S_n=\sum\limits_{i=0}^{n}aq^i=a+aq+aq^2+\cdots+aq^n$，若 $q\neq 1$，则

$$S_n=\frac{a(1-q^{n+1})}{1-q}=\frac{a}{1-q}-\frac{aq^{n+1}}{1-q}$$

下面考虑$\lim\limits_{n\to\infty}S_n$的问题。

（1）若$|q|<1$，则当$n\to\infty$时，$q^{n+1}\to 0$，故$\lim\limits_{n\to\infty}S_n=\lim\limits_{n\to\infty}\left(\dfrac{a}{1-q}-\dfrac{aq^{n+1}}{1-q}\right)=\dfrac{a}{1-q}$；

（2）若$|q|>1$，则当$n\to\infty$时，$q^{n+1}\to\infty$，故$\lim\limits_{n\to\infty}S_n$不存在；

（3）若$q=1$，则当$n\to\infty$时，$S_n=(n+1)a\to\infty$，故$\lim\limits_{n\to\infty}S_n$不存在；

（4）若$q=-1$，则当$n\to\infty$时，$S_n=\begin{cases}0, & n\text{ 为奇数}\\ a, & n\text{ 为偶数}\end{cases}$，故$\lim\limits_{n\to\infty}S_n$不存在。

综上所述，$\lim\limits_{n\to\infty}S_n=\lim\limits_{n\to\infty}\left(\dfrac{a}{1-q}-\dfrac{aq^{n+1}}{1-q}\right)=\begin{cases}\dfrac{a}{1-q}, & |q|<1\\ \text{不存在}, & |q|\geqslant 1\end{cases}$。

因此，$|q|<1$时，级数收敛；$|q|\geqslant 1$时，级数发散。

注：

（1）当级数收敛时，其部分和S_n是级数的和S的近似值，它们之间的误差$r_n=S-S_n=u_{n+1}+u_{n+2}+\cdots$叫做级数（9.1）的余项。

（2）级数与数列极限有着紧密的联系。给定级数$\sum\limits_{n=1}^{\infty}u_n$，就有部分和数列$\left\{S_n=\sum\limits_{k=1}^{n}u_k\right\}$；反之，给定数列$\{S_n\}$，就有以$\{S_n\}$为部分和数列的级数$S_1+(S_2-S_1)+\cdots+(S_n-S_{n-1})+\cdots=S_1+\sum\limits_{n=2}^{\infty}(S_n-S_{n-1})=\sum\limits_{n=1}^{\infty}u_n$。

其中，$u_1=S_1$，$u_n=S_n-S_{n-1}(n\geqslant 2)$。因此，级数$\sum\limits_{n=1}^{\infty}u_n$与数列$\{S_n\}$同时收敛或同时发散，且在收敛时，有$\sum\limits_{n=1}^{\infty}u_n=\lim\limits_{n\to\infty}S_n$，即$\sum\limits_{n=1}^{\infty}u_n=\lim\limits_{n\to\infty}\sum\limits_{k=1}^{n}u_k$。

二、常数项级数的性质

基于级数与数列极限的这种关系，我们不难根据数列极限的性质推出下面有关级数的一些性质。

性质 1 若级数$\sum\limits_{n=1}^{\infty}u_n$与$\sum\limits_{n=1}^{\infty}v_n$分别收敛于$u$和$v$，则由它们的项的线性组合所得到的级数$\sum\limits_{n=1}^{\infty}(cu_n\pm dv_n)$也收敛，其中$c$，$d$为常数，且$\sum\limits_{n=1}^{\infty}(cu_n\pm dv_n)=c\sum\limits_{n=1}^{\infty}u_n\pm d\sum\limits_{n=1}^{\infty}v_n=cu\pm dv$，即其和为$cu\pm dv$。

性质 2 去掉、增加或改变级数的有限个项并不改变级数的敛散性。

注：

由此可见，一个级数是否收敛与级数前面有限项的取值无关。但是对于收敛级数来说，去掉或增加有限项后，级数的和一般是发生了变化的。

性质 3 在收敛级数的项中任意加括号，既不改变级数的收敛性，也不改变它的和。

注：

需要注意的是，从级数加括号后的收敛性不能推断出它在未加括号前也收敛。例如，$(1-1)+(1-1)+\cdots+(1-1)+\cdots=0+0+\cdots+0+\cdots=0$ 收敛，但级数 $1-1+1-1+\cdots$ 却是发散的。

性质 4（级数收敛的必要条件） 若级数 $\sum\limits_{n=1}^{\infty}u_n$ 收敛，则有 $\lim\limits_{n\to\infty}u_n=0$。

注：

性质 4 的逆命题是不成立的，即有些级数虽然通项趋于零，但仍然是发散的。

例 3 证明调和级数

$$1+\frac{1}{2}+\frac{1}{3}+\cdots+\frac{1}{n}+\cdots \tag{9.2}$$

是发散的。

证 这里调和级数虽然满足性质 4 的结论，即 $\lim\limits_{n\to\infty}u_n=\lim\limits_{n\to\infty}\frac{1}{n}=0$，但是它是发散的。我们用反证法来证明。

假设级数 (9.2) 收敛，设它的第 n 个部分和为 S_n，且 $S_n\to S(n\to\infty)$，则对级数 (9.2) 的第 $2n$ 个部分和 S_{2n}，也有 $S_{2n}\to S(n\to\infty)$。

于是

$$S_{2n}-S_n\to S-S=0(n\to\infty) \tag{9.3}$$

但是

$$S_{2n}-S_n=\frac{1}{n+1}+\frac{1}{n+2}+\cdots+\frac{1}{2n}\geqslant\frac{1}{2n}+\frac{1}{2n}+\cdots+\frac{1}{2n}=\frac{1}{2}$$

故与式 (9.3) 矛盾，则假设不成立，说明原级数发散。

注：

性质 4 的逆否命题是成立的，即如果 $\lim\limits_{n\to\infty}u_n\neq0$，则 $\sum\limits_{n=1}^{\infty}u_n$ 必定发散。例如，级数 $\sum\limits_{n=1}^{\infty}\frac{n}{n+1}$，它的通项 $\frac{n}{n+1}\to1\neq0(n\to\infty)$，因此该级数发散。

案例解决

根据题意，桥的费用包括两部分：建桥费用和油漆费用。

对建造钢桥，有 $p=380\,000$，$r=0.1$，$t=40$，$rt=0.1\times 40=4$，所以建桥费用为

$$D_1=p+pe^{-4}+pe^{-2\times 4}+\cdots+pe^{-n\times 4}+\cdots=\frac{p}{1-e^{-4}}=\frac{pe^4}{e^4-1}$$

其中，$e^4\approx 54.598$，则 $D_1=\dfrac{380\,000\times 54.598}{54.598-1}\approx 387\,089.8$（元）。

油漆钢桥的费用为：$D_2=\dfrac{40\,000\times e^{0.1\times 10}}{e^{0.1\times 10}-1}\approx 63\,279.1$（元）。

故建造钢桥的总费用的现值为：$D=D_1+D_2=450\,368.9$（元）。

类似地，建造木桥的费用为：$D_3=\dfrac{200\,000\times e^{0.1\times 15}}{e^{0.1\times 15}-1}\approx 257\,443.4$（元）。

油漆木桥的费用为：$D_4=\dfrac{20\,000\times e^{0.1\times 2}}{e^{0.1\times 2}-1}\approx 110\,333.1$（元）。

故建造木桥的总费用的现值为：$D=D_3+D_4=367\,776.5$（元）。

由此可知，建造木桥比较经济。

习题 9.1

1. 用级数收敛的定义判别下列级数的敛散性。

(1) $\dfrac{1}{1\cdot 6}+\dfrac{1}{6\cdot 11}+\dfrac{1}{11\cdot 16}+\cdots+\dfrac{1}{(5n-4)(5n+1)}+\cdots$

(2) $\sum\limits_{n=1}^{\infty}\ln\dfrac{n}{n+1}$

(3) $\sum\limits_{n=1}^{\infty}(-1)^n\cdot 2$

(4) $\sum\limits_{n=1}^{\infty}\dfrac{1}{(3n-2)(3n+1)}$

(5) $\left(\dfrac{1}{2}+\dfrac{1}{3}\right)+\left(\dfrac{1}{2^2}+\dfrac{1}{3^2}\right)+\cdots+\left(\dfrac{1}{2^n}+\dfrac{1}{3^n}\right)+\cdots$

2. 用级数收敛的必要条件判断下列级数是否发散。

(1) $\dfrac{1}{2}+\dfrac{1}{\sqrt{2}}+\dfrac{1}{\sqrt[3]{2}}+\cdots$

(2) $\dfrac{1}{101}+\dfrac{2}{201}+\dfrac{3}{301}+\dfrac{4}{401}+\cdots$

3. 为了创立某奖励基金，需要筹集资金，现假定该基金从创立之日起，每年需要支付 4 百万元作为奖励，设基金的利率为每年 5%，以年复利计算利息，问：需要筹集的资金为多少？

9.2 常数项级数及其审敛法

案例导入

把边长分别为 1cm，$\frac{1}{2}$cm，$\frac{1}{3}$cm，$\frac{1}{4}$cm，…，$\frac{1}{n}$cm，… 的正方体由大到小依次叠放起来，会有多高呢？把这些小正方体平铺在地面上，它们占据的面积有无穷大吗？

案例分析

求把正方体叠放在一起的高度即求 $1+\frac{1}{2}+\frac{1}{3}+\cdots+\frac{1}{n}+\cdots$ 的和，求把正方体平铺在地面上占据的面积即求 $1^2+\frac{1}{2^2}+\frac{1}{3^2}+\cdots+\frac{1}{n^2}+\cdots$ 的和。

一、正项级数收敛性判别法

对于一般的常数项级数，它的各项可以是正数、负数或者零。现在我们先讨论各项都是正数或零的级数，这种级数称为正项级数。

下面我们介绍几种正项级数收敛性的判别法。

比较判别法

定理 1（比较判别法） 设 $\sum_{n=1}^{\infty} u_n$ 和 $\sum_{n=1}^{\infty} v_n$ 是两个正项级数，如果存在某正数 N，对一切 $n>N$，都有 $u_n \leqslant v_n$，那么

(1) 若级数 $\sum_{n=1}^{\infty} v_n$ 收敛，则级数 $\sum_{n=1}^{\infty} u_n$ 也收敛；

(2) 若级数 $\sum_{n=1}^{\infty} u_n$ 发散，则级数 $\sum_{n=1}^{\infty} v_n$ 也发散。

注：

比较判别法的特点是要找出合适的级数来比较。

例 1 判断以下正项级数的敛散性。

(1) $\sum_{n=1}^{\infty} \frac{1}{2^n+1}$　　　　(2) $\sum_{n=1}^{\infty} \frac{1}{n+\sqrt{n}}$

解 （1）由于$\frac{1}{2^n+1}<\frac{1}{2^n}$，而几何级数$\sum\limits_{n=1}^{\infty}\frac{1}{2^n}$是收敛的，因此由比较判别法知$\sum\limits_{n=1}^{\infty}\frac{1}{2^n+1}$收敛。

（2）由于$\frac{1}{n+\sqrt{n}}>\frac{1}{2n}$，$\sum\limits_{n=1}^{\infty}\frac{1}{2n}=\frac{1}{2}\sum\limits_{n=1}^{\infty}\frac{1}{n}$，而调和级数$\sum\limits_{n=1}^{\infty}\frac{1}{n}$是发散的，则$\sum\limits_{n=1}^{\infty}\frac{1}{2n}$也是发散的，因此由比较判别法知$\sum\limits_{n=1}^{\infty}\frac{1}{n+\sqrt{n}}$也是发散的。

定理 2（比较判别法的极限形式） 设正项级数$\sum\limits_{n=1}^{\infty}u_n$与$\sum\limits_{n=1}^{\infty}v_n$，满足：$\lim\limits_{n\to\infty}\frac{u_n}{v_n}=l(0\leqslant l<\infty, v_n\neq 0)$，则

（1）当$0<l<+\infty$时，级数$\sum\limits_{n=1}^{\infty}u_n$与$\sum\limits_{n=1}^{\infty}v_n$具有相同的敛散性；

（2）当$l=0$时，若$\sum\limits_{n=1}^{\infty}v_n$收敛，则$\sum\limits_{n=1}^{\infty}u_n$也收敛；

（3）当$l=+\infty$时，若$\sum\limits_{n=1}^{\infty}v_n$发散，则$\sum\limits_{n=1}^{\infty}u_n$也发散。

例 2 判断下列级数的敛散性。

（1）$\sum\limits_{n=1}^{\infty}\frac{1}{2^n-n}$　　　　（2）$\sum\limits_{n=1}^{\infty}\sin\frac{1}{n}$

解 （1）由于$\lim\limits_{n\to\infty}\frac{\frac{1}{2^n-n}}{\frac{1}{2^n}}=\lim\limits_{n\to\infty}\frac{2^n}{2^n-n}=\lim\limits_{n\to\infty}\frac{1}{1-\frac{n}{2^n}}=1$，而$\sum\limits_{n=1}^{\infty}\frac{1}{2^n}$是收敛的，因此$\sum\limits_{n=1}^{\infty}\frac{1}{2^n-n}$也是收敛的。

（2）由于$\lim\limits_{n\to\infty}\frac{\sin\frac{1}{n}}{\frac{1}{n}}=1$，而$\sum\limits_{n=1}^{\infty}\frac{1}{n}$是发散的，因此$\sum\limits_{n=1}^{\infty}\sin\frac{1}{n}$也是发散的。

例 3 讨论p级数$1+\frac{1}{2^p}+\frac{1}{3^p}+\cdots+\frac{1}{n^p}+\cdots$的敛散性。

解 当$p\leqslant 1$时，$\frac{1}{n^p}\geqslant\frac{1}{n}$，因为调和级数$\sum\limits_{n=1}^{\infty}\frac{1}{n}$是发散的，所以由比较判别法知，当$p\leqslant 1$时，该级数是发散的。

当$p>1$时，按顺序把该级数的 1 项、2 项、4 项、8 项……括在一起，即

$$1+\left(\frac{1}{2^p}+\frac{1}{3^p}\right)+\left(\frac{1}{4^p}+\frac{1}{5^p}+\frac{1}{6^p}+\frac{1}{7^p}\right)+\left(\frac{1}{8^p}+\cdots+\frac{1}{15^p}\right)+\cdots \tag{9.4}$$

它的各项显然小于下列级数的各项

$$1+\left(\frac{1}{2^p}+\frac{1}{2^p}\right)+\left(\frac{1}{4^p}+\frac{1}{4^p}+\frac{1}{4^p}+\frac{1}{4^p}\right)+\left(\frac{1}{8^p}+\cdots+\frac{1}{8^p}\right)+\cdots$$

即

$$1+\frac{1}{2^{p-1}}+\frac{1}{4^{p-1}}+\frac{1}{8^{p-1}}+\cdots$$

而后一个级数是等比级数，其公比 $q=\left(\frac{1}{2}\right)^{p-1}<1$，所以该级数收敛。

于是根据级数收敛的比较判别法，当 $p>1$ 时，级数收敛，而级数（9.4）是正项级数，所以加括号不影响其敛散性，故原 p 级数收敛。

综上所述，当 $p\leqslant 1$ 时，p 级数发散；当 $p>1$ 时，p 级数收敛。

注：

p 级数是一个用处很广的级数，要牢记它的敛散性。

定理 3（比值判别法） 若 $\sum\limits_{n=1}^{\infty}u_n$ 为正项级数，且 $\lim\limits_{n\to\infty}\frac{u_{n+1}}{u_n}=q$，则

（1）当 $q<1$ 时，级数 $\sum\limits_{n=1}^{\infty}u_n$ 收敛；

（2）当 $q>1$ 时，级数 $\sum\limits_{n=1}^{\infty}u_n$ 发散；

（3）当 $q=1$ 时，级数 $\sum\limits_{n=1}^{\infty}u_n$ 可能收敛也可能发散。

比值判别法

例 4 判断下列级数的敛散性。

(1) $\sum\limits_{n=1}^{\infty}nx^{n-1}\,(x>0)$；

(2) $\sum\limits_{n=1}^{\infty}\frac{5^n n!}{n^n}$。

解 (1) $\lim\limits_{n\to\infty}\frac{u_{n+1}}{u_n}=\lim\limits_{n\to\infty}\frac{(n+1)x^n}{nx^{n-1}}=\lim\limits_{n\to\infty}x\cdot\frac{n+1}{n}=x$，故由比值判别法知：

当 $0<x<1$ 时，$\sum\limits_{n=1}^{\infty}nx^{n-1}$ 收敛；当 $x>1$ 时，$\sum\limits_{n=1}^{\infty}nx^{n-1}$ 发散；当 $x=1$ 时，$\sum\limits_{n=1}^{\infty}nx^{n-1}=\sum n$ 发散。

(2) $$\lim_{n\to\infty}\frac{u_{n+1}}{u_n}=\lim_{n\to\infty}\frac{\dfrac{5^{n+1}(n+1)!}{(n+1)^{n+1}}}{\dfrac{5^n\cdot n!}{n^n}}=\lim_{n\to\infty}5\cdot\left(\frac{n}{n+1}\right)^n$$

$$=\lim_{n\to\infty}5\cdot\left[\frac{1}{\left(1+\frac{1}{n}\right)^n}\right]=\frac{5}{\mathrm{e}}>1。$$

故原级数发散。

定理 4（根式判别法） 设 $\sum_{n=1}^{\infty} u_n$ 为正项级数，如果 $\lim_{n\to\infty}\sqrt[n]{u_n}=q$，则有

（1）当 $q<1$ 时，级数收敛；

（2）当 $q>1$ 时，级数发散；

（3）当 $q=1$ 时，级数可能收敛也可能发散。

例 5 讨论级数 $\sum_{n=1}^{\infty}\frac{3+(-1)^n}{2^n}$ 的敛散性。

解 因为 $\lim_{n\to\infty}\sqrt[n]{u_n}=\lim_{n\to\infty}\sqrt[n]{\frac{3+(-1)^n}{2^n}}=\frac{1}{2}(<1)$，所以原级数是收敛的。

注：

凡能用比值判别法判断敛散性的级数，也能用根式判别法判断。因此可以说根式判别法比比值判别法更有效。事实上，当 $\lim_{n\to\infty}\frac{u_{n+1}}{u_n}=q$ 时，必有 $\lim_{n\to\infty}\sqrt[n]{u_n}=q$。

例如，级数 $\sum_{n=1}^{\infty}\frac{2+(-1)^n}{2^n}$，由于

$$\lim_{m\to\infty}\frac{u_{2m}}{u_{2m-1}}=\lim_{m\to\infty}\frac{\frac{3}{2^{2m}}}{\frac{1}{2^{2m-1}}}=\frac{3}{2}\quad(>1)$$

而

$$\lim_{m\to\infty}\frac{u_{2m+1}}{u_{2m}}=\lim_{m\to\infty}\frac{\frac{1}{2^{2m+1}}}{\frac{3}{2^{2m}}}=\frac{1}{6}\quad(<1)$$

因此由比值判别法无法判断此级数的敛散性。但是用根式判别法考察这个级数：

$$\lim_{m\to\infty}\sqrt[2m]{u_{2m}}=\lim_{m\to\infty}\sqrt[2m]{\frac{3}{2^{2m}}}=\frac{1}{2}，且\lim_{m\to\infty}\sqrt[2m+1]{u_{2m+1}}=\lim_{m\to\infty}\sqrt[2m+1]{\frac{1}{2^{2m+1}}}=\frac{1}{2}$$

故 $\lim_{n\to\infty}\sqrt[n]{u_n}=\frac{1}{2}\ (<1)$，由此可知原级数是收敛的。

注：

一般地，当 u_n 为乘积形式时多用比值判别法，当 u_n 为乘方形式时多用根式判别法。

上面我们讨论了正项级数的三个判别法。比较判别法需要找一个已知收敛或发散的级数作参照，而比值判别法和根式判别法不需要其他参照级数，就其级数本身的特点进行判定，这是它们的优点，缺点是当极限 $\lim_{n\to\infty}\frac{u_{n+1}}{u_n}=1$ 或 $\lim_{n\to\infty}\sqrt[n]{u_n}=1$ 时，判别法失效，需要用其

他判别法判断。总之，在具体使用这三个判别法时，可根据所给级数的特征而灵活选择判别法进行判定。

二、交错级数及其敛散性

定义 1 若级数的各项符号正负相间，即

$$\sum_{n=1}^{\infty}(-1)^{n-1}u_n = u_1 - u_2 + u_3 - u_4 + \cdots + (-1)^{n-1}u_n + \cdots (u_n > 0, n = 1,2,\cdots) \tag{9.5}$$

则称（9.5）为**交错级数**。

例如，$1-\frac{1}{2}+\frac{1}{3}-\frac{1}{4}+\cdots+(-1)^{n-1}\frac{1}{n}+\cdots$和$1-\ln 2+\ln 3-\ln 4+\cdots+(-1)^{n-1}\ln n+\cdots$等都是交错级数。

定理 5（莱布尼茨判别法） 设交错级数满足条件：

（1）$u_1 \geqslant u_2 \geqslant u_3 \cdots$，即数列 $\{u_n\}$ 单调递减；

（2）$\lim\limits_{n\to\infty} u_n = 0$；

则交错级数（9.5）是收敛的，且它的和 $S \leqslant u_1$。

莱布尼茨判别法

三、绝对收敛、条件收敛

定义 2 若级数 $\sum\limits_{n=1}^{\infty}u_n = u_1 + u_2 + \cdots + u_n + \cdots$ 的各项的绝对值所组成的级数 $\sum\limits_{n=1}^{\infty}|u_n| = |u_1| + |u_2| + \cdots + |u_n| + \cdots$ 收敛，则称原级数 $\sum\limits_{n=1}^{\infty}u_n$ **绝对收敛**。

若级数 $\sum\limits_{n=1}^{\infty}u_n$ 收敛，而级数 $\sum\limits_{n=1}^{\infty}|u_n|$ 发散，则称原级数 $\sum\limits_{n=1}^{\infty}u_n$ **条件收敛**。

注：

全体收敛级数可以分为绝对收敛级数与条件收敛级数两大类。由级数的条件收敛可知：若级数 $\sum\limits_{n=1}^{\infty}|u_n|$ 发散，则 $\sum\limits_{n=1}^{\infty}u_n$ 未必发散。绝对收敛的级数一定收敛。

例 6 讨论级数 $\sum\limits_{n=1}^{\infty}\frac{\sin nx}{n^2}$ 的收敛性。

解 由 $u_n=\frac{\sin nx}{n^2}$ 得 $|u_n| = \frac{|\sin nx|}{n^2} \leqslant \frac{1}{n^2}$。而级数 $\sum\limits_{n=1}^{\infty}\frac{1}{n^2}$ 收敛，故由比较判别法知

$\sum_{n=1}^{\infty}|u_n|$ 收敛，故原级数 $\sum_{n=1}^{\infty}\frac{\sin nx}{n^2}$ 收敛，并且为绝对收敛。

例 7 判断下列级数是否收敛，若收敛，是否为绝对收敛。

(1) $\sum_{n=1}^{\infty}(-1)^{n-1}\frac{1}{n}$　　(2) $\sum_{n=1}^{\infty}(-1)^{n-1}\frac{1}{n^2}$

(3) $1-\frac{1}{3}+\frac{1}{5}-\frac{1}{7}+\cdots$

解 (1) $(-1)^{n-1}\frac{1}{n}$ 为交错级数，$u_n=\frac{1}{n}$，$u_{n+1}=\frac{1}{n+1}$，故 $u_n\geqslant u_{n+1}$ 且 $\lim\limits_{n\to\infty}u_n=0$。由莱布尼茨判别法知原级数收敛。但由于 $\sum_{n=1}^{\infty}|u_n|=1+\frac{1}{2}+\cdots+\frac{1}{n}+\cdots$ 发散，因此原级数为条件收敛。

(2) 由于 $\sum_{n=1}^{\infty}\left|(-1)^{n-1}\frac{1}{n^2}\right|=\sum_{n=1}^{\infty}\frac{1}{n^2}$，而 $\sum_{n=1}^{\infty}\frac{1}{n^2}$ 为收敛级数，因此原级数收敛，并且为绝对收敛。

(3) $u_n=\frac{1}{2n-1}$，$\lim\limits_{n\to\infty}u_n=0$，且 $u_{n+1}-u_n=\frac{1}{2n+1}-\frac{1}{2n-1}=\frac{-2}{(2n+1)(2n-1)}<0$。

故 $u_n\geqslant u_{n+1}$，根据莱布尼茨判别法知原级数收敛。又因为 $\left|(-1)^{n-1}\frac{1}{2n-1}\right|=\frac{1}{2n-1}>\frac{1}{2n}$，而级数 $\sum_{n=1}^{\infty}\frac{1}{2n}=\frac{1}{2}\sum_{n=1}^{\infty}\frac{1}{n}$ 发散，由比较判别法知级数 $\sum_{n=1}^{\infty}\frac{1}{2n-1}$ 发散，所以原级数为条件收敛。

案例解决

根据 p 级数的敛散性可知 $\sum_{n=1}^{\infty}\frac{1}{n}$ 发散，又 $1+\frac{1}{2}+\frac{1}{3}+\cdots+\frac{1}{n}+\cdots=\sum_{n=1}^{\infty}\frac{1}{n}$，从而可得把边长分别为 1cm，$\frac{1}{2}$cm，$\frac{1}{3}$cm，$\frac{1}{4}$cm，…，$\frac{1}{n}$cm，… 的正方体由大到小依次叠放起来，想让它多高就能多高。

根据 p 级数的敛散性可知 $\sum_{n=1}^{\infty}\frac{1}{n^2}$ 收敛，又 $1^2+\frac{1}{2^2}+\frac{1}{3^2}+\cdots+\frac{1}{n^2}+\cdots=\sum_{n=1}^{\infty}\frac{1}{n^2}$，从而可得把边长分别为 1cm，$\frac{1}{2}$cm，$\frac{1}{3}$cm，$\frac{1}{4}$cm，…，$\frac{1}{n}$cm，… 的正方体平铺在地面上占据的面积是有限的。

习题 9.2

1. 级数 $\sum_{n=1}^{\infty}U_n$ 收敛的充要条件是（　　）。

A. $\lim\limits_{n\to\infty}U_n=0$　　B. $\lim\limits_{n\to\infty}\dfrac{U_{n+1}}{U_n}=r<1$

C. $\lim\limits_{n\to\infty}S_n$ 存在（其中 $S_n=U_1+U_2+\cdots+U_n$）　　D. $U_n\leqslant\dfrac{1}{n^2}$

2. 若级数 $\sum\limits_{n=1}^{\infty}u_n$ 收敛，记 $S_n=\sum\limits_{i=1}^{n}u_i$，则（　　）。

A. $\lim\limits_{n\to\infty}S_n=0$　　B. $\lim\limits_{n\to\infty}S_n=S$ 存在

C. $\lim\limits_{n\to\infty}S_n$ 可能不存在　　D. $\{S_n\}$ 为单调数列

3. 设$\lim\limits_{n\to\infty}a_n\neq0$，则级数 $\sum\limits_{n=1}^{\infty}a_n$（　　）。

A. 绝对收敛　　B. 条件收敛

C. 收敛　　D. 发散

4. $\lim\limits_{n\to\infty}a_n=0$ 是无穷级数 $\sum\limits_{n=1}^{\infty}a_n$ 收敛的（　　）。

A. 充分非必要条件　　B. 必要非充分条件

C. 充要条件　　D. 既非充分也非必要条件

5. 用比较判别法判断下列级数的敛散性。

(1) $\sum\limits_{n=1}^{\infty}\dfrac{1}{5n+3}$　　(2) $\sum\limits_{n=1}^{\infty}\dfrac{1}{n\sqrt{n+1}}$

(3) $\sum\limits_{n=1}^{\infty}\dfrac{1}{3^n+1}$　　(4) $\sum\limits_{n=1}^{\infty}\sin\dfrac{\pi}{6^n}$

6. 用比值判别法判断下列级数的敛散性。

(1) $\dfrac{1}{2}+\dfrac{3}{2^2}+\dfrac{5}{2^3}+\cdots+\dfrac{2n-1}{2^n}+\cdots$　　(2) $\sum\limits_{n=1}^{\infty}\dfrac{n!}{4^n}$

(3) $\dfrac{3}{1\times2}+\dfrac{3^2}{2\times2^n}+\cdots+\dfrac{3^n}{n\times2^n}+\cdots$　　(4) $\sum\limits_{n=1}^{\infty}\dfrac{n}{3n^3+1}$

7. 讨论下列交错级数是否收敛。如果是收敛的，讨论是绝对收敛还是条件收敛。

(1) $\dfrac{1}{3}-\dfrac{2}{5}+\dfrac{3}{7}-\dfrac{4}{9}+\cdots+(-1)^{n+1}\dfrac{n}{2n+1}+\cdots$

(2) $1-\dfrac{1}{3^2}+\dfrac{1}{5^2}-\dfrac{1}{7^2}+\cdots$

(3) $\sum\limits_{n=1}^{\infty}\dfrac{(-1)^n}{\sqrt{n}}$

(4) $\sum\limits_{n=1}^{\infty}(-1)^n\dfrac{n}{2^n}$

9.3 幂级数

案例导入

某大型养殖场与某公司签订一份合同，合同规定养殖场在第 n 年年末必须支付该公司 n 万元（$n=1, 2, \cdots$），假定银行存款按 4% 的年复利计算利息，问：养殖场需要在签约当天存入银行的资金为多少？

案例分析

设 $r=4\%$ 为年复利率，因为第 n 年年末必须支付 n 万元（$n=1, 2, \cdots$），故在银行存入的资金总额为 $\frac{1}{1+r}+\frac{2}{(1+r)^2}+\cdots+\frac{n}{(1+r)^n}+\cdots=\sum_{n=1}^{\infty}\frac{n}{(1+r)^n}$。

前一节讨论的级数其每一项都是常数，称之为常数项级数。还有一类级数，其每一项都是函数，称之为函数项级数。本节将讨论由数列 $\{a_n(x-x_0)^n\}$ 所产生的函数项级数。

$$\sum_{n=0}^{\infty}a_n(x-x_0)^n=a_0+a_1(x-x_0)+a_2(x-x_0)^2+\cdots+a_n(x-x_0)^n+\cdots \tag{9.6}$$

称为幂级数，它是一类最简单的函数项级数，从某种意义上说，它也可以看作多项式函数的延伸。幂级数在理论和实际中有很多应用，特别是应用它表示函数方面，让我们对它的作用有许多新的认识。我们将着重讨论 $x_0=0$ 的情形。

一、幂级数的概念

定义 形如

$$\sum_{n=0}^{\infty}a_nx^n=a_0+a_1x+\cdots+a_nx^n+\cdots \tag{9.7}$$

的级数称为**幂级数**。其中，a_0，a_1，$\cdots$，a_n，$\cdots$都是常数，称为幂级数的**系数**，a_nx^n 称为**幂级数的通项**。

$$\sum_{n=0}^{\infty}a_n(x-x_0)^n=a_0+a_1(x-x_0)+a_2(x-x_0)^2+\cdots+a_n(x-x_0)^n+\cdots$$

称为 x 在 x_0 处的幂级数，它是式（9.7）的一般形式。

在式（9.6）中，只要令 $t=x-x_0$，就可把式（9.6）转化成式（9.7），所以不失一般性，我们着重讨论幂级数（9.7）的敛散性问题。

观察发现，任何一个幂级数在 $x=0$ 处肯定是收敛的。

对于每一个确定的实数 x_0，幂级数（9.7）称为常数项级数。

$$\sum_{n=0}^{\infty} a_n x_0^n = a_0 + a_1 x_0 + \cdots + a_n x_0^n + \cdots \tag{9.8}$$

这个级数可能收敛，也可能发散。如果收敛，则称点 x_0 是幂级数（9.7）的收敛点；如果发散，则称点 x_0 是幂级数（9.7）的发散点。幂级数（9.7）的所有收敛点的全体组成的集合称为它的收敛域，将之记作 I；所有发散点的全体组成的集合称为它的发散域。在收敛域上，幂级数的和是 x 的函数 $S(x)$，通常称 $S(x)$ 为幂级数的和函数，其定义域就是幂级数的收敛域，并记为 $S(x)=\sum_{n=0}^{\infty} a_n x^n$，$x \in I$。

现在的问题是，对于一个给定的幂级数，它的收敛域的结构如何呢？

我们已经知道，幂级数 $\sum_{n=0}^{\infty} x^n = 1 + x + x^2 + \cdots + x^n + \cdots$ 可以看作一个公比为 x 的几何级数。根据前面的讨论，当 $|x|<1$ 时，该级数收敛于 $\frac{1}{1-x}$；当 $|x| \geqslant 1$ 时，该级数发散。因此这个幂级数的收敛域是区间（-1，1），在收敛域内取值，则有

$$\frac{1}{1-x} = \sum_{n=0}^{\infty} x^n = 1 + x + x^2 + \cdots + x^n + \cdots,\ x \in (-1, 1)$$

由此我们可以看到，这个幂级数的收敛域是一个区间，事实上，还有许多这样的例子，因此，我们猜测这个结论对一般的幂级数都是成立的且有如下结论：

定理1　如果幂级数 $\sum_{n=0}^{\infty} a_n x^n$ 不是仅在 $x=0$ 处收敛，也不是在整个 $\mathbf{R}$ 上都收敛，则必有一个确定的正数 R 存在，使得

（1）当 $|x|<R$ 时，幂级数收敛；

（2）当 $|x|>R$ 时，幂级数发散；

（3）当 $x=R$ 和 $x=-R$ 时，幂级数可能收敛，也可能发散。

这里的正数 R 通常叫做幂级数（9.7）的收敛半径，开区间（$-R$，R）叫做幂级数（9.7）的收敛区间，再由幂级数在 $x=\pm R$ 处是否收敛来决定它的收敛域。

注：

如果幂级数（9.7）只在 $x=0$ 处收敛，此时收敛域只有一点 $x=0$，为方便起见，规定它的收敛半径 $R=0$；如果幂级数（9.7）对一切 $x \in \mathbf{R}$ 都收敛，则规定收敛半径 $R=+\infty$，此时收敛域是（$-\infty$，$+\infty$）。

下面的定理给出了一种求收敛半径的方法。

定理2　如果幂级数 $\sum_{n=0}^{\infty} a_n x^n$ 的相邻两项的系数满足条件 $\lim_{n\to\infty}\left|\frac{a_n}{a_{n+1}}\right| = R$，则 R 就是 $\sum_{n=0}^{\infty} a_n x^n$ 的收敛半径。

注：

在前一节中，用常数项级数的比值判别法去判断其敛散性时，是后项与前项的比值，而该定理考虑收敛半径是系数数列的前项与后项的比值。

例 1 求下列幂级数的收敛半径和收敛域。

（1）$x+\frac{x^2}{2}+\frac{x^3}{3}+\cdots+\frac{x^n}{n}+\cdots$

（2）$\sum_{n=0}^{\infty} n!x^n$

解 （1）$R=\lim_{n\to\infty}\left|\frac{a_n}{a_{n+1}}\right|=\lim_{n\to\infty}\frac{\frac{1}{n}}{\frac{1}{n+1}}=1$，故收敛半径 $R=1$。

当 $x=1$ 时，原幂级数成为调和级数 $1+\frac{1}{2}+\frac{1}{3}+\cdots+\frac{1}{n}+\cdots$，是发散的。

当 $x=-1$ 时，原幂级数成为 $-1+\frac{1}{2}-\frac{1}{3}+\cdots+(-1)^n\frac{1}{n}+\cdots$，这是一个交错级数，根据莱布尼茨判别法知，该级数是收敛的，且收敛域为 $[-1,1)$。

（2）$R=\lim_{n\to\infty}\left|\frac{a_n}{a_{n+1}}\right|=\lim_{n\to\infty}\frac{n!}{(n+1)!}=\lim_{n\to\infty}\frac{1}{n+1}=0$。

故收敛半径 $R=0$，即原幂级数仅在 $x=0$ 处收敛。

例 2 求幂级数 $1+x+\frac{1}{2!}x^2+\cdots+\frac{1}{n!}x^n+\cdots$ 的收敛半径和收敛区间。

解 $R=\lim_{n\to\infty}\left|\frac{a_n}{a_{n+1}}\right|=\lim_{n\to\infty}\frac{\frac{1}{n!}}{\frac{1}{(n+1)!}}=\lim_{n\to\infty}(n+1)=+\infty$。

故收敛半径 $R=+\infty$，收敛区间为 $(-\infty,+\infty)$。

例 3 求幂级数 $\sum_{n=1}^{\infty}\frac{(x-1)^n}{2^n\cdot n}$ 的收敛域。

解 令 $t=x-1$，则原幂级数变为 $\sum_{n=1}^{\infty}\frac{t^n}{2^n\cdot n}$。因为

$$R=\lim_{n\to\infty}\left|\frac{a_n}{a_{n+1}}\right|=\lim_{n\to\infty}\frac{\frac{1}{2^n\cdot n}}{\frac{1}{2^{n+1}\cdot(n+1)}}=\lim_{n\to\infty}\frac{2^{n+1}\cdot(n+1)}{2^n\cdot n}=2$$

所以幂级数的收敛半径为 $R=2$，收敛区间为 $|t|<2$，即 $-1<x<3$。

当 $x=3$ 时，级数为 $\sum_{n=1}^{\infty}\frac{1}{n}$，是发散的；当 $x=-1$ 时，级数为 $\sum_{n=1}^{\infty}\frac{(-1)^n}{n}$，是收敛的。因此，原级数的收敛域为 $[-1,3)$。

二、幂级数的性质

幂级数的性质

设幂级数 $\sum\limits_{n=0}^{\infty} a_n x^n$ 的收敛域为 $(-R_1, R_1)$，和函数为 $S_1(x)$，即 $S_1(x)=\sum\limits_{n=0}^{\infty} a_n x^n\ (|x|<R_1)$，又设幂级数 $\sum\limits_{n=0}^{\infty} b_n x^n$ 的收敛域为 $(-R_2, R_2)$，和函数为 $S_2(x)$，即 $S_2(x)=\sum\limits_{n=0}^{\infty} b_n x^n\ (|x|<R_2)$，则幂级数有如下一些性质。

性质1 两个幂级数在其公共的收敛域内，其和或差也是收敛的，并且和函数为相对应的两个和函数的和或差，即：

设 $R=\min\{R_1, R_2\}$，则 $\sum\limits_{n=0}^{\infty} a_n x^n \pm \sum\limits_{n=0}^{\infty} b_n x^n = \sum\limits_{n=0}^{\infty} (a_n \pm b_n) x^n = S_1(x) \pm S_2(x)$，$|x|<R$。

两个幂级数在其公共的收敛域内，其积仍为收敛幂级数，并且和函数为相对应的两个和函数之积，即：

设 $R=\min\{R_1, R_2\}$，则 $\left(\sum\limits_{n=0}^{\infty} a_n x^n\right)\left(\sum\limits_{n=0}^{\infty} b_n x^n\right)=\sum\limits_{n=0}^{\infty}\sum\limits_{k=0}^{n} a_k b_{n-k} x^n$，$|x|<R$。

性质2 幂级数(9.7)在其收敛域 $(-R_1, R_1)$ 内可以逐项求导，而且求导后的幂级数的收敛半径与原级数的收敛半径相同，即：

$$\left(\sum_{n=0}^{\infty} a_n x^n\right)' = \sum_{n=0}^{\infty} (a_n x^n)' = \sum_{n=0}^{\infty} n a_n x^{n-1} = S'_1(x),\ |x|<R_1。$$

> **注：**
>
> 若幂级数 $\sum\limits_{n=0}^{\infty} a_n x^n$ 的收敛半径为 R_1，则它的和函数 $S(x)$ 在区间 $(-R_1, R_1)$ 内有任意阶导数。

性质3 幂级数(9.7)在收敛区域 $(-R_1, R_1)$ 内可以逐项积分，而且积分后所得的幂级数的收敛半径与原级数的收敛半径相同，即：

$$\int_0^x \left(\sum_{n=0}^{\infty} a_n x^n\right) dx = \sum_{n=0}^{\infty} \int_0^x a_n x^n dx = \sum_{n=0}^{\infty} \frac{1}{n+1} a_n x^{n+1} = \int_0^x S(x) dx,\ |x|<R_1。$$

例4 求幂级数 $\sum\limits_{n=1}^{\infty} \dfrac{(-1)^{n-1}}{n} x^n$ 的和函数。

解 $R=\lim\limits_{n\to\infty}\left|\dfrac{a_n}{a_{n+1}}\right| = \lim\limits_{n\to\infty}\dfrac{\frac{1}{n}}{\frac{1}{n+1}}=1$。

当 $x=1$ 时，原幂级数成为 $\sum\limits_{n=1}^{\infty} \dfrac{(-1)^{n-1}}{n}$，是收敛的；

当 $x=-1$ 时，原幂级数成为调和级数 $-\sum_{n=1}^{\infty}\frac{1}{n}$，是发散的。

故原幂级数的收敛域为 $(-1,1]$。

设 $S(x)=\sum_{n=1}^{\infty}\frac{(-1)^{n-1}}{n}x^n=x-\frac{1}{2}x^2+\frac{1}{3}x^3-\cdots+(-1)^{n-1}\frac{1}{n}x^n+\cdots$，从而 $S(0)=0$。

两边对 x 求导，得

$$S'(x)=1-x+x^2-\cdots+(-1)^{n-1}x^{n-1}+\cdots$$

右边级数是公比为 $-x$ 的几何级数，所以 $S'(x)=\frac{1}{1+x}$。

根据性质3，两边同时从0到 x 积分得

$$S(x)=\int_0^x S'(t)\mathrm{d}t=\int_0^x\frac{1}{1+t}\mathrm{d}t=\ln(1+x),\ x\in(-1,1]$$

即

$$\sum_{n=1}^{\infty}\frac{(-1)^{n-1}}{n}x^n=\ln(1+x),\ x\in(-1,1]$$

案例解决

为了求出级数 $\sum_{n=1}^{\infty}\frac{n}{(1+r)^n}$ 的和，先考察幂级数

$$\sum_{n=1}^{\infty}nx^n=x+2x^2+3x^3+\cdots+nx^n+\cdots$$

该幂级数的收敛域为 $(-1,1)$，当 $r=4\%$ 时，$\frac{1}{1+r}\in(-1,1)$。

因此，只要求出幂级数 $\sum_{n=1}^{\infty}nx^n$ 的和函数 $S(x)$，则 $S\left(\frac{1}{1+r}\right)$ 即为所求的资金总额 $\sum_{n=1}^{\infty}\frac{n}{(1+r)^n}$。

由 $S(x)=\sum_{n=1}^{\infty}nx^n=x\sum_{n=1}^{\infty}nx^{n-1}$，设 $f(x)=\sum_{n=1}^{\infty}nx^{n-1}$，即 $S(x)=xf(x)$，则

$$\int_0^x f(x)\mathrm{d}x=\int_0^x\left(\sum_{n=1}^{\infty}nx^{n-1}\right)\mathrm{d}x=\sum_{n=1}^{\infty}\int_0^x nx^{n-1}\mathrm{d}x=\sum_{n=1}^{\infty}x^n=\frac{x}{1-x}$$

因此 $f(x)=\left(\frac{x}{1-x}\right)'=\frac{1}{(1-x)^2}$。于是 $S(x)=xf(x)=\frac{x}{(1-x)^2}$，从而

$$S\left(\frac{1}{1+r}\right)=\frac{\frac{1}{1+r}}{\left(1-\frac{1}{1+r}\right)^2}=\frac{1+r}{r^2}。$$

将 $r=4\%$ 代入上式，即可求得养殖场需要在签约当天存入银行的资金为

$$S\left(\frac{1}{1+4\%}\right)=\frac{1+0.04}{0.04^2}=650\ (万元)$$

习题 9.3

1. 求下列幂级数的收敛域。

(1) $\sum_{n=1}^{\infty} nx^n$ (2) $\sum_{n=1}^{\infty} \frac{n!}{n^n}x^n$

(3) $\sum_{n=1}^{\infty} \frac{x^n}{2^n \cdot n^2}$ (4) $\sum_{n=0}^{\infty} (-1)^n \frac{x^{2n+1}}{2n+1}$

(5) $\sum_{n=1}^{\infty} \frac{(x+2)^n}{2^n \cdot n}$ (6) $\sum_{n=1}^{\infty} \frac{2^n}{n}(x-1)^n$

2. 求下列幂级数的和函数。

(1) $\sum_{n=1}^{\infty} (-1)^n \frac{x^n}{n}$ (2) $\sum_{n=0}^{\infty} (2n+1)x^n$

3. 求下列级数的和。

(1) $\sum_{n=1}^{\infty} \frac{1}{(2n-1)2^n}$ (2) $\sum_{n=1}^{\infty} \frac{n(n+1)}{2^n}$

9.4 函数的幂级数展开

案例导入

斐波那契数列是数论中常见的数列之一，该数列又被称为黄金分割数列。那么，斐波那契数列为什么会被称为黄金分割数列呢？

案例分析

斐波那契数列具有以下性质：

性质1 当 n 越大时，F_n 越接近于 $\frac{\phi^n}{\sqrt{5}}$，其中 $\phi=\frac{1+\sqrt{5}}{2}\approx 1.618$ 为黄金分割率。

性质2 当 n 越大时，$\frac{F_{n+1}}{F_n}$ 的比值就越接近于黄金分割率 ϕ。

因为以上性质，所以斐波那契数列被称为黄金分割数列。

前面我们讨论了幂级数的收敛域及和函数的性质。但在许多应用中，我们遇到的却恰好是相反的问题：给定函数 $f(x)$，要考虑它能否在某个区间内“展开成幂级数”？就是说，能否找到这样一个幂级数，它在某区间内收敛，且其和恰好就是给定函数 $f(x)$。如果能找到这样的幂级数，则认为，函数 $f(x)$ 在该区间内能展开成幂级数，而这个幂级数在该

区间内就表达函数 $f(x)$。

一、泰勒级数

若函数 $f(x)$ 在点 x_0 的某邻域内存在直到 $n+1$ 阶的连续导数，则

$$f(x)=f(x_0)+f'(x_0)(x-x_0)+\frac{f''(x_0)}{2!}(x-x_0)^2+\cdots+\frac{f^{(n)}(x_0)}{n!}(x-x_0)^n+\cdots$$

在 x_0 的邻域内，$f(x)$ 可以用 n 次多项式

$$f(x)=f(x_0)+f'(x_0)(x-x_0)+\cdots+\frac{f^{(n)}(x_0)}{n!}(x-x_0)^n$$

来近似代替。

定理 1 如果函数 $f(x)$ 在 $x=x_0$ 处存在任意阶的导数，则称形式为

$$\sum_{n=0}^{\infty}\frac{f^{(n)}(x_0)}{n!}(x-x_0)^n=f(x_0)+f'(x_0)(x-x_0)+\frac{f''(x_0)}{2!}(x-x_0)^2+\cdots+\frac{f^{(n)}(x_0)}{n!}(x-x_0)^n+\cdots \tag{9.9}$$

的级数为函数 $f(x)$ 在 x_0 处的**泰勒级数**。也称式（9.9）右端为 $f(x)$ 在 $x=x_0$ 处的泰勒展开式，或称幂级数展开式。特别地，当 $x_0=0$ 时，我们称级数 $f(0)+f'(0)x+\frac{f''(0)}{2!}x^2+\cdots+\frac{f^{(n)}(0)}{n!}x^n+\cdots$ 为**麦克劳林级数**。

定理 2 设函数 $f(x)$ 在点 x_0 的某邻域内可以展开成幂级数，则幂级数是唯一的。

注：

若 $f(x)$ 为幂级数 $\sum_{n=0}^{\infty}a_nx^n$ 在收敛区间（$-R$，R）上的和函数，则 $\sum_{n=0}^{\infty}a_nx^n$ 就是$f(x)$在（$-R$，R）上的泰勒展开式。

二、初等函数的幂级数展开式

为方便起见，我们仅讨论麦克劳林展开式，即当 $x_0=0$ 时的情况。以下是几个基本初等函数的麦克劳林展开式。

例 1 求函数 $f(x)=e^x$ 的展开式。

解 由于 $f^{(n)}(x)=e^x$，$f^{(n)}(0)=1$（$n=1$，$2\cdots$），因此

$$e^x=1+x+\frac{x^2}{2!}+\cdots+\frac{x^n}{n!}+\cdots=\sum_{n=0}^{\infty}\frac{x^n}{n!},\ |x|<\infty$$

收敛半径为 $R=\lim\limits_{n\to\infty}\frac{(n+1)!}{n!}=\infty$。

例 2 求函数 $f(x)=\sin x$ 的展开式。

解 $f^{(n)}(x)=\sin\left(x+\frac{n\pi}{2}\right)$ $(n=1, 2\cdots)$。

令 $x_0=0$，知 $f^{(2n)}(0)=0$，$f^{(2n-1)}(0)=(-1)^{n+1}$，则

$$\sin x=x-\frac{x^3}{3!}+\frac{x^5}{5!}+\cdots+(-1)^{n+1}\frac{x^{2n-1}}{(2n-1)!}+\cdots,\quad |x|<\infty$$

同理可得，在 $(-\infty, +\infty)$ 内，

$$\cos x=1-\frac{x^2}{2!}+\frac{x^4}{4!}+\cdots+(-1)^n\frac{x^{2n}}{(2n)!}+\cdots, |x|<\infty$$

例 3 将函数 $f(x)=\frac{1}{3+2x}$ 展开成 x 的幂级数。

解 $f(x)=\frac{1}{3+2x}=\frac{1}{3}\cdot\frac{1}{1+\frac{2x}{3}}=\frac{1}{3}\sum_{n=0}^{\infty}(-1)^n\left(\frac{2x}{3}\right)^n=\sum_{n=0}^{\infty}(-1)^n\frac{2^n}{3^{n+1}}x^n$。

注：

利用一些已知函数的幂级数展开式，通过幂级数的性质运算，将所给函数展开成幂级数的形式是比较方便的。下面给出一些常用的幂级数的展开式。

$$\frac{1}{1-x}=\sum_{n=0}^{\infty}x^n=1+x+x^2+x^3+\cdots+x^n+\cdots, -1<x<1$$

$$\frac{1}{1+x}=\sum_{n=0}^{\infty}(-1)^nx^n=1-x+x^2-x^3+\cdots+(-1)^nx^n+\cdots, -1<x<1$$

$$e^x=\sum_{n=0}^{\infty}\frac{x^n}{n!}=1+x+\frac{x^2}{2!}+\frac{x^3}{3!}+\cdots+\frac{x^n}{n!}+\cdots, x\in(-\infty, +\infty)$$

$$\sin x=\sum_{n=0}^{\infty}\frac{(-1)^nx^{2n+1}}{(2n+1)!}=x-\frac{1}{3!}x^3+\frac{1}{5!}x^5+\cdots+\frac{(-1)^n}{(2n+1)!}x^{2n+1}+\cdots, x\in(-\infty, +\infty)$$

$$\cos x=\sum_{n=0}^{\infty}\frac{(-1)^nx^{2n}}{(2n)!}=1-\frac{1}{2!}x^2+\frac{1}{4!}x^4-\cdots+\frac{(-1)^n}{2n!}x^{2n}+\cdots, x\in(-\infty, +\infty)$$

例 4 将函数 $f(x)=\frac{1}{x^2+4x+3}$ 展开成 $(x-1)$ 的幂级数。

解
$$f(x)=\frac{1}{x^2+4x+3}=\frac{1}{(x+1)(x+3)}=\frac{1}{2(x+1)}-\frac{1}{2(x+3)}$$

$$=\frac{1}{2}\left(\frac{1}{x+1}-\frac{1}{x+3}\right)$$

$$=\frac{1}{2}\left[\frac{1}{2+(x-1)}-\frac{1}{4+(x-1)}\right]=\frac{1}{2}\left(\frac{1}{2}\cdot\frac{1}{1+\frac{x-1}{2}}-\frac{1}{4}\cdot\frac{1}{1+\frac{x-1}{4}}\right)$$

$$= \frac{1}{4\left(1+\frac{x-1}{2}\right)} - \frac{1}{8\left(1+\frac{x-1}{4}\right)}。$$

而

$$\frac{1}{4\left(1+\frac{x-1}{2}\right)} = \frac{1}{4}\sum_{n=0}^{\infty}\frac{(-1)^n}{2^n},x-1)^n,\ -1<x<3$$

$$\frac{1}{8\left(1+\frac{x-1}{4}\right)} = \frac{1}{8}\sum_{n=0}^{\infty}\frac{(-1)^n}{4^n}(x-1)^n,\ -3<x<5$$

故

$$f(x) = \frac{1}{x^2+4x+3} = \sum_{n=0}^{\infty}(-1)^n\left(\frac{1}{2^{n+2}}-\frac{1}{2^{2n+3}}\right)(x-1)^n,\ -1<x<3$$

案例解决

先构造如下无穷级数：

$$G(x) = F_1x + F_2x^2 + F_3x^3 + \cdots + F_nx^n + \cdots \quad (1)$$

在等式（1）的两边分别乘以 x 与 x^2 得到如下两个等式：

$$xG(x) = F_1x^2 + F_2x^3 + F_3x^4 + \cdots + F_nx^{n+1} + \cdots \quad (2)$$

$$x^2G(x) = F_1x^3 + F_2x^4 + F_3x^5 + \cdots + F_nx^{n+2} + \cdots \quad (3)$$

（1）－（2）－（3）得到：

$$(1-x-x^2)G(x) = F_1x + (F_2-F_1)x^2 + (F_3-F_2-F_1)x^3 + \cdots + (F_n-F_{n-1}-F_{n-2})x^n + \cdots$$

运用斐波那契数列的定义可知 $F_1=1, F_2-F_1=0, F_n-F_{n-1}-F_{n-2}=0(n=3,$ $4, 5\cdots)$，代入上式可得

$$(1-x-x^2)G(x) = x \Rightarrow G(x) = \frac{x}{1-x-x^2} = \frac{1}{\sqrt{5}}\left(\frac{1}{1-\phi x} - \frac{1}{1-\bar{\phi}x}\right) \quad (4)$$

其中，$\phi = \frac{1+\sqrt{5}}{2} \approx 1.618$，$\bar{\phi} = \frac{1-\sqrt{5}}{2}$。

由无穷级数中幂级数展开式可得

$$\frac{1}{1-\phi x} = 1 + \phi x + (\phi x)^2 + (\phi x)^3 + \cdots,\ |\phi x| < 1$$

$$\frac{1}{1-\bar{\phi}x} = 1 + \bar{\phi}x + (\bar{\phi}x)^2 + (\bar{\phi}x)^3 + \cdots,\ |\bar{\phi}x| < 1$$

将上式代入（4）式可得

$$G(x) = \frac{1}{\sqrt{5}}\left[(\phi-\bar{\phi})x + (\phi^2-\bar{\phi}^2)x^2 + (\phi^3-\bar{\phi}^3)x^3 + \cdots + (\phi^n-\bar{\phi}^n)x^n + \cdots\right]$$

将上式与（1）式对比可得 $F_n = \frac{1}{\sqrt{5}}(\phi^n - \bar{\phi}^n)\ (n=0, 1, 2, 3, \cdots)$。

由于$|\bar{\phi}|<1$，故$\lim\limits_{n\to\infty}\bar{\phi}^n=0$，因此当$n$越大时，$F_n$越接近于$\frac{\phi^n}{\sqrt{5}}$，性质1得证。

由性质1可得当n越大时，$\frac{F_{n+1}}{F_n}$越接近于$\frac{\frac{\phi^{n+1}}{\sqrt{5}}}{\frac{\phi^n}{\sqrt{5}}}=\phi$，性质2得证。

习题 9.4

1. 将下列函数展开成x的幂级数。

(1) $\frac{1}{2}(e^x-e^{-x})$　　(2) $\sin\frac{x}{2}$

(3) xe^{-x^2}　　(4) $\frac{1}{1-x^2}$

2. 将下列函数在指定点处展开成幂级数，并求其收敛区间。

(1) $\frac{1}{3-x}$，在$x_0=1$　　(2) $\frac{1}{x^2+4x+3}$，在$x_0=1$

(3) $\frac{1}{x^2}$，在$x_0=3$

9.5 Matlab在级数中的应用

Matlab在级数中的应用常用的命令见表9-1。

表9-1

symsum (s, v, a, b)	表达式s关于变量v从a到b求和
taylor (f, v, a, n)	将函数f在a点展开为$n-1$阶泰勒多项式

可以用help symsum，help taylor查阅有关这些命令的详细信息。

例1 求解级数$s_1=\frac{x^n}{n\cdot 3^2}$，$s_2=\sum_{n=1}^{\infty}nx^n$的和。

解 程序如下：

```
n = sym('n');x = sym('x');        %定义符号变量n，x
s1 = symsum(x^n/n * 3^2,n,1,inf);        %求s1，求和变量n不能省略
s1 = -9 * log(1-x)
s2 = x + 2 * x^2 + 3 * x^3 + ... + n * x^n + ...;        %求s2，变量n为1到n
s2 = x/(x-1)^2
```

Matlab 提供了泰勒函数将函数展开为幂级数，其调用格式为：taylor（f，v，n，a），该函数将函数 f 按变量 v 展开为泰勒级数，展开到第 n 项（即变量 v 的 $n-1$ 次幂）为止，n 的默认值为 6，v 的默认值与 diff 函数相同。参数 a 指定将函数 f 在自变量 $v=a$ 处展开，a 处的默认值为 0。

例 2 将函数 $f(x)=e^x$ 展开成 x 的幂级数。

解 程序如下：

```
x = sym('x');          % 定义符号变量 x
f3 = exp(x);           % 函数 f3 的表达式
taylor(f3,x)           % 将 f3 在 x=0 处展开，n 的默认值为 6
ans =
     1 + x + 1/2 * x^2 + 1/6 * x^3 + 1/24 * x^4 + 1/120 * x^5
```

习题 9.5

1. 求下列级数的和。

(1) $\sum\limits_{n=1}^{\infty}\dfrac{1}{n(n+1)(n+2)}$　　(2) $\sum\limits_{n=0}^{\infty}\dfrac{(\ln 3)^n}{2^n}$

2. 将函数 $f(x)=\dfrac{1}{x^2+3x+2}$ 展开为（$x+4$）的幂级数。

拓展阅读

圆周率是怎么算出来的？

圆是自然界中最常见的图形之一，人们很早就注意到，圆的周长与直径之比是个常数，这个常数就是圆周率，现在通常记为 π，它是最重要的数学常数之一。

关于 π 最早的文字记载来自公元前 2000 年前后的古巴比伦人，他们认为 $\pi=3.125$，而古埃及人使用 $\pi=3.160\,5$。中国古籍里记载有“圆径一而周三”，即 $\pi=3$。这些早期的 π 值大体都是通过测量圆周长，再测量圆的直径，相除得到的估计值。

到了公元前 3 世纪，古希腊数学家阿基米德第一个给出了计算圆周率 π 的科学方法：圆内接（或外切）正多边形的周长是可以精确计算的，而随着正多边形边数的增加，会越来越接近圆，那么多边形的周长也会越来越接近圆周长。阿基米德用圆的内接和外切正多边形的周长给出圆周率的下界和上界，正多边形的边数越多，计算出 π 值的精度越高。阿基米德从正六边形出发，逐次加倍正多边形的边数，利用勾股定理（又称为毕达哥拉斯定理），就可求得边数加倍后的正多边形的边长。因此，随着边数的不断加倍，阿基米德的方法原则上可以算出任意精度的 π 值。他本人计算到正 96 边形，得出 $223/71<\pi<22/7$，即 π 值在 3.140 845 与 3.142 857 之间。在西方，后人一直使用阿基米德的方法计算圆周

率，差不多使用了19个世纪。

中国三国时期的数学家刘徽，在对《九章算术》作注时，在公元264年给出了类似的算法，并称其为割圆术。所不同的是，刘徽是通过用圆内接正多边形的面积来逐步逼近圆面积来计算圆周率的。约公元480年，南北朝时期的大科学家祖冲之就用割圆术算出了 $3.1415926<\pi<3.1415927$，这个 π 值已经准确到7位小数，创造了圆周率计算的世界纪录。

17世纪之前，计算圆周率基本上都是用上述几何方法（割圆术），德国的鲁道夫·范·科伊伦（Ludolph van Ceulen）花费大半生时间，计算了正262边形的周长，于1610年将 π 值计算到小数点后35位。德国人因此将圆周率称为“鲁道夫数”。

关于 π 值的研究，革命性的变革出现在17世纪发明微积分时，微积分和幂级数展开的结合产生了用无穷级数来计算 π 值的分析方法，这就抛开了计算繁杂的割圆术。那些微积分的先驱如帕斯卡（Pascal）、牛顿、莱布尼茨等都对 π 值的计算做出了贡献。1706年，英国数学家梅钦（John Machin）得出了现今以其名字命名的公式，给出了 π 值的第一个快速算法。梅钦因此把 π 值计算到了小数点后100位。后来人们又发现了许多类似的公式，π 值的计算精度也越来越高。1874年，英国的谢克斯（Shanks）花15年时间将 π 值计算到了小数点后707位，这是人工计算 π 值的最高纪录，被记录在巴黎发现宫的 π 大厅。可惜人们后来发现其结果从528位开始出错了。

电子计算机出现后，人们开始利用它来计算圆周率 π 的数值，从此，π 的数值长度以惊人的速度扩展着，至2011年，已算至小数点后10万亿位。

人类对 π 的认识过程，也从一个侧面反映了数学发展的历程。

资料来源：谈祥柏，邱维元．圆周率是怎样算出来的？[EB/OL]．(2020-01-14) [2024-07-18]．https://www.xuexi.cn/lgpage/detail/index.html?id=6737631592587087255.

复习题 9

一、选择题。

1. 如果级数 $\sum_{n=1}^{\infty}u_n$ 收敛，且 $S_n=\sum_{k=1}^{n}u_k$，则数列 S_n（　　）。

A. 单调递增　　B. 单调递减

C. 收敛　　D. 发散

2. 若（　　）成立，则级数 $\sum_{n=1}^{\infty}u_n$ 发散，其中 S_n 表示此级数的部分和。

A. $\sum_{n=1}^{\infty}S_n\neq 0$　　B. u_n 单调上升

C. $\lim\limits_{n\to\infty}u_n=0$　　D. $\lim\limits_{n\to\infty}u_n$ 不存在

3. 当条件（　　）成立时，级数 $\sum_{n=1}^{\infty}(a_n+b_n)$ 一定发散。

A. $\sum_{n=1}^{\infty} a_n$ 发散且 $\sum_{n=1}^{\infty} b_n$ 收敛

B. $\sum_{n=1}^{\infty} a_n$ 发散

C. $\sum_{n=1}^{\infty} b_n$ 发散

D. $\sum_{n=1}^{\infty} a_n$ 和 $\sum_{n=1}^{\infty} b_n$ 都收敛

4. 下列级数中，发散的是（　　）。

A. $\sum_{n=1}^{\infty} \frac{1}{n(n+1)}$

B. $\sum_{n=1}^{\infty} \frac{1}{3^n}$

C. $\sum_{n=1}^{\infty} (-1)^{n-1} \frac{1}{n}$

D. $\sum_{n=1}^{\infty} \frac{1}{\sqrt{n}}$

5. $\lim\limits_{n\to\infty} u_n = 0$ 是级数 $\sum_{n=1}^{\infty} u_n$ 收敛的（　　）。

A. 充分条件

B. 必要条件

C. 充要条件

D. 无关条件

6. 已知级数 $\sum_{n=1}^{\infty} (-1)^n u_n$ 不满足莱布尼茨判别法，则该级数（　　）。

A. 绝对收敛

B. 发散

C. 条件收敛

D. 敛散性不确定

7. 幂级数 $\sum_{n=0}^{\infty} 2^n x^{2n}$ 的收敛区间是（　　）。

A. $(-2, 2)$

B. $[-2, 2]$

C. $\left(-\frac{\sqrt{2}}{2}, \frac{\sqrt{2}}{2}\right)$

D. $\left[-\frac{\sqrt{2}}{2}, \frac{\sqrt{2}}{2}\right]$

二、填空题。

1. 若级数 $\sum_{n=1}^{\infty} u_n$ 的前 n 项和 $S_n = \frac{1}{2} - \frac{1}{2(2n+1)}$，则 $\sum_{n=1}^{\infty} u_n =$ ________。

2. 若正项级数 $\sum_{n=1}^{\infty} u_n$ 收敛，则级数 $\sum_{n=1}^{\infty} (-1)^n u_n$ 的敛散性是________。

3. 若 $\lim\limits_{n\to\infty} u_n \neq 0$，则 $\sum_{n=1}^{\infty} u_n$ 必为________级数。

4. 几何级数 $\sum_{n=1}^{\infty} r^n$ 发散，则 r 应满足________。

5. 幂级数 $\sum_{n=0}^{\infty} (2n+1)x^n$ 的收敛域为________。

6. 幂级数 $\sum_{n=0}^{\infty} \frac{x^n}{\sqrt{n+1}}$ 的收敛域为________。

7. $\sum_{n=1}^{\infty} n\left(\frac{1}{2}\right)^{n-1} =$ ________。

三、解答题。

1. 判断下列正项级数的敛散性。

(1) $\sum_{n=2}^{\infty}\frac{1}{\ln^2 n}$

(2) $\sum_{n=1}^{\infty}\frac{1}{n\sqrt[n]{n}}$

(3) $\sum_{n=1}^{\infty}\left(1-\cos\frac{2}{n}\right)$

(4) $\sum_{n=1}^{\infty}\frac{n^n}{(n!)^2}$

2. 判断下列级数是绝对收敛、条件收敛还是发散。

(1) $\sum_{n=1}^{\infty}\ln\frac{(-1)^{n-1}}{(2+n)}$

(2) $\sum_{n=1}^{\infty}\frac{n^{10}}{(-3)^n}$

(3) $\sum_{n=1}^{\infty}(-1)^n\frac{n}{n+1}$

(4) $\sum_{n=1}^{\infty}(-1)^n\frac{(n+1)!}{n^{n+1}}$

3. 求下列幂级数的收敛域。

(1) $\sum_{n=0}^{\infty}(2n)!x^n$

(2) $\sum_{n=1}^{\infty}\frac{x^{2n}}{(2n-1)!}$

(3) $\sum_{n=1}^{\infty}\frac{3^n+5^n}{n}x^n$

(4) $\sum_{n=1}^{\infty}\frac{(x+4)^n}{n}$

(5) $\sum_{n=0}^{\infty}10^n(x-1)^n$

(6) $\sum_{n=0}^{\infty}\frac{(-1)^n}{n^2}(x-3)^n$

4. 求下列幂级数的收敛域及和函数。

(1) $\sum_{n=1}^{\infty}n^2x^{n-1}$

(2) $\sum_{n=0}^{\infty}(n+1)x^{n+1}$

(3) $\sum_{n=0}^{\infty}\frac{1}{2^{n-1}}x^n$

(4) $\sum_{n=1}^{\infty}\frac{1}{n(n+1)}x^{n+1}$

5. 将下列函数展开成 x 的幂级数。

(1) 3^x

(2) $\frac{x^2}{1+x^2}$

(3) $\ln(1+x-2x^2)$

(4) $\frac{1}{(x-1)(x-2)}$

6. 求下列函数在指定点处的幂级数展开式。

(1) $f(x)=e^x$，$x_0=1$

(2) $f(x)=\frac{1}{x}$，$x_0=2$

参考文献

［1］《高等数学》编委会. 高等数学［M］. 北京：中国书籍出版社，2015.

［2］同济大学数学科学学院. 高等数学. 上册［M］. 8版. 北京：高等教育出版社，2023.

［3］同济大学数学科学学院. 高等数学. 下册［M］. 8版. 北京：高等教育出版社，2023.

参考答案

第 1 章　函数、极限与连续

习题 1.1

1. (1) $[-1, 7]$　(2) $\left(\frac{1}{3}, +\infty\right)$　(3) $[1, +\infty)$　(4) $(-\infty, -1] \cup [2, +\infty)$

2. $f(1)=\frac{1}{3}$，$f(-1)=-\frac{1}{3}$，$f(x-1)=\frac{2^x-2}{2^x+2}$。

3. (1) $y=\log_3(1-x)$，$x\in(-\infty, 1)$　(2) $y=\frac{x^3+1}{2}$　(3) $y=x-1$

4. D

5. A

6. (1) 是周期函数，周期为 π　(2) 是周期函数，周期为 4π

7. $y=\begin{cases}5, & 0<x\leqslant 3\\ 5+1.4(x-3), & x>3\end{cases}$

8. $y=\begin{cases}5, & 0<t\leqslant 1\\ 8, & 1<t\leqslant 3\\ 15, & 4<t\leqslant 24\end{cases}$

习题 1.2

1. $f(x^2)=x^4+4$，$f(f(x))=x^4+8x^2+20$，$f(g(x))=4^x+4$

2. (1) $\begin{cases}y=\sin u\\ u=x^3\end{cases}$　(2) $\begin{cases}y=\sqrt{u}\\ u=\arctan v\\ v=\sqrt{x}\end{cases}$　(3) $\begin{cases}y=\mathrm{e}^u\\ u=\sin v\\ v=2x\end{cases}$

习题 1.3

1. (1) 1　(2) 1　(3) 极限不存在　(4) 1

2. (1) $\frac{3}{2}$　(2) 0　(3) $\frac{1}{5}$　(4) $\frac{8}{3}$　(5) 1　(6) 0　(7) -2　(8) -1

3. 按这种方法不能将所有垃圾处理完，剩余垃圾将稳定在 25 万吨左右。

习题 1.4

1. （1）0　（2）1　（3）0　（4）1

2. （1）函数没有逼近于一个确定的常数

（2）左右极限不相等

（3）函数没有逼近于一个确定的常数

（4）函数没有逼近于一个确定的常数

3. 略。

4. （1）4　（2）0　（3）$\frac{7}{3}$　（4）9　（5）$\frac{1}{4}$　（6）8　（7）$\sqrt{2}$　（8）5

5. （1）$\frac{1}{2}$　（2）0　（3）$\frac{2}{7}$　（4）0　（5）1　（6）1　（7）$-\frac{3}{2}$　（8）-1

习题 1.5

1. （1）无穷大　（2）无穷大　（3）无穷小　（4）无穷大　（5）无穷小　（6）无穷大

2. （1）函数在 $x\to\infty$ 时是无穷小，$x\to 0$ 时是无穷大

（2）函数在 $x\to\infty$ 时是无穷小，$x\to -1$ 时是无穷大

（3）函数在 $x\to\infty$ 时是无穷小，$x\to 0$ 时是无穷大

（4）函数在 $x\to 1$ 时是无穷小，$x\to\infty$ 时是无穷大

3. （1）0　（2）0　（3）0　（4）0

4. 1.002 604，0.000 017

习题 1.6

1. （1）2　（2）$\frac{1}{5}$　（3）2　（4）ω　（5）0　（6）1

2. （1）e^2　（2）e^{-2}　（3）e^6　（4）e^4　（5）e^2　（6）e^{-1}

3. 略。

习题 1.7

1. （1）$x=-1$　（2）$x=-1$　（3）$x=0$

2. $a=1$，$b=0$

3. 略。

4. 当 $\Delta t\to 0$ 时，$\Delta h\to 0$，即 $\lim\limits_{\Delta t\to 0}\Delta h=0$。这就是“连续”的特征。

习题 1.8

1. （1）7　（2）$\frac{\sqrt{3}}{2}$

2. 不能。

3. 略。

习题 1.9

1. 4

2. 0

3. 连续

复习题 1

一、1～5. ABCBD　6～10. CCCCD　11. C

二、1. $x\in(-2, -1)\cup(-1, 3]$　2. $y=e^{x-3}-1$　3. 2　4. 1

5. $x=0$　6. $x=-1$　7. 0　8. 5

9. 17　10. 高阶无穷小　11. 不一定

三、1. $\frac{1}{4}$　2. $\frac{3}{2}$　3. $\frac{2}{3}$　4. $-\frac{1}{2}$　5. $-\frac{1}{8}$　6. 1

四、函数在 $x=0$，$x=2$ 处连续，在 $x=1$ 处不连续，画图略。

五、不存在。

六、连续区间 $(-\infty, -3)\cup(-3, 2)\cup(2, +\infty)$；$\lim\limits_{x\to 0}f(x)=\frac{1}{2}$；$\lim\limits_{x\to 2}f(x)$ 不存在；$\lim\limits_{x\to -3}f(x)=-\frac{8}{5}$。

七、定义域为 $(-\infty, +\infty)$；间断点为 $x=2$；画图略。

八、略。

第 2 章　导数与微分

习题 2.1

1. $f'(1)=-2$

2. $f'(2)=-\frac{1}{4}$

3. 切线方程为 $x-2y+3=0$，法线方程为 $2x+y-4=0$

4. 切线方程为 $12x-y-16=0$，法线方程为 $x+12y-98=0$

5. 可导

6. 3

习题 2.2

1. (1) $y'=4x^3-1$　(2) $y'=\ln x+1+\cos x+\sin x$

(3) $y'=\frac{2}{(x+1)^2}$　(4) $y'=2x\ln x+x$

2. (1) $y' = 10x^4 - \frac{1}{x\ln 2} - \sin x$　　(2) $y' = x^2 e^x (3 + x)$

(3) $y' = \frac{1}{2\sqrt{x}} \log_3 x + \sqrt{x} \frac{1}{x\ln 3} + 2^x \ln 2 \cdot \ln x + 2^x \cdot \frac{1}{x}$

(4) $y' = 3x^2 \cos x + x^3 \sin x + 3\cos x$　　(5) $y' = \frac{1}{3} - \frac{4}{x^2} + \frac{1}{\sqrt{x}} + \frac{1}{\sqrt[3]{x^4}}$

(6) $y' = 9x^2 + 3^x \ln 3 + \frac{1}{x\ln 3}$　　(7) $y' = e^x(\cos x - \sin x)$

(8) $y' = \frac{a}{a+b}$

3. $\frac{3}{(0.05t+1)^2}$

习题 2.3

1. (1) $y' = 2x\cos x^2$　　(2) $y' = -\tan x$　　(3) $y' = \frac{-x}{\sqrt{1-x^2}}$

(4) $y' = \frac{2x\sec^2 x^2}{\tan x^2}$　　(5) $y' = \frac{2x}{x^2 - a^2}$　　(6) $y' = -\frac{1}{x\sqrt{x^2-1}}$

2. (1) $y' = \frac{2\ln x}{x}$　　(2) $y' = \frac{4}{\sin 4x}$　　(3) $y' = \frac{1}{x\ln x}$

(4) $y' = -2xe^{-x^2}$　　(5) $y' = -2x\tan x^2$　　(6) $y' = \frac{1}{\sqrt{4-x^2}}$

(7) $y' = -\frac{e^x}{e^{2x}+1}$　　(8) $y' = 2^{\sin^2 x} \ln 2 \cdot \sin 2x$　　(9) $y' = e^x 3^{2x}(1 + 2\ln 3)$

(10) $y' = \frac{2}{\sqrt{1-4x^2} \cdot \arcsin 2x}$　　(11) $y' = n\left(ax + \frac{b}{x}\right)^{n-1}\left(a - \frac{b}{x^2}\right)$

(12) $y' = -\frac{\sec^2 x}{2\sqrt{\tan^3 x}}$　　(13) $y' = -\frac{x\sin x^2}{\sqrt{\cos x^2}}$

(14) $y' = \frac{-\sin 2x \cdot \sin x^2 - 2x(1+\cos^2 x) \cdot \cos x^2}{\sin^2 x^2}$

(15) $y' = ax^{a-1} + e^{\sin x}\cos x$　　(16) $y' = \frac{2x \cdot \cos 2x - \sin 2x}{x^2}$

3. $8\pi(3+2t)^2$

习题 2.4

1. (1) $y' = \frac{y}{y-x}$　　(2) $y' = \frac{y\ln y}{y-x}$　　(3) $y' = -\frac{e^y}{1+xe^y}$

(4) $y' = -\frac{1+y\sin(xy)}{x\sin(xy)}$　　(5) $y' = \frac{\cos(x+y)}{e^y - \cos(x+y)}$　　(6) $y' = -\frac{ax}{by}$

2. $\left.\frac{dy}{dx}\right|_{x=0} = -2$

3. $\left.\frac{dy}{dx}\right|_{\substack{x=0\\y=\frac{\pi}{2}}}=1-\frac{\pi}{2}$

4. (1) $y'=\frac{y-e^{x+y}}{e^{x+y}-x}$　(2) $y'=\frac{y-x^2}{y^2-x}$　(3) $y'=\frac{y}{y-1}$　(4) $y'=\frac{1+y^2}{y^2}$

5. (1) $y'=\frac{1}{2}\sqrt{\frac{(x+1)(x+2)}{(x+3)(x+4)}}\left(\frac{1}{x+1}+\frac{1}{x+2}-\frac{1}{x+3}-\frac{1}{x+4}\right)$

(2) $y'=(x+1)(x-2)^2(x+3)^3\left(\frac{1}{x+1}+\frac{1}{x-2}+\frac{1}{x+3}\right)$

(3) $y'=\left(\frac{x}{1+x}\right)^x\left(\ln\frac{x}{1+x}+\frac{1}{1+x}\right)$

6. (1) $\frac{dy}{dx}=3t$　(2) $\frac{dy}{dx}=\frac{t^2+1}{t^2-1}$　(3) $\frac{dy}{dx}=\frac{\sin t}{1-\cos t}$

7. $x+y-4=0$

习题 2.5

1. (1) B　(2) C　(3) D

2. (1) $y''=12x^2-12x+8$　(2) $y''=2\ln x+3$　(3) $y''=\frac{1}{4}e^{\sqrt{x}}\frac{\sqrt{x}-1}{x\sqrt{x}}$

(4) $y''=-\frac{\sin\frac{1}{x}-2x\cos\frac{1}{x}}{x^4}$　(5) $y''=\frac{-2(x^2+1)}{(x^2-1)^2}$　(6) $y''=2e^{-x}\sin x$

3. (1) $y^{(n)}=\sin\left(x+n\cdot\frac{\pi}{2}\right)$　(2) $y^{(n)}=(\ln 2)^n\cdot 2^x$

(3) $y^{(n)}=(-1)^{n-1}\frac{(n-1)!}{(x-1)^n}$　(4) $y^{(n)}=\cos\left(x+n\cdot\frac{\pi}{2}\right)$

4. $\frac{5}{3}\cos\frac{t}{3}$，$\frac{-5}{9}\sin\frac{t}{3}$

习题 2.6

1. (1) $ax+C$　(2) $\frac{b}{2}x^2+C$　(3) $\sqrt{x}+C$　(4) $\ln^{|x|}+C$　(5) $\arctan x+C$

(6) $\arcsin x+C$　(7) $-\frac{1}{2}\cos 2x+C$　(8) $\frac{1}{a}\sin ax+C$　(9) $-\frac{1}{3}e^{-3x}+C$

2. (1) $dy=(\cos x-\sin x)dx$　(2) $dy=(x^2+1)^{-\frac{3}{2}}dx$

(3) $dy=6\tan 3x\sec^2 3x dx$　(4) $dy=\frac{(x^2-1)\sin x+2x\cos x}{(1-x^2)^2}dx$

(5) $dy=e^x(\cos 5x-5\sin 5x)dx$　(6) $dy=\frac{-x}{1-x^2}dx$

3. (1) $dy=30x^4dx$　(2) $dy=\frac{x}{\sqrt{x^2-1}}dx$　(3) $dy=\frac{2\ln x}{x}dx$

(4) $dy=\frac{(1-x^2)\cos x+2x\sin x}{(1-x^2)^2}$　(5) $dy=(\sin x+x\cos x)dx$

(6) $dy = -\frac{x}{\sqrt{x^2(1-x^2)}}dx$　　(7) $dy = 3^{\ln\tan x}\ln 3 \cdot \frac{\sec^2 x}{\tan x}dx$

(8) $dy = -\frac{\sin 2\sqrt{x}}{\sqrt{x}}dx$

习题 2.7

1. (1) $dy = \left(\frac{1}{\sqrt{x^2-1}} - \frac{x^2}{\sqrt{(x^2-1)^3}}\right)dx$　　(2) $dy = \frac{2\ln(1-x)}{x-1}dx$

(3) $dy = \frac{-2x}{1+x^4}dx$　　(4) $dy = -e^{-x}(\cos 4x + 4\sin 4x)dx$

2. $dy|_{x=\frac{\pi}{3}} = 3dx$

3. (1) $dy = \frac{1}{\sqrt{x^2(x^2-1)}}dx$　　(2) $dy = -e^{-x}[\cos(3-x) - \sin(3-x)]dx$

(3) $dy = \left(\frac{1-x^2}{\sqrt{x^2+1}} - 2\right)dx$　　(4) $dy = \left(2^{\ln\tan x}\ln 2 \cdot \frac{\sec^2 x}{\tan x} - \sin 2x\right)dx$

4. 1.03cm

习题 2.8

1. $y' = 2\cos 2x$

2. -1

3. $y' = \frac{1}{x\ln 3x}$

复习题 2

一、1～5. ACDBA　6～10. BACBB　11～15. CBBDB　16～18. CCB

二、1. (1) $y' = 18x(1+3x^2)^2$　　(2) $y' = \cos x \cdot \ln x^2 + \frac{2\sin x}{x}$

(3) $y' = \frac{1+2x+x^4}{1+x^4} \cdot \frac{1}{2\sqrt{x+\arctan x^2}}$　　(4) $y' = -\frac{1}{2t\sqrt{1-\ln^2\sqrt{t}}}$

(5) $y' = \frac{1}{1-t^2}$　　(6) $y' = \frac{1}{1+x^2}$

2. (1) $y'' = (1-x^2)\sin x + 4x \cdot \cos x$　　(2) $y'' = 2\arctan x + \frac{2x}{1+x^2}$

(3) $y'' = (a^2-b^2)e^{at}\sin bt + 2ab\,e^{at}\cos bt$

3. (1) $y' = \frac{1}{1-e^y}$　　(2) $y' = \frac{2x-y}{x+2y}$

4. (1) $y' = (\sin x)^{\tan x}(\sec^2 x \cdot \ln\sin x + 1)$　　(2) $y' = \frac{x^2-1+x}{x(x^2-1)} \cdot \sqrt{\frac{1-x}{1+x}}$

5. (1) $dy = \frac{e^{\sqrt{x}}}{2\sqrt{x}}dx$　　(2) $dy = -2xe^{-x^2}dx$

(3) $dy=-e^{-x}(\cos 2x+2\sin 2x)dx$　　(4) $dy=\frac{1}{\sqrt{x^2+1}}dx$

(5) $dy=2\arcsin x\cdot\frac{1}{\sqrt{1-x^2}}dx$　　(6) $dy=\left(\frac{2x}{\sqrt{1+x^2}}-\frac{x^3}{\sqrt{(1+x^2)^3}}\right)dx$

三、连续，不可导。

四、$\frac{dy}{dx}=-\tan\theta$

第3章　微分中值定理与导数的应用

习题 3.1

1. (1) 不满足　(2) 不满足

2. 满足。

3. 满足。

4. 略。

5. 罗尔定理的几何意义：在每一点都可导的一段连续曲线上，如果曲线的两端高度相等，那么至少有一条水平切线。

6. 有

习题 3.2

1. (1) 2　(2) $-\frac{1}{2}$　(3) $\frac{3}{5}$　(4) $\cos a$　(5) $-\frac{1}{8}$　(6) 1　(7) $\frac{1}{2}$

(8) $\frac{1}{2}$　(9) ∞　(10) $-\frac{1}{2}$　(11) 1　(12) 1

2. (1) 1　(2) 1　(3) e^2　(4) 0　(5) 1

3. 4

习题 3.3

1. (1) 在 $(-\infty, 2)$ 上单调递减，在 $(2, +\infty)$ 上单调递增。极小值为 $f(2)=-9$。

(2) 在 $\left(-\infty, -\frac{1}{2}\right)$ 上单调递增，在 $\left(-\frac{1}{2}, 1\right)$ 上单调递减，在 $(1, +\infty)$ 上单调递增。极小值为 $f(1)=-6$，极大值为 $f\left(-\frac{1}{2}\right)=\frac{3}{4}$。

(3) 在 $(-1, 0)$ 上单调递减，在 $(0, +\infty)$ 上单调递增。极小值为 $f(0)=0$。

(4) 在 $(-\infty, +\infty)$ 上单调递增，无极值。

(5) 在 $\left(-\infty, \frac{3}{4}\right)$ 上单调递增，在 $\left(\frac{3}{4}, 1\right)$ 上单调递减，极大值为 $f\left(\frac{3}{4}\right)=\frac{5}{4}$。

2. (1) 极大值为 $f\left(\frac{\pi}{4}\right)=\sqrt{2}$，极小值为 $f\left(-\frac{3\pi}{4}\right)=-\sqrt{2}$。

（2）极大值为 $f\left(\frac{\pi}{4}\right)=\frac{\sqrt{2}}{2}e^{\frac{\pi}{4}}$，极小值为 $f\left(\frac{5\pi}{4}\right)=-\frac{\sqrt{2}}{2}e^{-\frac{5\pi}{4}}$。

3. $a=2$。

4. $x'=-kx_0e^{-kt}<0$，所以当 t 增加时，浓度减少。

习题 3.4

1. （1）曲线 $y=\ln x$ 在区间（0，$+\infty$）上为凸的。

（2）曲线 $y=4x-x^2$ 在区间($-\infty$，$+\infty$)上为凸的。

（3）曲线 $y=x+x^{-1}$在区间（$-\infty$，0）上为凸的，在区间（0，$+\infty$）上为凹的。

（4）曲线 $y=x\arctan x$ 在区间（$-\infty$，$+\infty$）上为凹的。

2. （1）凸区间为$\left(-\infty,-\frac{1}{2}\right)$，凹区间为$\left(-\frac{1}{2},+\infty\right)$，拐点为$\left(-\frac{1}{2},-1\right)$。

（2）凸区间为（$-\infty$，2），凹区间为（2，$+\infty$），拐点为（2，$2e^{-2}$）。

（3）凸区间为（$-\infty$，-1）$\cup$（1，$+\infty$），凹区间为（-1，1），拐点为（-1，ln2）和（1，ln2）。

（4）凹区间为（$-\infty$，$+\infty$），无拐点。

3. $a=-3$。凹区间为（1，$+\infty$），凸区间为（$-\infty$，1），拐点坐标为（1，-7）。

4. $a=-1$，$b=3$。

习题 3.5

1. （1）最大值为 13，最小值为 4。　（2）最大值为 π，最小值为$-\pi$。

（3）最大值为$\frac{5}{4}$，最小值为 1。　（4）最大值为 15，最小值为-49。

2. $\frac{a^2}{4}$。

3. 2cm。

4. 略。

5. 长为 5m，宽为 10m。

习题 3.6

1. （1）水平渐近线 $y=0$，垂直渐近线 $x=\pm1$。　（2）无水平渐近线，垂直渐近线 $x=0$。

（3）水平渐近线 $y=1$，垂直渐近线 $x=1$。　（4）水平渐近线 $y=0$。

2. 略。

习题 3.7

略

复习题 3

一、1. $\cos a$　2. $\frac{1}{3}$　3. $-\frac{1}{2}$　4. 0　5. ∞　6. 0　7. 不存在　8. 0

二、1. 在 $(-\infty, -1)$ 上单调递增，在 $(-1, 3)$ 上单调递减，在 $(3, +\infty)$ 上单调递增。

2. 在 $(-1, +\infty)$ 上单调递减，在 $(-\infty, -1)$ 上单调递增。

三、1. 极小值为 $f(1)=0$，极大值为 $f(e^2)=\frac{2}{e^2}$。

2. 极小值为 $f(-1)=-1$，极大值为 $f(1)=1$。

四、1. 在区间 $(0, e^{\frac{3}{2}})$ 上为凸的，在区间 $(e^{\frac{3}{2}}, +\infty)$ 上为凹的，拐点为 $\left(e^{\frac{3}{2}}, \frac{3}{2}e^{-\frac{3}{2}}\right)$。

2. 在区间 $(1, 2)$ 上为凸的，在区间 $(-\infty, 1)$ 和 $(2, +\infty)$ 上为凹的，拐点为 $(1, -3)$，$(2, 6)$。

3. 在区间 $(0, 1)$ 和 $(e, +\infty)$ 上为凸的，在区间 $(1, e)$ 上为凹的，拐点为 $(e, 2e)$。

五、$a=-\frac{2}{27}$，$b=0$，$c=2$，$d=2$。

六、略。

第 4 章　不定积分

习题 4.1

1. (1) $(x+1)e^x$　(2) $\sin x+\cos x+C$
2. (1) ×　(2) √　(3) ×　(4) ×
3. (1) B　(2) D
4. (1) $y=\frac{x^3}{3}+1$　(2) $y=x^3+1$　(3) $y=\ln|x|+1$

习题 4.2

1. (1) $x^3-4x-\ln|x|+\frac{2^x}{\ln 2}+C$　(2) $e^x-3\sin x+C$

(3) $-\cos x+2\arcsin x+C$　(4) $x^3-\frac{3}{4}x^{\frac{4}{3}}+x+C$

(5) $\frac{x^3}{3}-2x^2+4x+C$　(6) $\frac{8}{5}x^{\frac{5}{2}}+\frac{8}{3}x^{\frac{3}{2}}+2x^{\frac{1}{2}}+C$

(7) $\frac{x^5}{5}+\frac{2}{3}x^3+x+C$　(8) $\frac{2}{7}x^{\frac{7}{2}}-\frac{10}{3}x^{\frac{3}{2}}+C$

(9) $\frac{90^x}{\ln 90}+C$　(10) $-x+2\arctan x+C$

(11) $\frac{x^3}{3}-x+\arctan x+C$　(12) $-\frac{1}{x}-\arctan x+C$

(13) $\frac{x}{2}+\frac{1}{2}\sin x+C$　(14) $\tan x-\sec x+C$

(15) $-\cot x-x+C$　(16) $\frac{1}{2}\cot x+C$

(17) $-\cot x-\tan x+C$　(18) $\sin x+\cos x+C$

2. (1) 27m　(2) $t=\sqrt[3]{360}\approx 7.11\text{s}$

3. $s(t)=\frac{5}{2}t^2+2t+8$

习题 4.3

1. (1) C　(2) D

2. (1) $\frac{1}{3}\sin 3x+C$　(2) $-e^{-x}+C$　(3) $-\frac{(3-2x)^5}{10}+C$

(4) $-\frac{1}{2}\cos(2x+1)+C$　(5) $\frac{1}{8}(1-2x)^{-4}+C$　(6) $\frac{10^{3x}}{3\ln 10}+C$

(7) $\frac{1}{2}\ln(1+x^2)+C$　(8) $\frac{1}{3}\ln^3 x+C$　(9) $\frac{1}{2}(\arctan x)^2+C$

(10) $\frac{(\ln x)^2}{2}+C$　(11) $\ln(e^x+1)+C$　(12) $\cos\frac{1}{x}+C$

(13) $\frac{1}{2}\sin x^2+C$　(14) $\frac{1}{9}(3x^2-1)^{\frac{3}{2}}+C$　(15) $-\frac{1}{2}e^{-x^2}+C$

(16) $-\frac{1}{4}\cos^4 x+C$　(17) $\frac{4}{15}(1+x^3)^{\frac{5}{4}}+C$　(18) $-\cos e^x+C$

(19) $4\ln|x|-\frac{1}{2}\ln^2 x+C$　(20) $\frac{1}{6}\arctan\frac{3}{2}x+C$　(21) $\frac{1}{12}\ln\left|\frac{2+3x}{2-3x}\right|+C$

(22) $\frac{1}{2}x-\frac{1}{4}\sin 2x+C$　(23) $\frac{1}{2}x+\frac{1}{8}\sin 4x+C$

3. (1) $\sqrt{2x}-\ln(1+\sqrt{2x})+C$　(2) $3\left(\frac{1}{2}x^{\frac{2}{3}}-x^{\frac{1}{3}}+\ln|x^{\frac{1}{3}}+1|\right)+C$

(3) $x-2\sqrt{x+1}+2\ln(\sqrt{x+1}+1)+C$　(4) $2\sqrt{x}-4\sqrt[4]{x}+4\ln(\sqrt[4]{x}+1)+C$

(5) $2(\sqrt{x-1}-\arctan\sqrt{x-1})+C$　(6) $2\arcsin\frac{x}{2}+\frac{x}{2}\sqrt{4-x^2}+C$

(7) $\frac{1}{2}\arcsin x-\frac{x}{2}\sqrt{1-x^2}+C$　(8) $\ln(x+\sqrt{1+x^2})-\frac{\sqrt{1+x^2}}{x}+C$

(9) $\sqrt{x^2-a^2}-a\arccos\frac{a}{x}+C$

习题 4.4

1. (1) $\cos x$　(2) $xf'(x)-f(x)+C$

2. (1) $-x\cos x+\sin x+C$ (2) $-e^{-x}(x+1)+C$

(3) $\frac{1}{4}\left(x\sin 4x+\frac{1}{4}\cos 4x\right)+C$ (4) $-\frac{1}{2}x\cos 2x+\frac{1}{4}\sin 2x+C$

(5) $(x-1)^2e^x+e^x+C$ (6) $\frac{x^2}{2}\ln x-\frac{x^2}{4}+C$

(7) $\frac{1}{3}x^3\ln x-\frac{1}{9}x^3+C$ (8) $\frac{2}{3}x^{\frac{3}{2}}\ln x-\frac{4}{9}x^{\frac{3}{2}}+C$

(9) $x\ln(1+x^2)-2x+2\arctan x+C$ (10) $x\arctan x-\frac{1}{2}\ln(1+x^2)+C$

(11) $\frac{1}{2}e^x(\sin x+\cos x)+C$ (12) $\frac{1}{1+n^2}e^x(n\sin nx+\cos nx)+C$

(13) $-\frac{1}{5}e^{-x}(\sin 2x+2\cos 2x)+C$ (14) $x\tan x+\ln|\cos x|+C$

(15) $2(\sqrt{x}\sin\sqrt{x}+\cos\sqrt{x})+C$

3. $\int xf'(x)dx=2\ln x-(\ln x)^2+C$

习题 4.5

1. $e^{\sin x}+C$

2. $-x\cos x+\sin x+C$

复习题 4

一、1. $x\ln x-x+C$ $\ln x+C$

2. $\sin 2x$

3. $\frac{1}{a}F(ax+b)+C$

4. $F(\sin x)+C$

5. $\frac{1}{2}f(2x)+C$

6. $\ln|f(x)|+C$

7. $x-\frac{x^2}{2}$

8. $\frac{1}{x}+C$

9. $\ln x$

10. $x\arcsin x+\sqrt{1-x^2}$

二、1～6. BDCDBB

三、1. $\frac{3}{10}x^{\frac{10}{3}}-\frac{15}{4}x^{\frac{4}{3}}+C$

2. $x^3+\arctan x+C$

3. $\frac{2}{3}x\sqrt{x}-3x+C$

4. $-\frac{1}{x}+\arctan x+C$

5. $-\cot x-2x+C$

6. $\frac{1}{2}e^{x^2-2x+1}+C$

7. $-2\ln|\cos\sqrt{x}|+C$

8. $\frac{1}{3}(\arctan x)^3+C$

9. $-\cos x+\frac{1}{3}\cos^3 x+C$

10. $\frac{2}{3}x\sqrt{x}-x+4\sqrt{x}-4\ln(1+\sqrt{x})+C$

11. $\frac{3}{2}\sqrt[3]{(1+x)^2}-3\sqrt[3]{1+x}+3\ln|1+\sqrt[3]{1+x}|+C$

12. $2\arcsin\frac{x}{2}-\frac{x}{2}\sqrt{4-x^2}+C$

13. $-\frac{1}{4}xe^{-4x}-\frac{1}{16}e^{-4x}+C$

14. $-\frac{1}{2x^2}\left(\ln x+\frac{1}{2}\right)+C$

15. $\frac{x^2}{2}\ln(x-1)-\frac{x^2}{4}-\frac{x}{2}-\frac{1}{2}\ln(x-1)+C$

16. $(x+1)\ln(1-\sqrt{x})-\left(\frac{1}{2}x+\sqrt{x}\right)+C$

四、$x+C$

五、$\cos x-\frac{2\sin x}{x}+C$

第5章　定积分

习题 5.1

1. A　2. B　3. D

4. (1) 对　(2) 错　(3) 对　(4) 对

5. (1) 6　(2) 0　(3) π

6. (1) $\int_0^1 x^2 dx \geqslant \int_0^1 x^3 dx$　(2) $\int_0^{\frac{\pi}{4}} \sin x dx \leqslant \int_0^{\frac{\pi}{4}} \cos x dx$

(3) $\int_0^1 x dx \geqslant \int_0^1 \ln(1+x) dx$　(4) $\int_0^1 x dx \geqslant \int_0^1 \sin x dx$

7. (1) $8 \leqslant \int_2^4 x^2 \mathrm{d}x \leqslant 32$　(2) $\frac{2}{\mathrm{e}} \leqslant \int_{-1}^1 \mathrm{e}^{-x^2} \mathrm{d}x \leqslant 2\mathrm{e}$

习题 5.2

1. (1) 0　1　0　0　(2) $x^2\sqrt{1+x}$　(3) $-x\mathrm{e}^{-x}$　(4) 0

2. (1) $\frac{15}{4}$　(2) $20\frac{2}{3}$　(3) $1-\frac{\pi}{4}$　(4) $\frac{\pi}{3a}$　(5) $\frac{\pi}{4}$　(6) $\frac{\sqrt{2}}{2}$　(7) $\frac{5}{2}$

3. (1) $\sqrt{1+x^2}$　(2) $-\frac{2x}{3+2x+x^2}$　(3) $\mathrm{e}^x\cos x$

4. (1) $\frac{1}{2}$　(2) $\frac{1}{2}$

习题 5.3

1. (1) $\frac{14}{3}$　(2) $\frac{1}{2}\ln 2$　(3) $\frac{3}{8}\pi$

2. (1) $2\ln 2-\frac{3}{4}$　(2) $1-\frac{2}{\mathrm{e}}$　(3) $\frac{\pi^2}{16}+\frac{1}{4}$

3. (1) $2\sqrt{3}-\frac{2}{3}\pi$　(2) $\arctan \mathrm{e}^2-\frac{\pi}{4}$　(3) $\frac{1}{3}$　(4) 2　(5) $\frac{1}{5}(\mathrm{e}-1)^5$

(6) $\frac{3}{2}$　(7) $\frac{1}{3}$　(8) $\mathrm{e}-\mathrm{e}^{\frac{1}{2}}$　(9) $11-6\ln\frac{3}{2}$（提示：令 $x=t^6$）

(10) $\frac{5}{4}\mathrm{e}^4-\frac{1}{4}$　(11) $\frac{1}{5}(\mathrm{e}^{\pi}-2)$

4. 略。

习题 5.4

1. (1) 1　(2) 1　(3) π　(4) $+\infty$，发散　(5) $\frac{b}{a^2+b^2}$　(6) $\frac{3\pi^2}{32}$

2. (1) 收敛，2　(2) 收敛，$\frac{\pi}{2}$　(3) 发散　(4) 发散　(5) 发散　(6) 发散

习题 5.5

1. (1) $\frac{1}{3}$　(2) $\frac{16}{3}$　(3) 24　(4) 2　(5) $\frac{3}{2}-\ln 2$　(6) $2\sqrt{2}-2$

2. $\frac{4}{3}$

3. (1) $V_x=\frac{\pi}{6}$，$V_y=\frac{\pi}{3}$　(2) $V_x=\frac{2}{3}(2-\sqrt{2})\pi$，$V_y=\frac{1}{3}(4-\sqrt{2})\pi$

4. 0.9J

5. 9.85kJ

6. $2a^2\pi$

7. 95.8m

8. $\frac{3}{\pi}(2-\sqrt{3})$ J

9. 16.33×10^5 N

10. $\frac{\pi}{5}$

11. 22.975

习题 5.6

略

复习题 5

一、1. 2　　2. $-\frac{5}{2}$　　3. 1　　4. 2

二、1～5. ADAAD

三、1. (1) $\frac{1}{2}$　(2) 0　(3) 1

2. (1) $\frac{3}{2}+\ln2$　(2) 1　(3) $\sqrt{3}-1-\frac{\pi}{12}$　(4) $\frac{1}{3}$　(5) $\arctan2-\frac{\pi}{4}$

(6) $2(\sqrt{3}-1)$　(7) $\frac{\pi}{6}$　(8) $\frac{5}{3}$　(9) π　(10) $1-\frac{\pi}{4}$　(11) $\sqrt{3}-\frac{\pi}{3}$

(12) $2\left(1-\frac{\pi}{4}\right)$　(13) $\ln2-\frac{1}{2}$　(14) $2-\frac{2}{e}$　(15) $\ln(2+\sqrt{3})-\frac{\sqrt{3}}{2}$

四、$x=\frac{\pi}{2}$。

五、略。

六、$t=\frac{1}{4}$，面积和最小为$\frac{1}{4}$。

七、$\frac{9}{4}$。

八、$a=-\frac{5}{3}$，$b=2$，$c=0$。

九、$s=4t^{\frac{3}{2}}$。

十、23 275J。

第 6 章　常微分方程

习题 6.1

1. D　　2. C

3. (1) 是，通解　(2) 否　(3) 否　(4) 是，特解

4. 特解为 $y=\frac{1}{3}x^3$

习题 6.2

1. (1) $y=e^{Cx}$　(2) $(e^x+1)(e^y-1)=C$　(3) $\ln|x^3+5|+3y=C$

(4) $\sin x\sin y=C$

2. (1) $y=\frac{4}{x^2}$　(2) $y=e^{\tan\frac{x}{2}}$　(3) $\cos y=\frac{\sqrt{2}}{4}(e^x+1)$

3. $R=R_0e^{-0.000\,433t}$

4. 269.3cm/s

习题 6.3

1. (1) $y\pm\sqrt{y^2-x^2}=Cx^2$　(2) $y^2=2x^2(\ln x+C)$　(3) $y=xe^{Cx+1}$

(4) $\ln x=e^{\frac{y}{x}}+C$

2. (1) $y^2=2x^2(\ln|x|+2)$　(2) $x=2\sin\frac{y}{x}$

习题 6.4

1. (1) $y=(1+x^2)(x+C)$　(2) $y=\frac{x^2}{3}+\frac{3x}{2}+2+\frac{C}{x}$

(3) $y=e^{-\sin x}(x+C)$　(4) $y=e^{-x}(x+C)$

2. (1) $y=\frac{1}{x}(\pi-1-\cos x)$　(2) $y=\frac{2}{3}(4-e^{-3x})$　(3) $y=x-x^2$

3. $y=-2x-2+2e^x$

习题 6.5

1. $y=x\arctan x-\frac{1}{2}\ln(1+x^2)+C_1x+C_2$

2. $y=-\frac{1}{4}\sin 2x+C_1x+C_2$

3. $y=C_1e^x-\frac{1}{2}x^2-x+C_2$

4. $y=C_1e^{2x}+C_2$

5. $y=-\frac{1}{a}\ln(ax+1)$

习题 6.6

1. (1) $y=C_1e^x+C_2e^{-2x}$　(2) $y=C_1+C_2e^{4x}$

(3) $y=C_1\cos x+C_2\sin x$　(4) $x=(C_1+C_2t)e^{\frac{5}{2}t}$

(5) $y=e^{2x}(C_1\cos x+C_2\sin x)$

2. (1) $y=e^{-x}-e^{4x}$　(2) $y=2\cos 5x+\sin 5x$　(3) $y=e^{-x}\cos x$

(4) $y=3e^{-2x}\sin 5x$

3. $m\approx 195(\text{kg})$

习题 6.7

1. $y=(C+x^2)e^{x^2}$
2. $y=1$
3. $y=C_1e^x+C_2e^{-2x}$

复习题 6

一、1～5. DACAD　6. C

二、1. 二

2. $y=e^{Cx}$

3. 特

4. $y=C_1e^{-2x}+C_2e^{2x}$

5. $y=C_1e^{-2x}+C_2e^{5x}$

三、1. $3x^4+4(y+1)^3=C$

2. $\sin\dfrac{y}{x}=Cx$

3. $y=\dfrac{x\ln x+C}{\ln x}$

4. $y=C_1\ln|x|+C_2$

5. $y=C_1e^x+C_2e^{3x}$

6. $y=e^{-3x}(C_1\cos 2x+C_2\sin 2x)$

四、1. $y=e^{x^2}$

2. $(1+x^2)(1+y^2)=4$

3. $x\ln y=\dfrac{1}{2}\ln^2 y+\dfrac{1}{2}$

4. $y=(2+x)e^{-\frac{x}{2}}$

第 7 章　向量代数与空间解析几何

习题 7.1

1. $z=7$ 或 $z=-5$

2. $(7, -1, 0)$

3. (1) $\vec{c}=\{4. -3, -1\}$；(2) $\vec{c}$ 的方向余弦：$\cos\alpha=\dfrac{4}{\sqrt{26}}$，$\cos\beta=\dfrac{-3}{\sqrt{26}}$，$\cos\gamma=$

$\frac{-1}{\sqrt{26}}$，平行的单位向量：$\vec{e}=\pm\left\{\frac{4}{\sqrt{26}},\frac{-3}{\sqrt{26}},\frac{-1}{\sqrt{26}}\right\}$

4. C地在B地东偏南15°的方向，$300\sqrt{2}$km

习题 7.2

1. $k=-5$

2. (1) $\vec{a}\cdot\vec{b}=3$，$\vec{a}\times\vec{b}=-3\vec{i}-7\vec{j}-\vec{k}$

(2) $5\vec{a}\cdot3\vec{b}=45$，$2\vec{a}\times7\vec{b}=-42\vec{i}-98\vec{j}-14\vec{k}$

3. $\alpha=60^\circ$

习题 7.3

1. $x-2y+3z+3=0$
2. $7x-3y+z-16=0$
3. $x-y+3z-5=0$
4. (1) $x-1=0$ (2) $z+2=0$ (3) $9x-z-38=0$
5. $\theta=\frac{\pi}{3}$
6. (1) 垂直 (2) 平行 (3) 相交

习题 7.4

1. $\frac{x-2}{3}=\frac{y-3}{1}=\frac{z-1}{1}$
2. $\frac{x-2}{2}=\frac{y-2}{1}=\frac{z+1}{5}$
3. $\frac{x-2}{1}=\frac{y-2}{z}=\frac{z}{3}$
4. (1) $\begin{cases}x=2t+2\\y=t-1\\z=3t-3\end{cases}$ (2) $\begin{cases}x=\frac{1+t}{2}\\y=3-t\\z=\frac{t}{4}\end{cases}$
5. $d=\frac{3}{\sqrt{14}}$
6. $\theta=\arccos\frac{14}{39}$
7. (1) 垂直 (2) 平行
8. (1) 平行 (2) 垂直 (3) 直线在平面内
9. 3.848m

习题 7.5

略

复习题 7

一、1. $\pm\left\{\frac{6}{11}, \frac{7}{11}, \frac{-6}{11}\right\}$

2. $(x-1)^2+(y-3)^2+(z+2)^2=14$

3. 以（1，−2，−1）为球心、半径为$\sqrt{6}$的球面

二、1. (1) $\vec{a}\cdot\vec{b}=3, \vec{a}\times\vec{b}=5\vec{i}+\vec{j}+7\vec{k}$

(2) $-18, 10\vec{i}+2\vec{j}+14\vec{k}$

(3) $\frac{\sqrt{21}}{14}$

2. $|\overrightarrow{M_1M_2}|=2$，$\cos\alpha=-\frac{1}{2}$，$\cos\beta=-\frac{\sqrt{2}}{2}$，$\cos\gamma=\frac{1}{2}$，$\alpha=\frac{2\pi}{3}$，$\beta=\frac{3\pi}{4}$，$\gamma=\frac{\pi}{3}$

3. $3x-7y+5z-4=0$

4. $y=-5$

5. $\frac{x-1}{2}=\frac{y-2}{1}=\frac{z-3}{5}$

6. $\frac{x}{-2}=\frac{y-2}{3}=\frac{z-4}{1}$

7. $16x-14y-11z-65=0$

8. $8x-9y-22z-59=0$

9. 0

10. (1) 垂直　(2) 直线在平面上

11. $\frac{3\sqrt{2}}{2}$

第 8 章　二元函数微积分

习题 8.1

1. 略。

2. 0，−6，$\frac{a}{a^2+1}$，$\frac{x^2-y^2}{2x}$

3. (1) $\{(x, y)|x^2+y^2\leqslant 1\}$　(2) $\{(x, y)|x+y>0\}$

(3) $\{(x, y)|x+y>0, x-y>0\}$　(4) $\{(x, y)|y-x>0, x\geqslant 0, x^2+y^2<4\}$

4. (1) 1　(2) 2　(3) 不存在

5. 0.108Ω

习题 8.2

1. (1) $\frac{\partial z}{\partial x}=3x^2y-y^3$，$\frac{\partial z}{\partial y}=x^3-3xy^2$

(2) $\frac{\partial z}{\partial x}=\frac{1}{2x\sqrt{\ln(xy)}}$，$\frac{\partial z}{\partial y}=\frac{1}{2y\sqrt{\ln(xy)}}$

(3) $\frac{\partial z}{\partial x}=\ln(x+y)+x\cdot\frac{1}{x+y}$，$\frac{\partial z}{\partial y}=\frac{x}{x+y}$

(4) $\frac{\partial z}{\partial x}=3\cos(3x-y)$，$\frac{\partial z}{\partial y}=-\cos(3x-y)+1$

(5) $\frac{\partial f}{\partial x}=\frac{1}{y}\sec^2\frac{x}{y}$，$\frac{\partial f}{\partial y}=-\frac{x}{y^2}\sec^2\frac{x}{y}$

(6) $\frac{\partial z}{\partial x}=y\cos xy-y\sin 2xy$，$\frac{\partial z}{\partial y}=x\cos xy-x\sin 2xy$

2. $\frac{\mathrm{d}z}{\mathrm{d}t}=-(\mathrm{e}^t+\mathrm{e}^{-t})$

3. $\frac{\partial z}{\partial u}=3u^2\sin v\cos v(\cos v-\sin v)$，

$\frac{\partial z}{\partial v}=-2u^3\sin v\cos v(\sin v+\cos v)+u^3(\sin^3 v+\cos^3 v)$

4. (1) $\frac{\partial^2 z}{\partial x^2}=y^2\mathrm{e}^{xy}$，$\frac{\partial^2 z}{\partial y^2}=x^2\mathrm{e}^{xy}$，$\frac{\partial^2 z}{\partial x\partial y}=\mathrm{e}^{xy}(xy+1)$

(2) $\frac{\partial^2 z}{\partial x^2}=\frac{2xy}{(x^2+y^2)^2}$，$\frac{\partial^2 z}{\partial y^2}=-\frac{2xy}{(x^2+y^2)^2}$，$\frac{\partial^2 z}{\partial x\partial y}=\frac{y^2-x^2}{(x^2+y^2)^2}$

(3) $\frac{\partial^2 z}{\partial x^2}=\frac{4y}{(x-y)^3}$，$\frac{\partial^2 z}{\partial y^2}=\frac{4x}{(x-y)^3}$，$\frac{\partial^2 z}{\partial x\partial y}=-\frac{2(x+y)}{(x-y)^3}$

(4) $\frac{\partial^2 z}{\partial x^2}=\frac{2(y-x^2)}{(x^2+y)^2}$，$\frac{\partial^2 z}{\partial y^2}=-\frac{1}{(x^2+y)^2}$，$\frac{\partial^2 z}{\partial x\partial y}=-\frac{2x}{(x^2+y)^2}$

5. 略。

6. R_1、R_2、R_3 中越小的电阻对总电阻 R 的影响越大，R_1、R_2、R_3 中越大的电阻对总电阻 R 的影响越小。

习题 8.3

1. (1) $\mathrm{d}z=-\frac{x}{(x^2+y^2)^{\frac{3}{2}}}(y\mathrm{d}x-x\mathrm{d}y)$　　(2) $\mathrm{d}z=yx^{y-1}\mathrm{d}x+x^y\ln x\mathrm{d}y$

2. $\mathrm{d}z|_{(1,2)}=\frac{1}{3}\mathrm{d}x+\frac{2}{3}\mathrm{d}y$

3. 106.8cm^3

4. 0.628m^3

5. 2.039 3

习题 8.4

1.（1）极小值：$f\left(\frac{1}{2},-1\right)=-\frac{e}{2}$　（2）极小值：$f(-4,1)=-1$

（3）极大值：$f(2,-2)=8$　（4）极小值：$f(1,1)=-1$

2.（1）$\left(\frac{1}{2},\frac{1}{2}\right)$　（2）（6，9）

3. 甲种鱼$\frac{3\alpha-2\beta}{2\alpha^2-\beta^2}$（万尾），乙种鱼$\frac{4\alpha-3\beta}{2(2\alpha^2-\beta^2)}$（万尾）

习题 8.5

1.（1）$V=\iint\limits_D \sqrt{R^2-x^2-y^2}\,dxdy$，$D=\{(x,y)\mid x^2+y^2\leqslant R^2\}$

（2）$V=\iint\limits_D (2-x^2-y^2)\,dxdy$，$D=\{(x,y)\mid x^2+y^2\leqslant 1\}$

2.（1）$\int_1^2 dx\int_0^{\ln x} f(x,y)dy=\int_0^{\ln 2} dy\int_{e^y}^2 f(x,y)dx$

（2）$\int_{-3}^1 dx\int_{x^2}^{3-2x} f(x,y)dy=\int_0^1 dy\int_{-\sqrt{y}}^{\sqrt{y}} f(x,y)dx+\int_1^9 dy\int_{-\sqrt{y}}^{\frac{3-y}{2}} f(x,y)dx$

（3）$\int_0^{\pi} dx\int_0^{\sin x} f(x,y)dy=\int_0^1 dy\int_{\arcsin y}^{\pi-\arcsin y} f(x,y)dx$

（4）$\int_0^1 dx\int_0^x f(x,y)dy+\int_1^2 dx\int_0^1 f(x,y)dy+\int_2^3 dx\int_{x-2}^1 f(x,y)dy=\int_0^1 dy\int_y^{y+2} f(x,y)dx$

3.（1）$\frac{e}{2}-1$　（2）$\frac{\pi^2}{16}$　（3）$\frac{45}{8}$　（4）$\frac{3\cos 1+\sin 1-\sin 4}{2}$

4.（1）$\int_{-\frac{\pi}{2}}^{\frac{\pi}{2}} d\theta\int_0^{a\cos\theta} f(r\cos\theta,r\sin\theta)rdr$

（2）$\int_0^{2\pi} d\theta\int_1^2 f(r\cos\theta,r\sin\theta)rdr$

（3）$\int_0^{\frac{\pi}{2}} d\theta\int_0^{\frac{1}{\cos\theta+\sin\theta}} f(r\cos\theta,r\sin\theta)rdr$

（4）$\int_{-\frac{\pi}{4}}^{\frac{3\pi}{4}} d\theta\int_0^{2(\cos\theta+\sin\theta)} f(r\cos\theta,r\sin\theta)rdr$

（5）$\int_{-\frac{\pi}{2}}^{\frac{\pi}{2}} d\theta\int_{2\cos\theta}^2 f(r\cos\theta,r\sin\theta)rdr+\int_{\frac{\pi}{2}}^{\frac{3\pi}{2}} d\theta\int_0^2 f(r\cos\theta,r\sin\theta)rdr$

5. $\frac{1}{3}$

6. $2.18\times10^8\,km^2$

习题 8.6

略

复习题 8

一、1～5. BCAAB　6～8. ACA

二、1. π

2. $\ln 2$

3. $\{(x,\ y) \mid x+y>1\}$

4. $\{(x,\ y) \mid -1\leqslant x\leqslant 1,\ y\neq 0\}$

5. $\dfrac{x^2-y^2}{2x}$

6. 1

7. 直线 $x-1=0$ 上的所有点

8. 1

9. $\dfrac{2y}{x^3}$

10. $(1,\ -1)$

11. $V=\iint\limits_D(2-x^2-y^2)\mathrm{d}x\mathrm{d}y, D=\{(x,y)\mid x^2+y^2\leqslant 1\}$

12. $\int_1^2\mathrm{d}x\int_0^{\ln x}f(x,\ y)\mathrm{d}y=\int_0^{\ln 2}\mathrm{d}y\int_{e^y}^2 f(x,\ y)\mathrm{d}x$

三、1. (1) $D=\{(x,\ y)\mid x^2+y^2\leqslant 1\}$，如图 1 所示

(2) $D=\{(x,\ y)\mid x+y>0,\ x+y\neq 1\}$，如图 2 所示

(3) $D=\{(x,\ y)\mid xy>1\}$，如图 3 所示

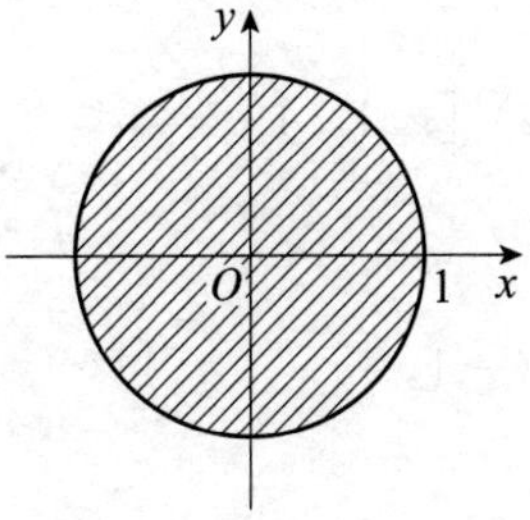

图 1

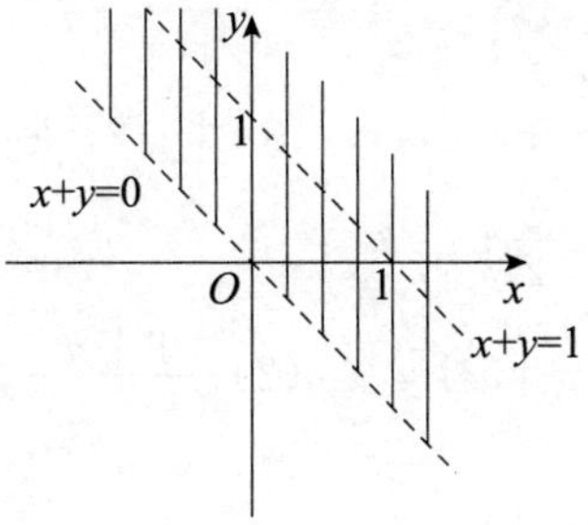

图 2

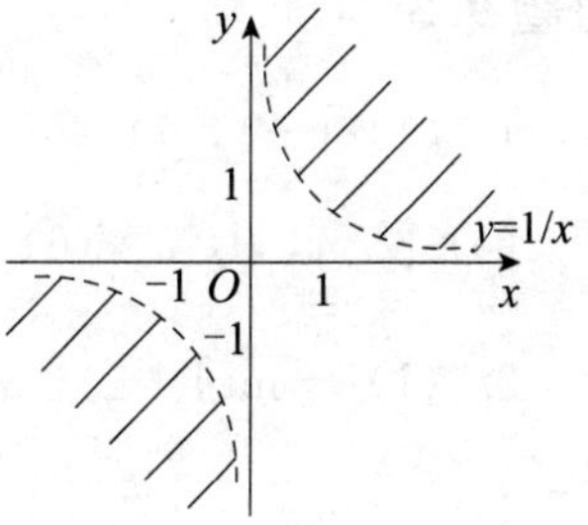

图 3

2. (1) 4　(2) $-\dfrac{1}{2}$

3. $u_x=\sin y-y\sin x$，$u_y=x\cos y+\cos x$

4. $z_x=e^y-ye^{-x}$，$z_y=xe^y+e^{-x}$

5. $\dfrac{\partial z}{\partial x}=-\dfrac{z+y}{y+x}$，$\dfrac{\partial z}{\partial y}=-\dfrac{z+x}{y+x}$

6. 极小值 $z(-1,0)=-1$

7. $(-3\sin t+4t)e^{3x+2y}$

8. $\dfrac{\partial z}{\partial x}=y^x\ln y\cdot\ln xy+\dfrac{1}{x}y^x$，$\dfrac{\partial z}{\partial y}=xy^{x-1}\ln(xy)+\dfrac{1}{y}y^x$

9. $dz=\frac{1}{x^2+y^2+e^{xy}}[(2x+ye^{xy})dx+(2y+xe^{xy})dy]$

10. (1) $\frac{3}{2}$ (2) $\frac{(e^2-1)^2}{2e}$ (3) $-\frac{4}{3}$ (4) $\frac{9}{4}$ (5) $-\frac{3}{2}\pi$ (6) $\frac{45}{8}$

11. (1) $\frac{1}{3}R^3\left(\pi-\frac{4}{3}\right)$ (2) $\frac{\pi}{8}a^4$

四、当水池的长、宽、高分别为 8 米、8 米、2 米时，其造价最低。

第 9 章　无穷级数

习题 9.1

1. (1) 收敛 (2) 发散 (3) 发散 (4) 收敛 (5) 收敛
2. (1) 发散 (2) 发散
3. 84 百万元

习题 9.2

1～4. CBDB
5. (1) 发散 (2) 收敛 (3) 收敛 (4) 收敛
6. (1) 收敛 (2) 发散 (3) 发散 (4) 收敛
7. (1) 发散 (2) 绝对收敛 (3) 条件收敛 (4) 绝对收敛

习题 9.3

1. (1) $(-1,1)$ (2) $(-e,e)$ (3) $[-2,2]$ (4) $[-1,1]$

(5) $[-4,0)$ (6) $\left[\frac{1}{2},\frac{3}{2}\right)$

2. (1) $-\ln(1+x)$，$x\in(-1,1]$ (2) $\frac{1+x}{(1-x)^2}$，$x\in(-1,1)$

3. (1) $\frac{\sqrt{2}}{4}\cdot\ln\frac{\sqrt{2}+1}{\sqrt{2}-1}$ (2) 8

习题 9.4

1. (1) $\sum_{k=0}^{\infty}\frac{x^{2k+1}}{(2k+1)!}$，$x\in(-\infty,+\infty)$

(2) $\sum_{n=0}^{\infty}(-1)^n\frac{x^{2n+1}}{2^{2n+1}(2n+1)!}$，$x\in(-\infty,+\infty)$

(3) $\sum_{n=0}^{\infty}\frac{(-1)^n}{n!}x^{2n+1}$，$x\in(-\infty,+\infty)$

(4) $\sum_{n=0}^{\infty}x^{2n}$，$x\in(-1,1)$

2. (1) $\sum_{n=0}^{\infty}\frac{(x-1)^n}{2^{n+1}}$，$x\in(-1,3)$

(2) $\sum_{n=0}^{\infty}(-1)^n\left(\frac{1}{2^{n+2}}-\frac{1}{2^{2n+3}}\right)(x-1)^n$，$x\in(-1,3)$

(3) $\sum_{n=1}^{\infty}\frac{(-1)^{n+1}n}{3^{n+1}}(x-3)^{n-1}$，$x\in(0,6)$

习题 9.5

1. (1) $\frac{1}{4}$　(2) $\frac{2}{2-\ln 3}$

2. $\sum_{n=0}^{\infty}\left(\frac{1}{2^{n+1}}-\frac{1}{3^{n+1}}\right)(x+4)^n$，$x\in(-6,-2)$

复习题 9

一、1～5. CDADB　6～7. DC

二、1. $\frac{1}{2}$

2. 绝对收敛

3. 发散

4. $|r|\geqslant 1$

5. $(-1,1)$

6. $[-1,1)$

7. 4

三、1. (1) 发散　(2) 发散　(3) 收敛　(4) 收敛

2. (1) 条件收敛　(2) 绝对收敛　(3) 发散　(4) 绝对收敛

3. (1) 在 $x=0$ 处收敛　(2) $(-\infty,+\infty)$　(3) $\left[-\frac{1}{5},\frac{1}{5}\right)$

(4) $[-5,-3)$　(5) $\left(\frac{9}{10},\frac{11}{10}\right)$　(6) $[2,4]$

4. (1) $(-1,1)$，$\frac{1+x}{(1-x)^3}$　(2) $(-1,1)$，$\frac{x}{(1-x)^2}$

(3) $(-2,2)$，$\frac{1}{2-x}$　(4) $[-1,1]$，$-x\ln(1-x)+\ln(1-x)+x$

5. (1) $\sum_{n=0}^{\infty}\frac{(\ln 3)^n}{n!}x^n$，$x\in(-\infty,+\infty)$　(2) $-\sum_{n=1}^{n}x^{2n}$，$x\in(-1,1)$

(3) $\sum_{n=1}^{\infty}\frac{(-1)^{n-1}2^n-1}{n}x^n$，$x\in\left(-\frac{1}{2},\frac{1}{2}\right]$　(4) $\sum_{n=0}^{\infty}(1-\frac{1}{2^{n+1}})x^n$，$x\in(-1,1)$

6. (1) $\mathrm{e}\sum_{n=0}^{\infty}\frac{(x-1)^n}{n!}$，$x\in(-\infty,+\infty)$　(2) $\sum_{n=0}^{\infty}\frac{(-1)^n}{2^{n+1}}(x-2)^n$，$x\in(0,4)$

图书在版编目（CIP）数据

高等数学/王小妮，陆东先，翟雪燕主编．--2版．北京：中国人民大学出版社，2024. 9. --（新编21世纪高等职业教育精品教材）．-- ISBN 978-7-300-33002-0

Ⅰ．O13

中国国家版本馆CIP数据核字第2024WX6329号

新编21世纪高等职业教育精品教材·公共基础课系列

高等数学（第二版）

主　编　王小妮　陆东先　翟雪燕

副主编　卢　静　孙庆波　任梦真　靳丹丹

Gaodeng Shuxue

出版发行	中国人民大学出版社		
社　　址	北京中关村大街31号	**邮政编码**	100080
电　　话	010－62511242（总编室）		010－62511770（质管部）
	010－82501766（邮购部）		010－62514148（门市部）
	010－62515195（发行公司）		010－62515275（盗版举报）
网　　址	http://www.crup.com.cn		
经　　销	新华书店		
印　　刷	北京溢漾印刷有限公司	**版　　次**	2020年10月第1版
开　　本	787 mm×1092 mm　1/16		2024年9月第2版
印　　张	17.5 插页1	**印　　次**	2025年8月第2次印刷
字　　数	412 000	**定　　价**	48.00元